山东省实用水文预报方案丛书

山东省南四湖流域
实用水文预报方案

蔡振华　赵梦杰　刘　罡　时延庆　熊启龙　王捷音　胡方旭◎著

河海大学出版社
HOHAI UNIVERSITY PRESS
·南京·

图书在版编目(CIP)数据

山东省南四湖流域实用水文预报方案 / 蔡振华等著
. -- 南京 ：河海大学出版社，2025. 4
（山东省实用水文预报方案丛书）
ISBN 978-7-5630-8841-6

Ⅰ. ①山… Ⅱ. ①蔡… Ⅲ. ①南四湖-水文预报-方案 Ⅳ. ①P338

中国国家版本馆 CIP 数据核字(2024)第 042945 号

书　　名	山东省南四湖流域实用水文预报方案
	SHANDONG SHENG NANSI HU LIUYU SHIYONG SHUIWEN YUBAO FANG'AN
书　　号	ISBN 978-7-5630-8841-6
责任编辑	章玉霞
特约校对	姚　婵
装帧设计	徐娟娟
出版发行	河海大学出版社
地　　址	南京市西康路 1 号(邮编:210098)
电　　话	(025)83737852(总编室)　(025)83722833(营销部)
经　　销	江苏省新华发行集团有限公司
排　　版	南京布克文化发展有限公司
印　　刷	广东虎彩云印刷有限公司
开　　本	787 毫米×1092 毫米　1/8
印　　张	22. 25
字　　数	553 千字
版　　次	2025 年 4 月第 1 版
印　　次	2025 年 4 月第 1 次印刷
定　　价	550. 00 元

前　言

水文预报是一项重要的防洪减灾非工程措施，水文预报方案是作业预报的基本依据和重要手段。近年来山东省暴雨频发，当前防汛形势下，除了对预报精度和预见期提出更高要求外，预报对象也由大江大河延伸至中小河流及中小型水库。因此有必要对山东全省中小河流主要控制站和中型水库站建立预报方案，并按照河流水系编制成册，供预报人员翻阅方便，以满足新时期防洪要求。

本册为山东省实用水文预报方案丛书的第五册，主要汇集了山东省南四湖及中运河水系共计 26 个站点的预报方案，包含 13 个河道站和 13 个中型水库站。全书按照河道站点、水库站点逐站点进行方案编排，共 26 章 55.3 万字。其中第 1~3 章由王捷音统筹负责编写，共计 6.9 万字；第 4~6 章由胡方旭统筹负责编写，共计 6.9 万字；第 7~9 章由熊启龙统筹负责编写，共计 8.2 万字；第 11~14 章由赵梦杰统筹负责编写，共计 8.1 万字；第 15~18 章由时延庆统筹负责编写，共计 7.6 万字；第 10 章、19~22 章由刘罡统筹负责编写，共计 7.6 万字；第 23~26 章由蔡振华统筹负责编写，共计 8.3 万字。

本书共有 10 个站点为有长系列流量资料站点，分别为魏楼闸站、刘庄闸站、马庄闸站、路菜园闸站、张庄闸站、李庙闸站、黄寺站、薛城（二）站、峄城站、贺庄水库站，其余 16 个站点为无资料站点。对于有资料站点，产流方案主要采用降雨径流相关图（$P+P_a-R$），汇流方案主要采用经验单位线和峰量关系图；对于无资料站点，产流方案直接借用临近相似流域站点参证站的产流方案，汇流方案则利用参证站的单位线进行缩放得到。受时间和水平的限制，本次方案编制汇编工作难免会有一些缺点错误和遗漏，请使用单位发现问题后及时指正。

目　录

河道站点

湖西区

湖东区

中运河区

水库站点

湖东区

中运河

第一章　洙赵新河魏楼闸站水文预报方案编制说明*

1　流域概况

1.1　流域自然地理特征

洙赵新河是1965—1966年间开挖的一条大型排水人工河道，洙水、赵王两河汇入其中。其干流发源于东明县穆庄，向东入巨野、嘉祥，流经梁山闸水文站，注入南四湖，全长145.05 km，流域面积4 206 km^2。它北靠黄河，东与大运河、南与万福河交汇。

该流域属黄河冲积平原，地势西高东低，地面坡降1∶500~1∶12 000。另外，在巨野东部、嘉祥一带，有部分孤立山头，一般高出周围地面50~150 m。上游及主流两旁多为沙壤土和砂土，远离主流地形较高地方及部分洼地多为黏壤土。植被情况较好，农作物占80%，树林草皮占10%，其余为裸露地面。

1.2　水利工程情况

洙赵新河支流较多，其中主要支流有3条，详见表1-1。洙赵新河上建有拦河闸13座，打乱了洪水的自然流势，给资料分析和洪水预报带来了很大困难，各闸工程指标详见表1-2。

表1-1　洙赵新河主要支流统计表

河名	汇入面积（km^2）	河长（m）
郓巨河	986	47.9
鄄郓河	975	46.6
洙水河	450	55.0

表1-2　洙赵新河堰闸工程指标统计表

序号	水闸名称	所在河流名称	建成时间	闸孔数量（孔）	闸孔总净宽（m）	过闸流量（m^3/s）	设计洪水标准	校核洪水标准
1	海头节制闸	洙赵新河	1986年10月	4	13	50	20年一遇	50年一遇
2	东干渠海头节制闸	洙赵新河	1998年10月	1	2	5	10年一遇	20年一遇
3	东干渠霍寨节制闸1	洙赵新河	1998年11月	1	2	5	10年一遇	20年一遇
4	东干渠霍寨节制闸2	洙赵新河	1998年11月	1	2.5	5	10年一遇	20年一遇
5	东干渠邢彦节制闸	洙赵新河	1990年5月	1	1.5	5	10年一遇	20年一遇
6	东干渠袁老家节制闸	洙赵新河	1990年7月	1	2	5	10年一遇	20年一遇
7	李新庄节制闸	洙赵新河	2011年4月	3	7.5	10	10年一遇	20年一遇
8	杨庄节制闸	洙赵新河	2008年7月	2	4.4	8	10年一遇	20年一遇
9	魏楼节制闸	洙赵新河	2020年6月	7	49	546	50年一遇	100年一遇
10	侯集节制闸	洙赵新河	2020年6月	9	25.2	360	20年一遇	50年一遇
11	史庄节制闸	洙赵新河	2020年6月	5	19	209	20年一遇	50年一遇
12	南刘庄节制闸	洙赵新河	1979年5月	2	6	15	3年一遇	5年一遇
13	杨镇节制闸	洙赵新河	1984年10月	2	4	10	3年一遇	5年一遇

* 为有水文资料站点水文预报方案。

1.3　测站概况

魏楼闸水文站设立于1958年，为省级重点站，流域面积796 km^2，河网密度0.17 km/km^2，不对称系数-0.327，干流长度56.7 km，干流平均坡度1∶10 000，测验河段长度500 m，河床组成为沙壤土，流域植被良好，多种植小麦、玉米、棉花、花生等作物，测站上游有侯集闸一座，下游经于楼闸、梁山闸等流入南四湖。魏楼闸站以上流域图见图1-1。

2　预报方案编制

2.1　资料情况

本次魏楼闸水文站预报方案为新建方案，采用1971—2022年实测洪水资料，受闸门控制影响，50多年来比较好的洪水资料有19场次。在选用的洪水资料中，因多受闸门控制影响，洪水过程不完整，特别是涨水段，所以汇流分析难度较大。

2.2　产流方案

产流方案采用降雨径流经验相关（$P+P_a-R$）的方法。将分析计算得到的19个点据点绘定线，魏楼闸站降雨径流相关图（$P+P_a-R$）见图1-2。

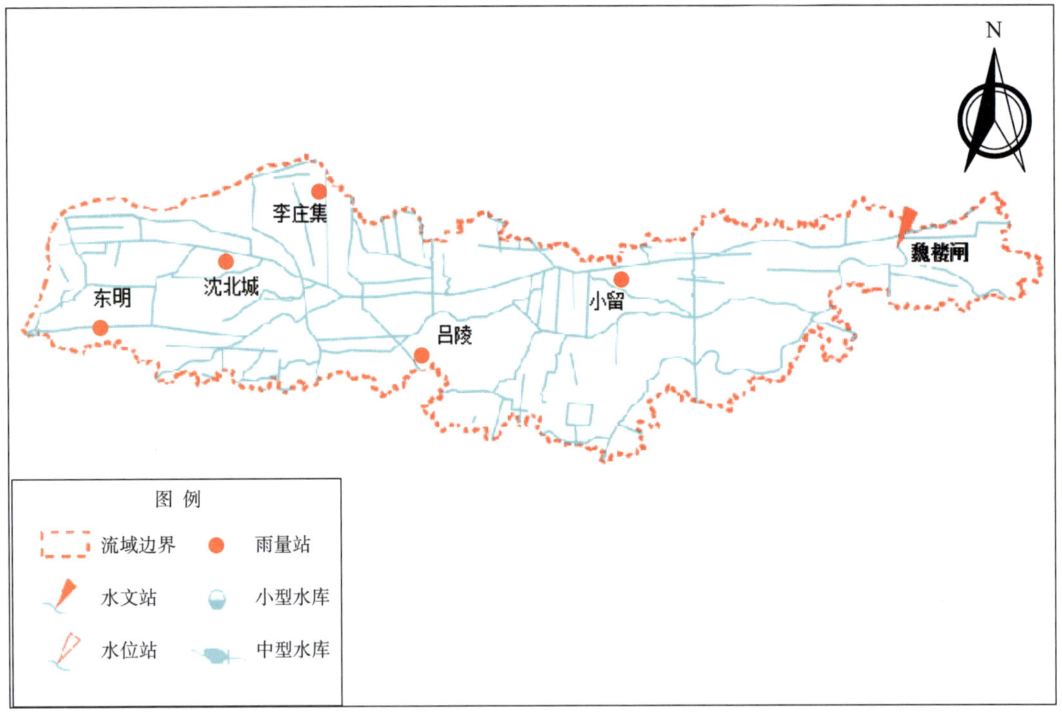

图 1-1　洙赵新河魏楼闸水文站以上流域图

2.2.1　流域平均雨量 P 的计算

流域平均雨量采用小留、李庄集、沈北城、吕陵、魏楼闸、东明 6 站雨量的算术平均值计算。

2.2.2　流域平均前期影响雨量 P_a 的计算

$$P_{a,\ t+1} = K(P_{a,\ t} + P_t)$$

式中：$P_{a,t+1}$ 为第 t+1 日的前期影响雨量（mm）；$P_{a,t}$ 为第 t 日的前期影响雨量（mm）；P_t 为第 t 日的流域平均雨量（mm）；K 为前期影响雨量递减系数。

2.2.3　产流参数 I_m、K 的确定

魏楼闸站产流参数 I_m、K 借用下游梁山闸站的参数，即 I_m = 130 mm；1—7 月 K 取 0.90，8—12 月取 0.95。

2.2.4　径流深 R 的计算

在一次洪水过程线上采用斜线分割法切除基流，地表径流终止点采用将退水过程点绘在双对数格纸上找出转折点的办法求得。本次洪水径流深 R 等于洪水总量 W 除以集水面积 F。洙赵新河魏楼闸站降雨径流分析成果见表 1-3。

2.2.5　精度评定

精度评定采用合格点次占总点次的百分比为合格率，许可误差采用实测值的 20%，并以 20.0 mm 为上限、以 3.0 mm 为下限作为控制。本方案采用 1971—2022 年资料系列 19 个点据，其中 15 个合格，方案合格率为 78.9%，为乙级方案，详见表 1-4。

2.3　汇流方案

汇流方案采用单位线法。洙赵新河为平原区河流，在洪水摘录资料中分别选择洪峰流量较大和较小的场次洪水，应用分析法推求单位线，取平均修匀后，作为单位线 1 和单位线 2，计算时段为 2 h，详见图 1-3。

3　方案使用说明

以 2 h 为时段长计算流域平均降雨过程；由 P+P_a-R 关系曲线得到时段净雨过程；根据前期土壤湿润程度和降雨量级选用单位线，计算出净流量过程；叠加净流量过程与基流，得到该站预报流量过程。

表 1-3　沭赵新河魏楼闸水文站降雨径流分析成果表

序号	洪号	降雨起止时间		流域平均雨量 P（mm）	前期影响雨量 P_a（mm）	降雨历时		暴雨中心位置	洪水起止时间			起涨流量 Q_0（m^3/s）	洪峰流量 Q_m（m^3/s）	净峰流量 $Q_{m净}$（m^3/s）	洪水总历时 $T_{洪}$（h）	涨洪历时 $T_{涨洪}$（h）	洪峰滞时 t_p（h）	次洪径流量 W（万 m^3）	集水面积 F（km^2）	径流深 R（mm）	径流系数 α
		起	止			全部 T（h）	有效 T_c（h）		起涨	峰顶	落平										
1	710626	6月24日 20：00	6月25日 22：00	141.0	21.5	26	10	中上游	6月24日 20：00	6月26日 11：00	6月30日 18：00	32	118	117	142	39	5	2 962	796	37.2	0.26
2	710821	8月21日 2：00	8月22日 2：00	118.0	21.9	24	9	中上游	8月21日 2：00	8月21日 22：00	8月27日 12：00	0	129	125	154	20	4	2 749	796	34.5	0.29
3	710903	9月2日 8：00	9月3日 16：00	61.0	20.0	32	6	中上游	9月2日 8：00	9月3日 9：00	9月7日 2：00	19	142	129	114	25	5	1 493	796	18.8	0.31
4	720902	9月1日 4：00	9月2日 10：00	84.0	25.0	30	9	中上游	9月1日 4：00	9月2日 13：00	9月5日 8：00	25	127	123	100	33	8	2 117	796	26.6	0.32
5	730729	7月28日 10：00	7月29日 12：00	42.0	18.0	26	6	中上游	7月28日 10：00	7月29日 12：00	8月2日 8：00	15	120	112	118	26	12	966	796	12.1	0.29
6	730831	8月30日 2：00	8月31日 10：00	109.0	19.0	32	6	中上游	8月30日 2：00	8月31日 10：00	9月2日 20：00	22	174	170	90	32	5	2 300	796	28.9	0.27
7	770711	7月10日 14：00	7月10日 22：00	53.0	34.0	8	4	中上游	7月10日 14：00	7月11日 10：00	7月12日 18：00	12	125	113	52	20	4	1 091	796	13.7	0.26
8	780702	7月1日 8：00	7月2日 10：00	182.0	20.0	26	12	中上游	7月1日 8：00	7月2日 13：00	7月4日 22：00	48	396	394	86	29	6	4 723	796	59.3	0.33
9	800616	6月15日 16：00	6月16日 10：00	45.0	7.0	18	6	中上游	6月15日 16：00	6月16日 10：00	6月19日 8：00	0	139	137	88	18	7	1 149	796	14.4	0.32
10	800904	9月3日 22：00	9月4日 6：00	62.0	10.0	8	6	中上游	9月3日 22：00	9月4日 8：00	9月7日 14：00	0	155	149	88	10	5	1 353	796	17.0	0.27
11	820709	7月9日 2：00	7月9日 8：00	25.0	22.0	6	3	中上游	7月9日 2：00	7月9日 18：00	7月12日 2：00	15	187	185	72	16	6	520	796	6.5	0.26
12	820811	8月10日 2：00	8月11日 16：00	93.0	22.0	38	10	中上游	8月10日 2：00	8月11日 12：00	8月13日 18：00	23	149	144	88	34	6	2 076	796	26.1	0.28
13	830730	7月29日 20：00	7月30日 6：00	118.0	10.0	10	6	中上游	7月29日 20：00	7月30日 19：00	8月3日 20：00	119	247	197	120	23	8	2 802	796	35.2	0.30
14	840810	8月9日 6：00	8月10日 0：00	86.0	31.0	18	8	中上游	8月9日 6：00	8月10日 2：00	8月14日 2：00	13	118	105	116	20	7	1 846	796	23.2	0.27
15	920812	8月10日 18：00	8月11日 14：00	102.0	23.0	20	8	中上游	8月10日 18：00	8月12日 8：00	8月16日 18：00	22	105	100	144	38	8	2 628	796	33.0	0.32
16	060704	7月2日 10：00	7月3日 18：00	190.0	26.0	32	11	中上游	7月2日 10：00	7月4日 2：00	7月12日 18：00	11	125	123	248	40	8	4 539	796	57.0	0.30
17	160721	7月19日 20：00	7月20日 8：00	59.0	29.0	12	8	中上游	7月19日 20：00	7月21日 6：00	7月26日 4：00	26	46	43	152	34	10	1 168	796	14.7	0.25

续表

序号	洪号	降雨起止时间		流域平均雨量 P（mm）	前期影响雨量 P_a（mm）	降雨历时		暴雨中心位置	洪水起止时间			起涨流量 Q_0（m^3/s）	洪峰流量 Q_m（m^3/s）	净峰流量 $Q_{m净}$（m^3/s）	洪水总历时 $T_{洪}$（h）	涨洪历时 $T_{涨洪}$（h）	洪峰滞时 t_p（h）	次洪径流量 W（万 m^3）	集水面积 F（km^2）	径流深 R（mm）	径流系数 α
		起	止			全部 T（h）	有效 T_c（h）		起涨	峰顶	落平										
18	210920	9月18日 0：00	9月20日 6：00	138	37	54	20	中上游	9月19日 0：00	9月20日 09：30	9月26日 22：00	4	150	136	190	33.5	20	2 547	796	32.0	0.23
19	220717	7月15日 16：00	7月17日 6：00	83	39	38	8	中上游	7月16日 18：00	7月17日 6：24	7月23日 4：00	9	192	187	154	12.4	22	1 688	796	21.2	0.26

说明：1. 有效降雨历是指实际能产生径流的降雨历时，两段较大暴雨中间有一段不产生径流的时间也应统计在内；如果降雨首尾部强度较小，但能产生径流的降雨持续时间很长，则统计占本次降雨总量80%以上的主要降雨历时。

2. 洪峰滞时是指降雨重心至洪峰出现的时距，降雨重心取连续两时段降雨量之和最大值所在时段的中间时刻。

表 1-4　沭赵新河魏楼闸站降雨径流预报精度评定表

序号	洪号	流域平均雨量 P（mm）	前期影响雨量 P_a（mm）	$P+P_a$（mm）	实测径流深 $R_{实}$（mm）	预报径流深 $R_{预}$（mm）	预报误差（mm）	许可误差（mm）	评定结果	
									合格	不合格
1	710626	141.0	21.5	162.5	37.2	43.5	6.3	7.4	√	
2	710821	118.0	21.9	139.9	34.5	36.0	1.5	6.9	√	
3	710903	61.0	20.0	81.0	18.8	16.5	-2.3	3.8	√	
4	720902	84.0	25.0	109.0	26.6	25.6	-1.0	5.3	√	
5	730729	42.0	18.0	60.0	12.1	10.7	-1.4	3.0	√	
6	730831	109.0	19.0	128.0	28.9	26.5	-2.4	5.8	√	
7	770711	53.0	34.0	87.0	13.7	18.7	5.0	3.0		√
8	780702	182.0	20.0	202.0	59.3	56.8	-2.5	11.9	√	
9	800616	45.0	7.0	52.0	14.4	8.9	-5.5	3.0		√
10	800904	62.0	10.0	72.0	17.0	14.0	-3.0	3.4	√	
11	820709	25.0	22.0	47.0	6.5	8.9	2.4	3.0	√	
12	820811	93.0	22.0	115.0	26.1	27.5	1.4	5.2	√	
13	830730	118.0	10.0	128.0	35.2	31.8	-3.4	7.0	√	
14	840810	86.0	31.0	117.0	23.2	27.5	4.3	4.6	√	
15	920812	102.0	23.0	125.0	33.0	30.8	-2.2	6.6	√	
16	060704	190.0	26.0	216.0	57.0	61.6	4.6	11.4	√	
17	160721	59.0	29.0	88.0	14.7	25.4	10.7	3.0		√
18	210920	138.0	37.0	175.0	32.0	41.0	9.0	6.4		√
19	220717	83.0	39.0	122.0	21.2	25.3	4.1	4.2	√	

备注：1. 预报误差=预报值-实测值；2. 许可误差=实测值的 20%，以 20.0 mm 为上限，以 3.0 mm 为下限；3. 合格率=78.9%，为乙级方案。

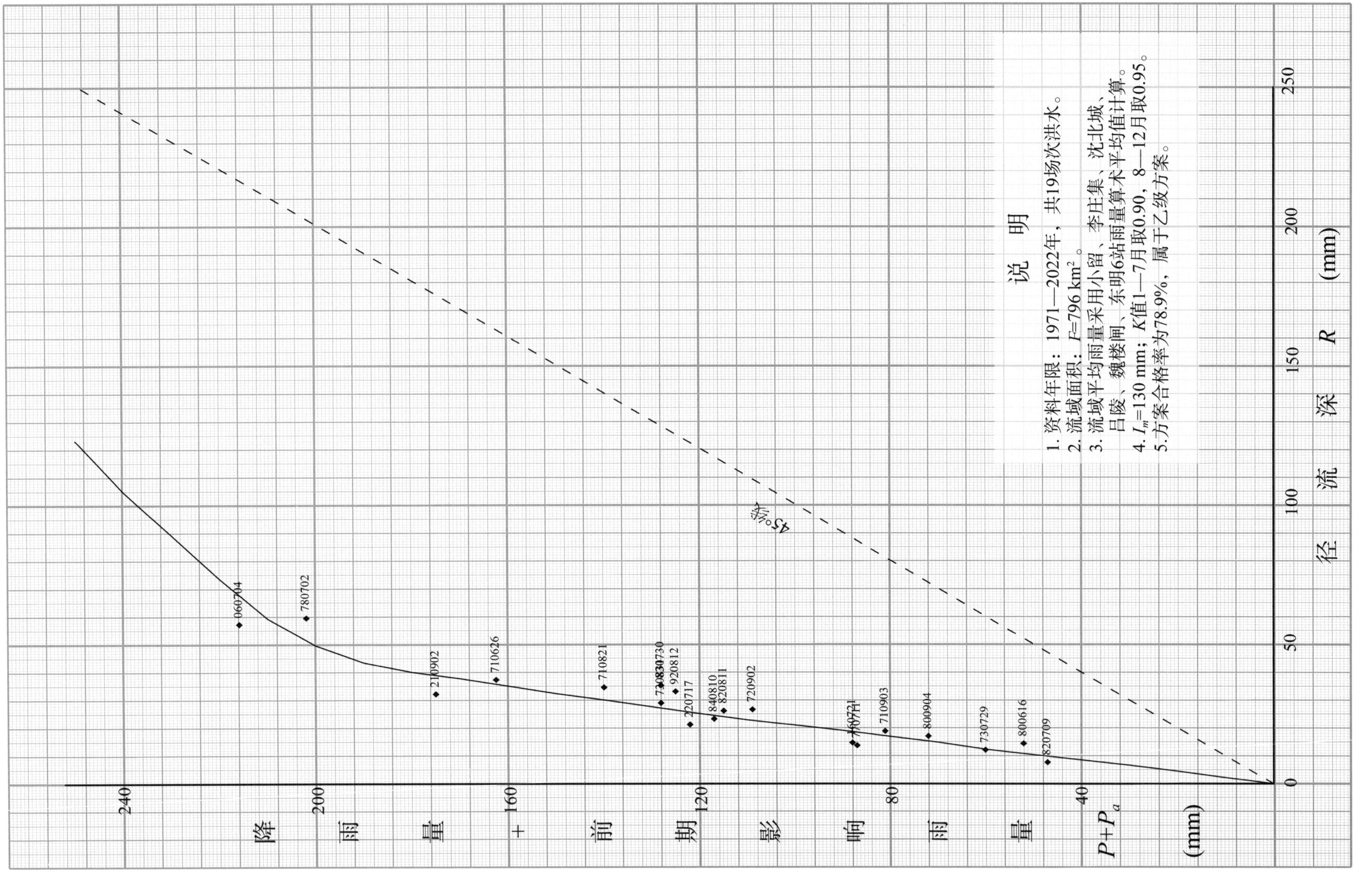

图 1-2　洙赵新河魏楼闸站降雨径流相关图（$P+P_a$-R）

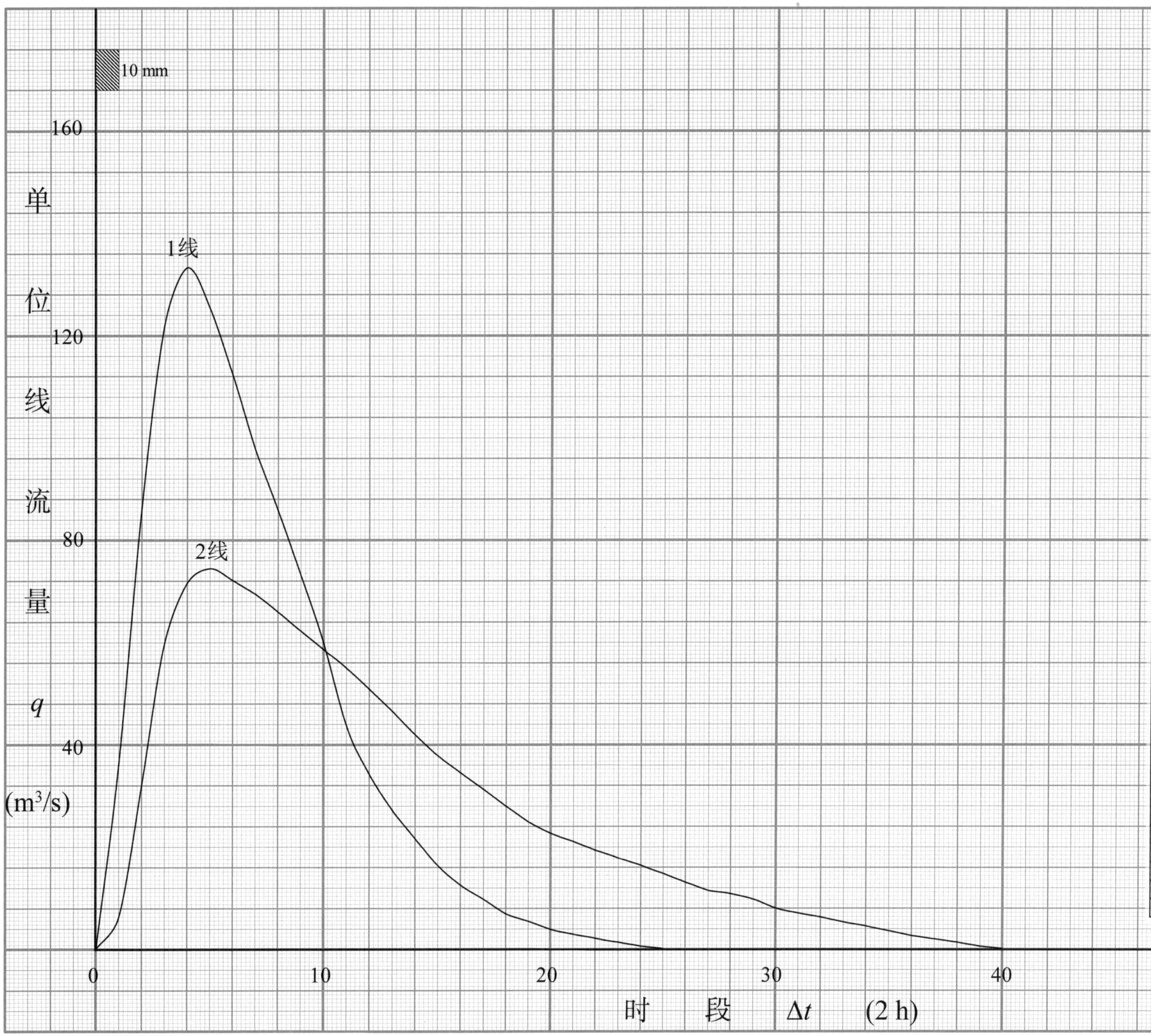

单位线成果表

F=796 km^2，Δt=2 h

时段	单位线流量q(m^3/s)		备 注
	1线	2线	
0	0.0	0.0	
1	36.0	6.3	
2	85.4	31.8	
3	121	59.1	
4	132	70.7	
5	124	73.5	
6	111	71.2	
7	96.4	68.5	
8	84.7	65.2	
9	72.4	61.5	
10	59.3	58.0	
11	42.9	54.2	
12	33.6	50.2	
13	26.8	45.9	
14	21.3	41.4	
15	16.1	37.3	1号线根据710821号洪水推求，适用于前期湿润情况
16	12.4	34.0	
17	9.6	30.7	
18	6.8	27.6	
19	5.3	24.5	2线为820709号洪水单位线，适应于前期干旱情况
20	3.8	22.4	
21	2.8	20.7	
22	2.0	19.1	
23	1.2	17.6	
24	0.5	16.0	
25	0.0	14.5	
26		12.8	
27		11.3	
28		10.6	
29		9.6	
30		7.8	
31		6.9	
32		6.0	
33		5.2	
34		4.4	
35		3.4	
36		2.5	
37		1.9	
38		1.2	
39		0.5	
40		0.0	
∑	1 107	1 106	

图 1-3 沭赵新河魏楼闸站单位线图

第二章　鄄郓河刘庄闸站水文预报方案编制说明*

1　流域概况

1.1　流域自然地理特征

鄄郓河是为了减轻梁济运河的排水负担，于1971年人工开挖的，因流经山东省菏泽市郓城、鄄城两县，故名鄄郓河。鄄郓河是洙赵新河的一条主要支流，自鄄城县北沙河向东南流经鄄城县东部、郓城县西部，于郓城县丁庄入洙赵新河，横贯鄄城、郓城县9个乡镇，全长46.6 km，流域面积975 km^2。沿河共建有中型节制闸3座，自上游起分别为水堡闸、刘庄闸、郑营闸，担负着流域内的防洪、除涝、灌溉任务。鄄郓河于1971年由山东省统一规划，菏泽地区勘察、测量、设计、施工，按三年一遇除涝、十年一遇防洪标准开挖。

鄄郓河主要支流有商营沟、华营河、箕山河。刘庄闸位于鄄郓河上，多年平均年径流量0.975 7亿 m^3，多年平均年输沙量175 700 t，多年平均年降水量604.1 mm。刘庄闸上游7.9 km处有9孔节制闸水堡闸，下游17.5 km处有郑营闸。鄄郓河在刘庄闸下游25.2 km处汇入洙赵新河，干流长度21 km，不对称系数-1.00，干流平均坡度1∶8 000，河网密度0.11 km/km^2，测验河段长度500 m，河床组成为沙壤土，流域植被良好。

刘庄闸站以上流域图见图2-1。

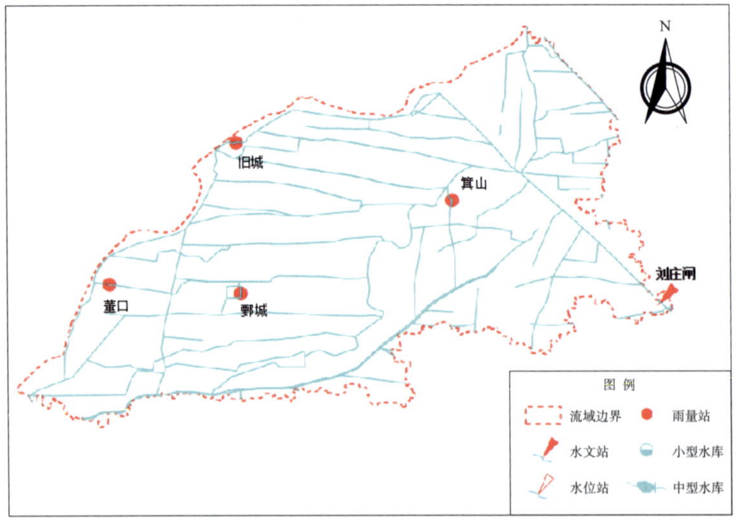

图2-1　鄄郓河刘庄闸站以上流域图

1.2　测站概况

刘庄闸站地处鄄郓河上，流域面积520 km^2。测站以上建有6座拦河闸，打乱了洪水的自然流势，给资料分析和洪水预报带来很大困难。各闸工程指标详见表2-1。

表2-1　鄄郓河堰闸工程指标统计表

序号	水闸名称	建成时间	闸孔数量（孔）	过闸流量（m^3/s）	位置
1	北总干渠陈堤口节制闸	1983年5月	5	30	山东省菏泽市鄄城县大埝镇固堆寺村
2	左营节制闸	1983年5月	5	20	山东省菏泽市鄄城县左营镇左北村
3	水堡闸	2020年6月	5	329	山东省菏泽市郓城县水堡乡水堡村
4	刘庄闸	2020年6月	7	345	山东省菏泽市郓城县双桥镇刘庄村
5	鄄运河泄水闸	2002年10月	2		山东省菏泽市郓城县双桥镇何庄村
6	北总干渠渠首进水闸	1972年7月	4		山东省菏泽市鄄城县旧城镇旧城村

2　预报方案编制

2.1　资料情况

本次刘庄闸水文站预报方案为新建方案，采用1973—2022年实测洪水资料，受闸门控制影响，50年来比较好的洪水资料有16场次。在选用的洪水资料中，因多受闸门控制影响，洪水过程不完整，特别是涨水段，所以汇流分析难度较大。

2.2　产流方案

产流方案采用降雨径流经验相关（$P+P_a-R$）的方法。将分析计算得到的16个点据点绘定线，降雨径流相关图（$P+P_a-R$）见图2-2。

2.2.1　流域平均雨量 P 的计算

流域平均雨量采用董口、旧城、鄄城、箕山、刘庄闸5站雨量的算术平均值计算。

2.2.2 流域平均前期影响雨量 P_a 的计算

$$P_{a,\ t+1} = K(P_{a,\ t} + P_t)$$

式中：$P_{a,t+1}$ 为第 t+1 日的前期影响雨量（mm）；$P_{a,t}$ 为第 t 日的前期影响雨量（mm）；P_t 为第 t 日的流域平均雨量（mm）；K 为前期影响雨量递减系数。

2.2.3 产流参数 I_m、K 的确定

刘庄闸站产流参数 I_m、K 借用梁山闸站的数据，即 I_m = 130 mm；1—7 月 K 取 0.90，8—12 月取 0.95。

2.2.4 径流深 R 的计算

在一次洪水过程线上采用斜线分割法切除基流，地表径流终止点采用将退水过程点绘在双对数格纸上找出转折点的办法求得。本次洪水径流深 R 等于洪水总量 W 除以集水面积 F。郓郓河刘庄闸站降雨径流分析成果见表 2-2。

2.2.5 精度评定

精度评定采用合格点次占总点次的百分比为合格率，许可误差采用实测值的 20%，并以 20.0 mm 为上限、以 3.0 mm 为下限作为控制。本方案采用 1973—2022 年资料系列 16 个点据，其中 15 个合格，方案合格率为 93.8%，为甲级方案，详见表 2-3。

2.3 汇流方案

汇流方案采用单位线法。郓郓河为平原区河流，在洪水摘录资料中分别选择洪峰流量较大和较小的场次洪水，应用分析法推求单位线，取平均修匀后，作为单位线 1 和单位线 2。计算时段 2 h，详见图 2-3。

3 方案使用说明

以 2 h 为时段长计算流域平均降雨过程；由 P+P_a-R 关系曲线得到时段净雨过程；根据前期土壤湿润程度和降雨量级选用单位线，计算出净流量过程；叠加净流量过程与基流，得到该站预报流量过程。

表 2-2　鄄郓河刘庄闸站降雨径流分析成果表

序号	洪号	降雨起止时间		流域平均雨量 P（mm）	前期影响雨量 P_a（mm）	降雨历时		暴雨中心位置	洪水起止时间			起涨流量 Q_0（m^3/s）	洪峰流量 Q_m（m^3/s）	净峰流量 $Q_{m净}$（m^3/s）	洪水总历时 $T_{洪}$（h）	涨洪历时 $T_{涨洪}$（h）	洪峰滞时 t_p（h）	次洪径流量 W（万 m^3）	集水面积 F（km^2）	径流深 R（mm）	径流系数 α
		起	止			全部 T（h）	有效 T_c（h）		起涨	峰顶	落平										
1	740724	7月22日 20：00	7月24日 22：00	29.0	54.0	50	10	下游，普雨	7月22日 20：00	7月24日 11：00	7月25日 4：00	5	32	31	56	39	8	598	520	11.5	0.39
2	740808	8月6日 12：00	8月8日 14：00	84.0	59.0	50	12	上游，普雨	8月6日 12：00	8月8日 13：00	8月9日 20：00	22	59	40	80	49	9	1 701	520	32.7	0.38
3	750709	7月8日 22：00	7月10日 12：00	28.0	38.0	38	7	中下游	7月8日 22：00	7月9日 12：00	7月10日 22：00	0	24	23	48	14	9	411	520	7.9	0.28
4	770710	7月10日 8：00	7月11日 12：00	58.0	32.0	28	6	中下游	7月10日 8：00	7月10日 21：00	7月12日 6：00	5	39	33	46	13	8	855	520	16.5	0.28
5	780702	7月1日 18：00	7月2日 20：00	100.0	32.0	26	6	中下游	7月1日 18：00	7月2日 10：00	7月5日 0：00	0	26	25	78	16	8	1 601	520	30.8	0.31
6	800616	6月15日 10：00	6月17日 0：00	116.0	15.0	38	8	中下游	6月15日 10：00	6月16日 12：00	6月18日 2：00	6	59	52	64	26	9	1 682	520	32.3	0.28
7	800727	7月27日 14：00	7月28日 10：00	37.0	25.0	20	6	中游	7月27日 14：00	7月27日 19：00	7月28日 14：00	8	66	60	24	5	8	657	520	12.6	0.34
8	830729	7月29日 0：00	7月30日 14：00	129.0	21.0	38	10	中下游	7月29日 0：00	7月29日 22：00	8月1日 10：00	14	64	55	82	22	10	2 151	520	41.3	0.32
9	840707	7月6日 22：00	7月7日 8：00	42.0	22.0	10	6	中下游	7月6日 22：00	7月7日 8：00	7月9日 10：00	7	59	50	60	10	9	631	520	12.1	0.29
10	850909	9月8日 22：00	9月9日 12：00	13.0	25.0	14	6	下游	9月8日 22：00	9月9日 17：00	9月10日 14：00	13	70	52	40	19	10	453	520	8.7	0.67
11	870903	9月3日 4：00	9月4日 0：00	64.0	36.0	20	8	中游	9月3日 4：00	9月3日 14：00	9月4日 12：00	23	33	30	32	10	8	1 229	520	23.6	0.37
12	920811	8月10日 14：00	8月11日 22：00	30.0	51.0	32	9	中下游	8月10日 14：00	8月11日 11：00	8月12日 0：00	0	20	19	34	21	8	603	520	11.6	0.38
13	980822	8月21日 20：00	8月22日 18：00	67.0	52.0	22	8	中游	8月21日 20：00	8月22日 19：00	8月24日 22：00	12	31	23	74	23	9	1 693	520	32.5	0.49
14	190607	6月5日 14：00	6月6日 12：00	34.0	5.0	22	6	普雨	6月5日 14：00	6月7日 13：00	6月8日 6：00	0	14	14	64	47	25	296	520	5.7	0.17
15	200903	8月31日 0：00	9月2日 20：00	21.0	29.0	68	8	普雨	8月31日 0：00	9月3日 15：00	9月4日 6：00	0	18	16	102	87	19	291	520	5.6	0.27
16	210921	9月18日 2：00	9月20日 2：00	124.0	19.0	48	19	中下游	9月19日 10：00	9月21日 8：00	9月24日 9：00	0	31.6	30	119	46	30	1 060	520	20.4	0.17

说明：1. 有效降雨历是指实际能产生径流的降雨历时，两段较大暴雨中间有一段不产生径流的时间也应统计在内；如果降雨首尾部强度较小，但能产生径流的降雨持续时间很长，则统计占本次降雨总量 80% 以上的主要降雨历时。

2. 洪峰滞时是指降雨重心至洪峰出现的时距，降雨重心取连续两时段降雨量之和最大值所在时段的中间时刻。

表 2-3　鄄郓河刘庄闸站降雨径流预报精度评定表

序号	洪号	流域平均雨量 P（mm）	前期影响雨量 P_a（mm）	$P+P_a$（mm）	实测径流深 $R_{实}$（mm）	预报径流深 $R_{预}$（mm）	预报误差（mm）	许可误差（mm）	评定结果	
									合格	不合格
1	740724	29. 0	54. 0	83. 0	11. 5	14. 0	2. 5	3. 0	√	
2	740808	84. 0	59. 0	143. 0	32. 7	51. 5	18. 8	6. 5		√
3	750709	28. 0	38. 0	66. 0	7. 9	10. 6	2. 7	3. 0	√	
4	770710	58. 0	32. 0	90. 0	16. 5	15. 4	-1. 1	3. 3	√	
5	780702	100. 0	32. 0	132. 0	30. 8	27. 7	-3. 1	6. 2	√	
6	800616	116. 0	15. 0	131. 0	32. 3	27. 4	-4. 9	6. 5	√	
7	800727	37. 0	25. 0	62. 0	12. 6	10. 2	-2. 4	3. 0	√	
8	830729	129. 0	21. 0	150. 0	41. 3	34. 7	-6. 6	8. 3	√	
9	840707	42. 0	22. 0	64. 0	12. 1	10. 3	-1. 8	3. 0	√	
10	850909	13. 0	25. 0	38. 0	8. 7	5. 8	-2. 9	3. 0	√	
11	870903	64. 0	36. 0	100. 0	23. 6	20. 8	-2. 8	4. 7	√	
12	920811	30. 0	51. 0	81. 0	11. 6	13. 6	2. 0	3. 0	√	
13	980822	67. 0	52. 0	119. 0	32. 5	26. 7	-5. 8	6. 5	√	
14	190607	34. 0	5. 0	39. 0	5. 7	5. 7	0. 0	3. 0	√	
15	200903	21. 0	29. 0	50. 0	5. 6	6. 3	0. 7	3. 0	√	
16	210921	124. 0	19. 0	143. 0	20. 4	23. 4	3. 0	4. 1	√	

备注：1. 预报误差=预报值-实测值；2. 许可误差=实测值的 20%，以 20. 0 mm 为上限，以 3. 0 mm 为下限；3. 合格率=93. 8%，为甲级方案。

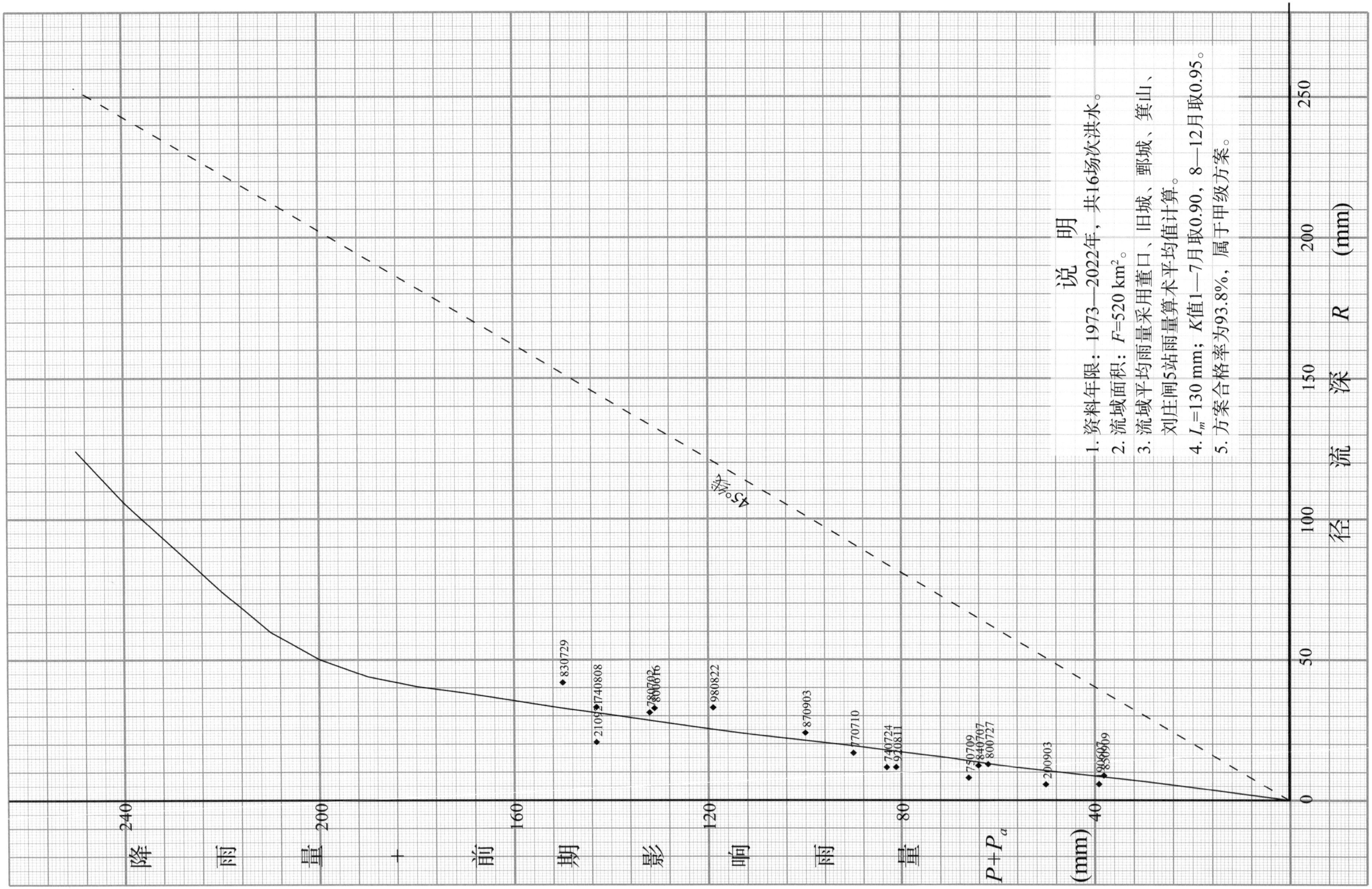

图 2-2　鄄郓河刘庄闸站降雨径流相关图（$P+P_a$-R）

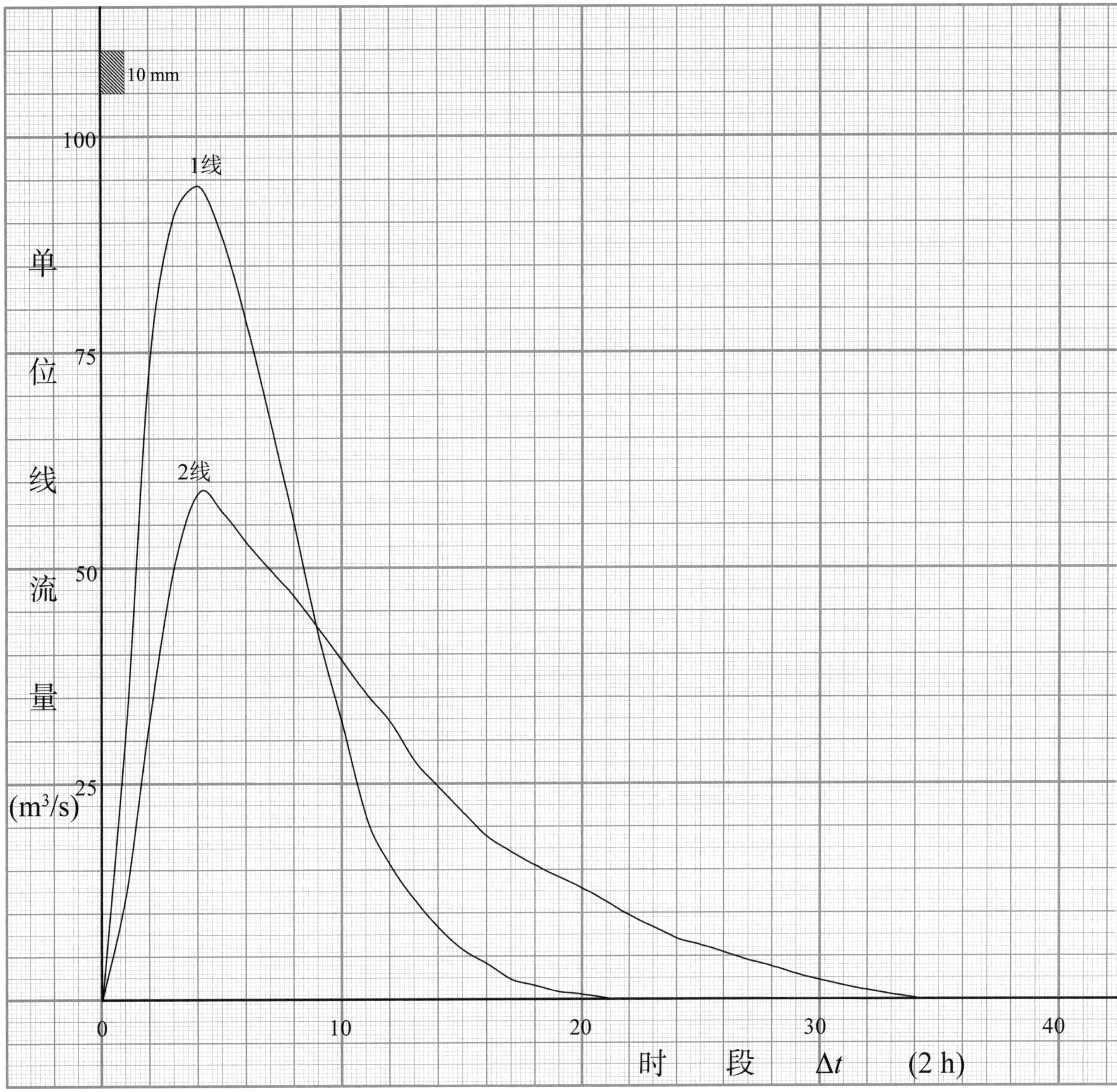

单位线成果表

F=520 km²，Δt=2 h

时段	单位线流量 q(m³/s)		备注
	1线	2线	
0	0.0	0.0	
1	32.8	12.8	
2	74.7	33.1	
3	90.8	50.3	
4	94.2	58.7	
5	88.2	56.3	
6	78.2	52.7	
7	66.4	49.5	
8	54.4	46.4	
9	41.8	42.8	
10	31.4	39.0	
11	20.8	35.2	
12	15.4	32.0	
13	11.3	27.5	
14	8.0	24.4	
15	5.6	21.5	1线根据740808号洪水推求，适用于前期湿润情况
16	3.9	18.7	
17	2.2	16.9	
18	1.5	15.3	
19	0.7	14.0	
20	0.4	12.7	
21	0.0	11.9	2线根据800727号洪水推求，适应于前期干旱情况
22		9.5	
23		8.2	
24		6.9	
25		6.1	
26		5.3	
27		4.4	
28		3.7	
29		2.8	
30		2.0	
31		1.5	
32		0.9	
33		0.4	
34		0.0	
35			
36			
37			
38			
39			
40			
Σ	723	723	

图 2-3　鄄郓河刘庄闸站单位线图

第三章　东鱼河北支马庄闸站水文预报方案编制说明*

1　流域概况

1.1　流域自然地理概况

东鱼河原名万南新河（曾更名红卫河），1985 年改名东鱼河，是 1967—1968 年新开挖的一条大型河道，有 3 条较大的支流（东鱼河北支、东鱼河南支、胜利河）以及 6 条较小的支流汇入，是湖西最大的排水河道。东鱼河北支系东鱼河最大的一级支流。

东鱼河北支发源于菏泽市东明县西南部，由西向东流经菏泽市东明县、牡丹区、鲁西新区、定陶区和成武县，至成武县王双楼入东鱼河，全长 96 km，流域面积 1 443 km^2。该河分上下两段。上段由东明县王二寨至定陶区大薛庄，长 72.7 km，系原万福河上游，1970 年大薛庄建涵洞后截入北支。下段由定陶区大薛庄至成武县王双楼（入东鱼河处），长 23.3 km，于 1970 年开挖完成。2003 年，按照三年一遇除涝、十年一遇防洪对东鱼河北支进行了治理。治理后，各项指标基本达到原设计标准。东鱼河北支的主要支流有安济河、南坡河、南渠河、定新河、店子河、王秀生沟、刁屯河、沙河、南七里河、贾河、渔沃河 11 条。流域内现有 1 座小型水库——南湖水库。

马庄闸站位于菏泽市鲁西新区佃户屯街道，是东鱼河北支的重要控制站，2021 年以前控制流域面积 755 km^2；2021 年坝址迁移，流域面积 890 km^2。河网密度 0.19 km/km^2，不对称系数-0.974，干流长度 45.2 km，距河口 51 km，干流平均坡度 1/8 000，测验河段长度 1 000 m。河床组成为沙壤土，流域植被良好，多种植小麦、玉米、棉花、花生等作物，上游在东明县境内建有谢寨引黄闸，上游 12 km 处建有 12 孔杨店闸、8 km 处建有橡胶坝。马庄闸站以上流域图见图 3-1。

1.2　水利工程概况

马庄闸站上游干支流建有拦河节制闸 8 座，分别为刘士宽闸、袁旗营闸、总干八里寺闸、杨店闸、张衙门节制闸、孟庄闸、杨店村南闸、杨营闸，详见表 3-1。

表 3-1　马庄闸站以上灌溉节制闸基本情况表

水闸名称	建成时间	闸孔数量（孔）	闸孔总净宽（m）	节制闸过闸流量（m^3/s）	位置
刘士宽闸	2020 年 6 月	3	18	202	菏泽市东明县陆圈镇东风村
袁旗营闸	1971 年 5 月	5	18	100	菏泽市东明县城关街道东袁旗营村
总干八里寺闸	1983 年 5 月	3	6	15	菏泽市东明县沙窝镇八里寺村
杨店闸	2020 年 6 月	7	49	524	菏泽市牡丹区西城街道万福社区
张衙门闸	2010 年 11 月	5	35	488	菏泽市鲁西新区佃户屯街道佃户屯社区
孟庄闸	1988 年 1 月	2	3	6	菏泽市鲁西新区万福街道龙泉社区
杨店村南闸	1972 年 2 月	2	2	5	菏泽市牡丹区西城街道万福社区
杨营闸	1993 年 1 月	2	4	6	菏泽市鲁西新区万福街道杨营村

1.3　测站概况

马庄闸站于 1972 年 6 月设立为水文站，采用 1985 年国家高程基准，观测项目有闸上、闸下水位，流量，降雨量。

该站测验河段顺直，横断面为复式断面，左岸滩地宽 5.2 m，右岸滩地宽 65 m，主槽宽 76 m，警戒水位 47.92 m，警戒流量 177 m^3/s；保证水位 50.15 m，保证流量 488 m^3/s。

2003 年 9 月 2 日出现最高水位 47.60 m，相应流量 34.6 m^3/s；1978 年 7 月 3 日出现最大流量 202 m^3/s，相应水位 47.60 m，为建站以来最大流量；1973 年 7 月 18 日出现最大流速 2.2 m/s；2003 年 9 月 2 日出现最大水深 2.2 m，相应流量 34.6 m^3/s；1973 年 7 月 18 日出现最大含沙量 39.1 kg/m^3，相应流量 42.4 m^3/s。

马庄闸站以上水文站点基本情况见表 3-2。

表 3-2　马庄闸站以上水文站点基本情况表

站名	河流名称	测站类别	设站年月	站址
马庄闸	东鱼河北支	闸坝	1972 年 6 月	菏泽市鲁西新区佃户屯街道
乔堂	东鱼河北支	水位	2011 年 6 月	菏泽市鲁西新区吕陵镇乔堂村
紫荆	南七里河	水位	2017 年 6 月	东明县东明集镇荆台集村
袁旗营	渔沃河	水位	2016 年 1 月	东明县城关街道东袁旗营村
东明	七里河	雨量	1954 年 1 月	东明县城关街道黄军营村
沈北城	七里河	雨量	1966 年 6 月	东明县武胜桥镇沈北城村
李庄集	徐河	雨量	1966 年 6 月	菏泽市牡丹区高庄镇李庄村
吕陵	七里河	雨量	1962 年 1 月	菏泽市鲁西新区吕陵镇吕陵村
小留	七里河	雨量	1966 年 6 月	菏泽市牡丹区小留镇小留集村

续表

站名	河流名称	测站类别	设站年月	站址
东明集	东渔河北支	雨量	1963 年 1 月	东明县东明集镇东明集村
王浩屯	东渔河北支	雨量	1962 年 1 月	菏泽市牡丹区王浩屯镇杜海村
马庄闸	东渔河北支	雨量	1961 年 1 月	菏泽市鲁西新区佃户屯街道
张湾	定陶新河	雨量	1964 年 6 月	菏泽市定陶区张湾镇张湾村
董庄	店子河	雨量	1976 年 6 月	菏泽市定陶区张湾镇张湾村
菏泽	新洙水河	雨量	1950 年 10 月	菏泽市气象站

注：沈北城站 1966—1967 年与孔北城属同一地点，1968—1975 年无资料；吕陵站 1963 年为五坝岗站，两站相距 5 km；菏泽站 1931—1937 年有资料，1953—1958 年用菏泽（二）站资料，1958—1970 年抄用气象局资料，1970 年撤销；东明集站 1990 年所在河名变更；王浩屯站 1990 年所在河名变更；马庄闸站又名马庄站，1961 年 1 月—1962 年 6 月采用侯店站资料，1969—1972 年 5 月采用菏泽气象站资料，1961—1966 年有蒸发资料；董庄站 1986 年撤销。

2 预报方案编制

2.1 资料情况

马庄闸站实测资料年限 51 年（1972—2022 年）。在选用资料时，对高中水全部采用，低水个别选用，采用 29 场洪水资料，该站降雨径流分析成果见表 3-3。

2.2 产流方案

产流方案采用降雨径流相关法（$P+P_a-R$），详见图 3-2。其中：P 为次降雨流域平均雨量（mm）；P_a 为流域平均前期影响雨量（mm）；R 为次降雨所产生的径流深（mm）。

2.2.1 流域平均雨量 *P* 的计算

流域平均雨量采用加权平均法即泰森多边形法计算，各站权重分别为：东明 0.11、沈北城 0.11、李庄集 0.11、吕陵 0.11、小留 0.11、马庄闸 0.11、王浩屯 0.11、张湾 0.11、东明集 0.12。

2.2.2 流域平均前期影响雨量 P_a 的计算

从预热时间开始计算，先以加权平均法计算流域平均雨量，然后计算前期影响雨量 P_a，其计算公式如下：

$$P_{a,\ t}=K(P_{a,\ t-1}+P_{t-1})$$

式中：$P_{a,t}$ 为当日的流域平均前期影响雨量（mm）；$P_{a,t-1}$ 为前一日的流域平均前期影响雨量（mm）；P_{t-1} 为前一日流域平均降雨量（mm）；K 为前期影响雨量递减系数，$K=1-E_m/I_m$；E_m 为流域蒸发能力；I_m 为流域最大损失量。

流域最大损失量是指流域在十分干旱的情况下，降雨产流过程中的坡地最大损失值，包括截留、填洼、雨间蒸发以及渗入包气带土层不能成为径流的水量，其中以渗入土层为主，又有包气带土层蓄水量之称。I_m 值常取为定值，其与流域的植被、地形、土壤种类及结构等自然地理因素有关，因此马庄闸站移用东鱼河鱼台站 I_m 和 K 值，I_m 值为 130 mm。

2.2.3 径流深 *R* 的计算

在一次洪水过程线上采用水平分割法切除基流，非本次降雨形成的基流采用退水曲线进行分割，扣除非本次降雨形成的水量。本次洪水径流深 R 等于洪水总量 W（已扣除非本次降雨水量和基流量）除以集水面积 F。

2.2.4 暴雨中心位置的确定

暴雨中心位置按采用的雨量站所处位置划分为：

上游：东明、沈北城、李庄集；

中游：吕陵、小留、王浩屯、东明集；

下游：马庄闸、张湾。

2.2.5 精度评定

精度评定采用合格点次占总点次的百分比为合格率，许可误差采用实测值的 20%，并以 20.0 mm 为上限、以 3.0 mm 为下限作为控制。该方案采用 1972—2022 年 51 年的资料系列，共 29 个点据，方案合格率为 82.8%，属乙级方案，详见表 3-4。

2.2.6 突出点分析

780825 场次洪水暴雨中心在上游，影响了全流域的产流，使得实测径流偏小。730831、740802 场次洪水前期影响雨量较小，天气干旱，上游闸坝拦蓄，致使实测径流深偏小。930806 场次洪水由于 7 月有一场较大降水过程，各闸坝蓄水充分，因此受闸坝放水影响，同时暴雨中心在中下游，实测径流深偏大。2022 年两场洪水以及 050921 场次洪水因上游拦蓄导致径流深偏小。

2.3 汇流方案

根据流域暴雨洪水特性及下垫面变化情况，综合确定出本站 2 h 单位线 3 条，详见图 3-3。

2.4 大断面图及水位流量关系曲线

测流断面在马庄闸闸下 240 m，根据 45.10 m 基本水尺断面兼流速仪，绘制了马庄闸站 2021 年实测大断面。另外，绘制了 2021 年 5 月 16 日水位流量关系曲线，详见图 3-4。

3 方案使用说明

3.1 产流方案

以流域平均雨量 P 及前期影响雨量 P_a 在 $P+P_a-R$ 关系曲线上查取径流深 R。如遇汛期第一场洪水或连续干旱后的洪水，应适当修小其查算的径流深。平水年，如遇降雨量较小，且前期无大水，应适当修小预报值。连续丰水年，如遇次雨量较大且降雨分布不均，应适当修大预报值。

3.2　汇流方案

根据场次暴雨的雨型选择适当的单位线，由径流深推出地表径流过程，加上基流即为该次降雨相应的洪水过程。根据推得的洪峰流量查 Z-Q 关系曲线，即可得到本次洪水最高洪水位。

4　注意事项

由于东鱼河北支属于湖西平原，地形复杂，上游拦河节制闸较多，又无开关闸时的资料，因而对流域的出口断面洪水过程有较大影响。作业预报时，应考虑其上游闸坝蓄、放水情况。

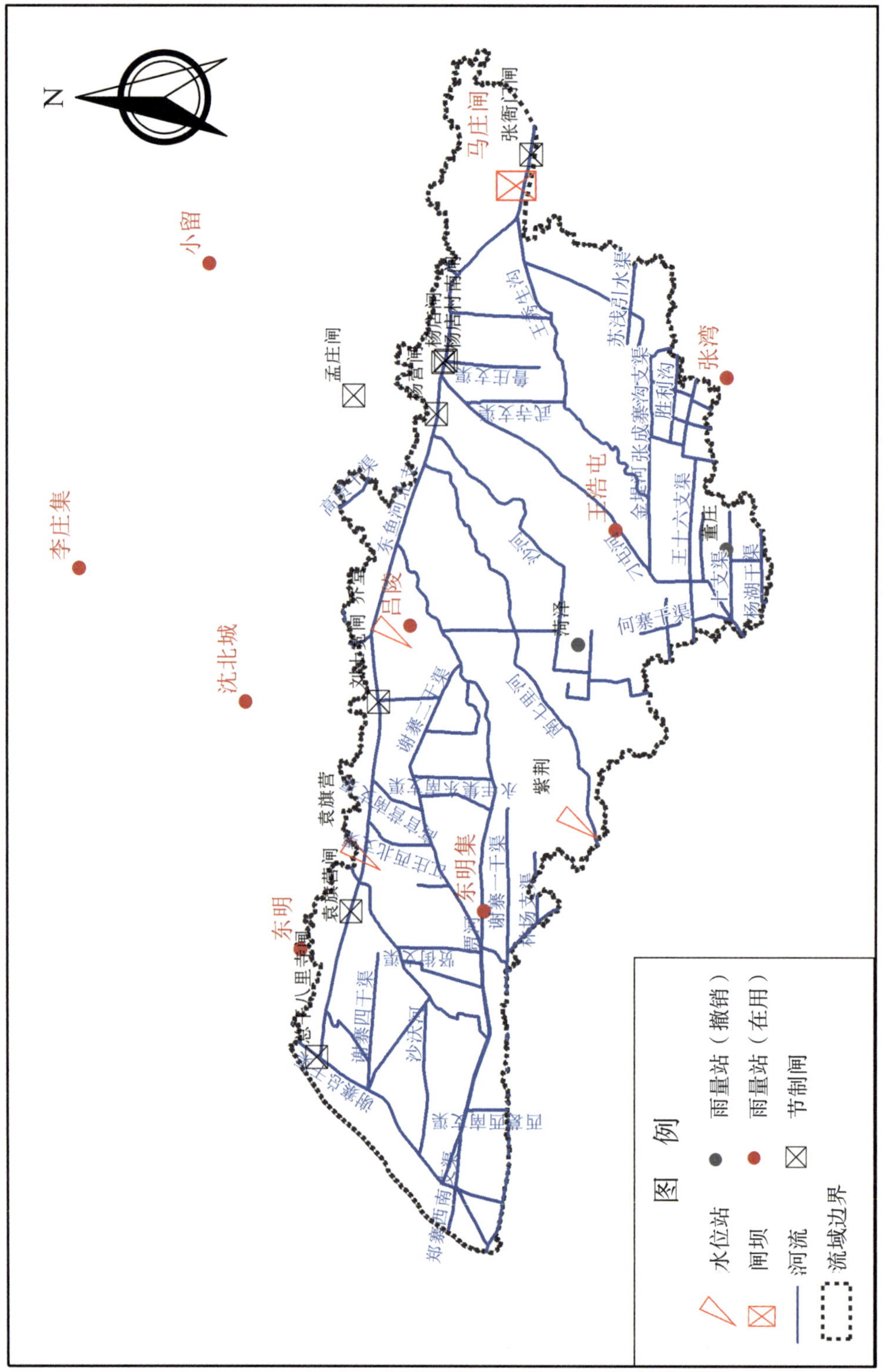

图 3-1　东鱼河北支马庄闸站以上流域图

表 3-3　东鱼河北支马庄闸站降雨径流分析成果表

序号	洪号	降雨起讫时间							流域平均雨量 P（mm）	前期影响雨量 P_a（mm）	降雨历时（h）		暴雨中心位置	洪水发生时间									洪水历时 $T_{洪}$	洪峰流量 Q_m（m^3/s）	净峰流量 $Q_{m净}$（m^3/s）	洪水总量 $W_{总}$（万 m^3）	地表径流总量 W（万 m^3）	集水面积 F（km^2）	径流深 R（mm）	径流系数 α	最高水位 Z_m（m）	起涨至峰现时距（h）
		起				讫					全部	有效		起涨			洪峰			落平												
		年	月	日	时	月	日	时						月	日	时	月	日	时	月	日	时										
1	720817	1972	8	16	16	8	17	6	47.6	60.1	14	12	中游	8	16	18	8	17	8	8	19	18	72	152	141	779	618	755	8.2	0.17	49.87	14
2	720902	1972	9	1	4	9	3	12	100.0	78.2	56	54	中游	9	1	14	9	2	14	9	5	10	92	131	103	1 503	1 173	755	15.5	0.16	48.42	24
3	730702	1973	7	1	16	7	3	14	63.1	50.5	46	36	中游	7	2	6	7	2	16	7	5	12	78	137	122	570	605	755	8.0	0.13	49.17	10
4	760721	1976	7	18	14	7	23	2	109.0	52.5	108	92	中游	7	19	6	7	21	14	7	26	2	164	81.1	71.1	1 440	1 440	755	19.1	0.17	46.69	56
5	770627	1977	6	27	6	6	27	20	54.7	70.2	14	14	中游	6	27	14	6	27	22	7	2	0	106	159	157	1 102	1 102	755	14.6	0.27	49.03	8
6	770711	1977	7	10	10	7	11	14	93.9	46.3	28	24	中游	7	10	14	7	11	4	7	15	14	120	100	94.1	1 070	1 071	755	14.2	0.15	46.99	14
7	780703	1978	7	1	18	7	3	20	152.3	28.1	50	40	中游	7	1	20	7	3	0	7	6	14	114	198	193	2 338	2 338	755	31.0	0.20	48.73	28
8	790814	1979	8	13	14	8	16	22	78.0	13.3	80	76	中游	8	13	20	8	14	12	8	19	18	142	121	94.2	1 803	458	755	6.1	0.08	49.03	16
9	800703	1980	7	3	4	7	4	0	11.0	54.6	20	18	中游	7	3	8	7	3	16	7	4	22	38	66.5	65.5	139	123	755	1.6	0.15	47.91	8
10	820709	1982	7	8	16	7	9	18	71.7	22.6	26	26	中游	7	9	8	7	9	20	7	12	16	80	65.1	64.1	474	436	755	5.8	0.08	48.71	12
11	830901	1983	8	31	16	9	1	12	34.2	48.8	20	18	中游	9	1	0	9	1	18	9	2	14	38	110	93.8	487	494	755	6.5	0.19	48.55	18
12	840810	1984	8	9	4	8	10	18	92.2	62.5	38	30	中游	8	9	10	8	10	4	8	14	4	114	68.4	48.4	1 317	1 340	755	17.8	0.19	46.96	18
13	850822	1985	8	22	4	8	23	14	72.6	84.2	34	30	下游	8	22	10	8	22	20	8	27	14	124	91.2	63.2	1 666	1 681	755	22.3	0.31	48.86	10
14	860816	1986	8	14	20	8	16	0	59.3	37.7	28	20	中游	8	15	8	8	16	10	8	18	20	84	98.2	85.2	706	405	755	5.4	0.09	49.11	26
15	930806	1993	8	4	8	8	5	14	93.9	68.1	30	30	中游	8	4	14	8	6	0	8	14	20	246	49.9	46.9	1 967	1 968	755	26.1	0.28	49.12	34
16	970914	1997	9	11	8	9	14	12	96.5	20.3	76	76	中游	9	12	16	9	14	20	9	17	22	126	31.6	30.6	637	637	755	8.4	0.09	48.23	52
17	040801	2004	7	29	10	8	3	4	68.4	125.9	114	52	上游	7	30	6	8	1	6	8	9	6	240	68.8	46.8	2 771	2 774	755	36.7	0.54	47.57	48
18	040817	2004	8	15	12	8	17	6	57.1	85.9	42	38	中游	8	16	6	8	17	16	8	23	14	176	62.5	55.5	1 270	1 341	755	17.8	0.31	48.63	34
19	050830	2005	8	28	16	8	30	6	102.6	55.1	38	30	中游	8	28	16	8	30	14	9	4	18	170	85.6	81.6	1 362	1 369	755	18.1	0.18	48.63	46
20	050920	2005	9	19	18	9	22	2	104.7	95.4	56	30	中游	9	19	20	9	20	20	9	26	16	164	55.6	51.6	1 441	1 449	755	19.2	0.18	48.27	24
21	060703	2006	7	2	16	7	5	2	191.3	58.8	58	32	中游	7	2	22	7	3	20	7	11	18	212	166	159	4 599	4 567	755	60.5	0.32	49.01	22
22	100907	2010	9	5	14	9	11	4	143.9	102.5	134	100	中游	9	6	8	9	7	18	9	15	2	210	175	173	5 088	5 202	755	68.9	0.48	49.17	34
23	160720	2016	7	17	16	7	20	12	102.6	81.7	68	32	中游	7	17	18	7	20	12	7	24	10	160	97.1	83.1	2 152	2 152	755	28.5	0.28	48.19	66
24	210831	2021	8	30	4	9	1	20	80.6	104.2	64	40	中游	8	30	4	08	31	00	9	3	22	114	111	111	2 082	2 528	890	28.4	0.35	47.82	20
25	210919	2021	9	18	8	9	20	10	129.6	92.3	50	52	中游	9	18	8	09	19	16	9	25	6	166	140	120	2 438	3 366	890	37.8	0.29	47.52	32
26	210926	2021	9	24	12	9	30	2	126.5	115.1	134	60	中游	9	24	12	09	26	12	10	2	18	198	173	136	5 362	6 339	890	71.2	0.56	47.92	48
27	220705	2022	7	5	12	7	6	14	56.5	109.8	26	24	中游	7	5	12	07	05	18	7	8	6	66	100	100	1 462	1 760	890	19.8	0.35	48.07	6
28	220719	2022	7	16	8	7	16	18	65.1	75.0	10	6	中游	7	16	8	07	19	14	7	18	0	40	54.6	54.6	1 400	946	890	10.6	0.16	47.93	78
29	220724	2022	7	22	12	7	26	6	68.6	106.3	90	32	中游	7	22	14	07	24	08	7	28	4	134	107	107	3 296	3 202	890	36.0	0.52	47.41	42

表 3-4　东鱼河北支马庄闸站降雨径流预报精度定表

序号	洪号	降雨量 P（mm）	前期影响雨量 P_a（mm）	$P+P_a$（mm）	实测径流深 $R_{实}$（mm）	预报径流深 $R_{预}$（mm）	预报误差（mm）	许可误差（mm）	评定结果	
									合格	不合格
1	720817	47.6	60.1	107.7	8.2	6.3	-1.9	3.0	√	
2	720902	100.0	78.2	178.2	15.5	24.9	9.3	3.1		√
3	730702	63.1	50.5	113.6	8.0	9.8	1.8	3.0	√	
4	760721	109.0	52.5	161.5	19.1	22.6	3.5	3.8	√	
5	770627	54.7	70.2	124.9	14.6	3.2	-11.4	3.0		√
6	770711	93.9	46.3	140.2	14.2	15.2	1.1	3.0	√	
7	780703	152.3	28.1	180.4	31.0	27.2	-3.8	6.2	√	
8	790814	78.0	13.3	91.3	6.1	5.5	-0.6	3.0	√	
9	800703	11.0	54.6	65.6	1.6	2.2	0.5	3.0	√	
10	820709	71.7	22.6	94.3	5.8	6.0	0.2	3.0	√	
11	830901	34.2	48.8	83.0	6.5	4.3	-2.2	3.0	√	
12	840810	92.2	62.5	154.7	17.8	18.9	1.2	3.6	√	
13	850822	72.6	84.2	156.8	22.3	19.5	-2.8	4.5	√	
14	860816	59.3	37.7	97.0	5.4	6.4	1.1	3.0	√	
15	930806	93.9	68.1	162.0	26.1	21.1	-5.0	5.2	√	
16	970914	96.5	20.3	116.8	8.4	10.5	2.0	3.0	√	
17	040801	68.4	125.9	194.3	36.7	32.6	-4.2	7.4	√	
18	040817	57.1	85.9	143.0	17.8	15.9	-1.8	3.6	√	
19	050830	102.6	55.1	157.7	18.1	19.8	1.6	3.6	√	
20	050920	104.7	95.4	200.1	19.2	35.0	15.8	3.8		√
21	060703	191.3	58.8	250.1	60.5	70.0	9.5	12.1	√	
22	100907	143.9	102.5	246.4	68.9	64.0	-4.9	13.8	√	
23	160720	102.6	81.7	184.3	28.5	28.7	0.2	5.7	√	
24	210831	80.6	104.2	184.8	28.4	28.9	0.5	5.7	√	
25	210919	129.6	92.3	221.9	37.8	45.3	7.5	7.6	√	
26	210926	126.5	115.1	241.6	71.2	58.7	-12.6	14.3	√	
27	220705	56.5	109.8	166.3	19.8	22.4	2.6	4.0	√	
28	220719	65.1	75.0	140.1	10.6	15.2	4.6	3.0		√
29	220724	68.6	106.3	175.0	36.0	25.3	-10.7	7.2		√

备注：总点据 29 个，合格点据 24 个，方案合格率为 82.8% ，属乙级方案。

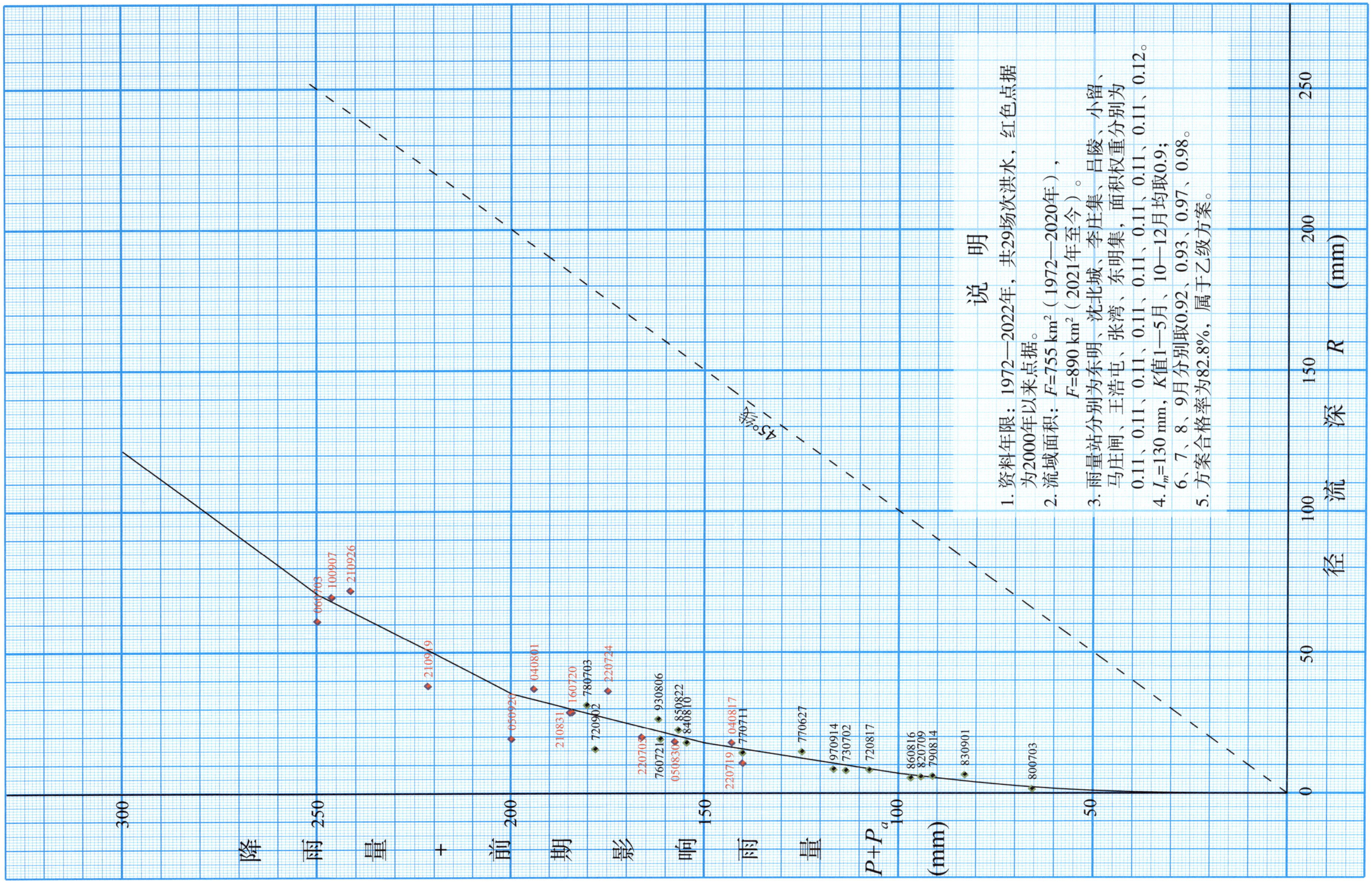

图 3-2 东鱼河北支马庄闸站降雨径流相关图（$P+P_a$-R）

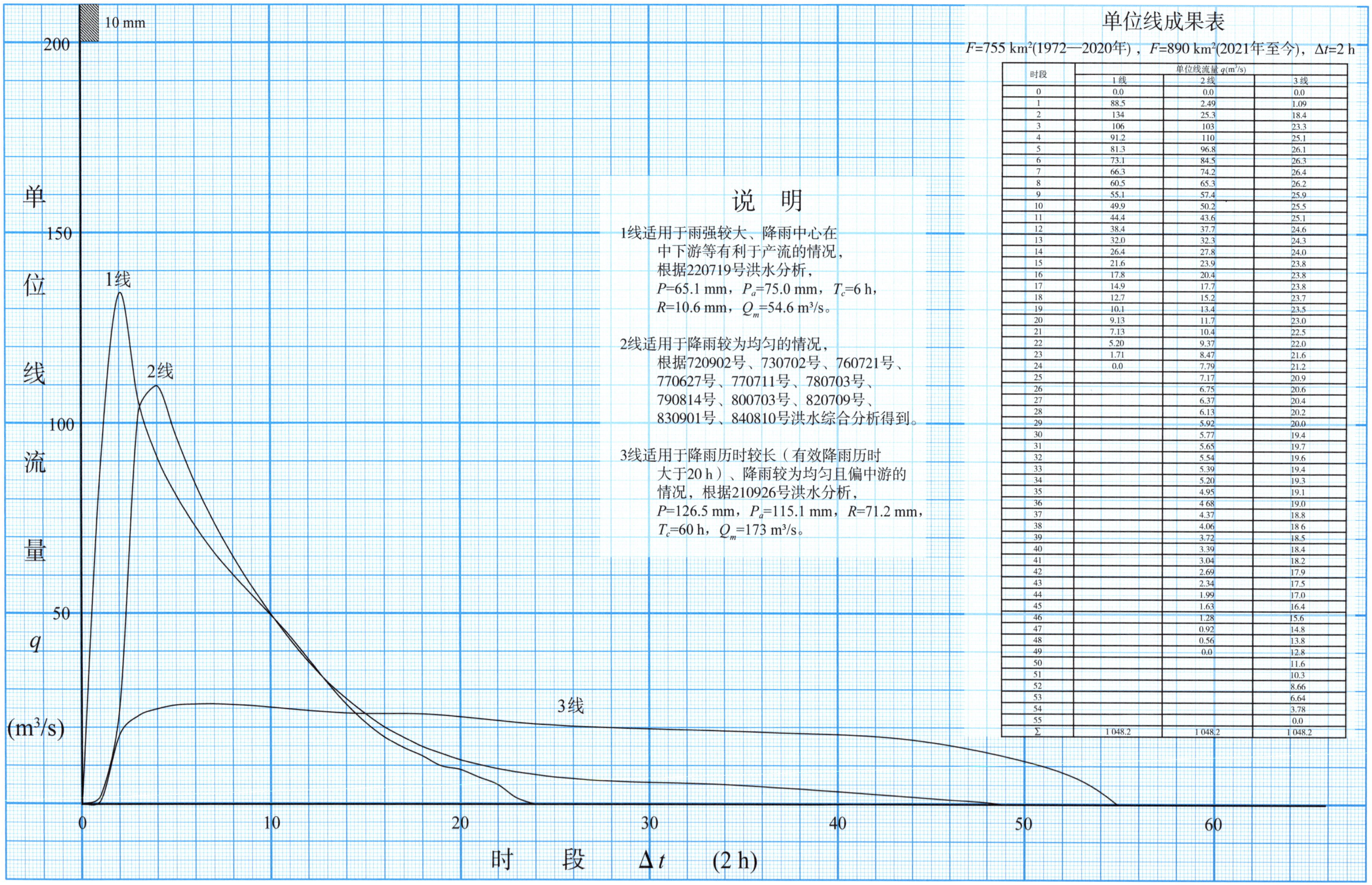

说 明

1线适用于雨强较大、降雨中心在中下游等有利于产流的情况，根据220719号洪水分析，P=65.1 mm，P_a=75.0 mm，T_c=6 h，R=10.6 mm，Q_m=54.6 m^3/s。

2线适用于降雨较为均匀的情况，根据720902号、730702号、760721号、770627号、770711号、780703号、790814号、800703号、820709号、830901号、840810号洪水综合分析得到。

3线适用于降雨历时较长（有效降雨历时大于20 h）、降雨较为均匀且偏中游的情况，根据210926号洪水分析，P=126.5 mm，P_a=115.1 mm，R=71.2 mm，T_c=60 h，Q_m=173 m^3/s。

单位线成果表

F=755 km^2(1972—2020年)，F=890 km^2(2021年至今)，Δt=2 h

时段	单位线流量 q(m^3/s)		
	1线	2线	3线
0	0.0	0.0	0.0
1	88.5	2.49	1.09
2	134	25.3	18.4
3	106	103	23.3
4	91.2	110	25.1
5	81.3	96.8	26.1
6	73.1	84.5	26.3
7	66.3	74.2	26.4
8	60.5	65.3	26.2
9	55.1	57.4	25.9
10	49.9	50.2	25.5
11	44.4	43.6	25.1
12	38.4	37.7	24.6
13	32.0	32.3	24.3
14	26.4	27.8	24.0
15	21.6	23.9	23.8
16	17.8	20.4	23.8
17	14.9	17.7	23.8
18	12.7	15.2	23.7
19	10.1	13.4	23.5
20	9.13	11.7	23.0
21	7.13	10.4	22.5
22	5.20	9.37	22.0
23	1.71	8.47	21.6
24	0.0	7.79	21.2
25		7.17	20.9
26		6.75	20.6
27		6.37	20.4
28		6.13	20.2
29		5.92	20.0
30		5.77	19.4
31		5.65	19.7
32		5.54	19.6
33		5.39	19.4
34		5.20	19.3
35		4.95	19.1
36		4 68	19.0
37		4.37	18.8
38		4.06	18 6
39		3.72	18.5
40		3.39	18.4
41		3.04	18.2
42		2.69	17.9
43		2.34	17.5
44		1.99	17.0
45		1.63	16.4
46		1.28	15.6
47		0.92	14.8
48		0.56	13.8
49		0.0	12.8
50			11.6
51			10.3
52			8.66
53			6.64
54			3.78
55			0.0
Σ	1 048.2	1 048.2	1 048.2

图 3-3 东鱼河北支马庄闸站单位线图

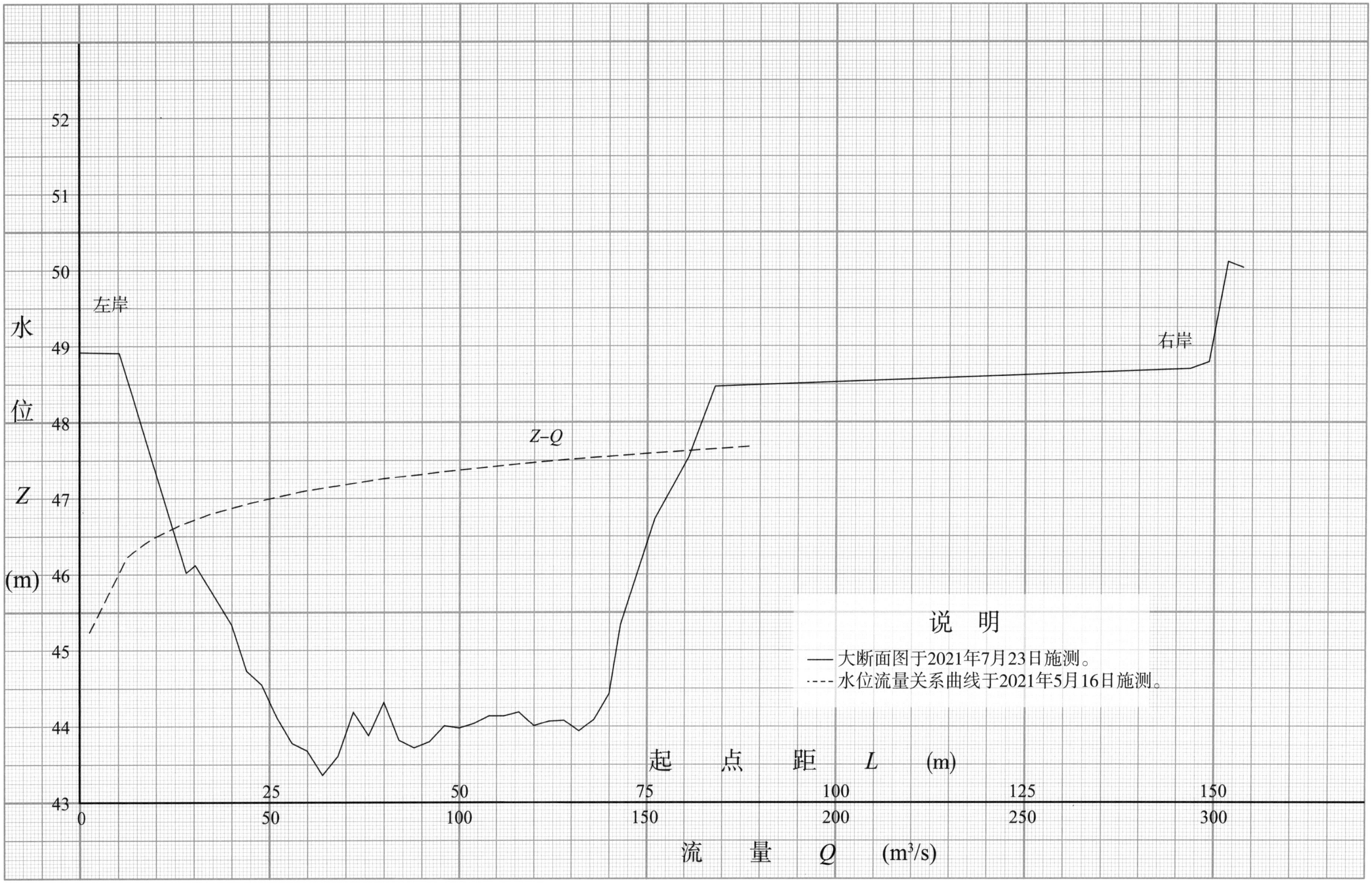

图 3-4　东鱼河北支马庄闸大断面及水位流量关系图

第四章　东鱼河路菜园闸站水文预报方案编制说明*

1　流域概况

1.1　流域自然地理特征

东鱼河属山东省淮河流域湖西水系，是20世纪60年代后期为了调整南四湖湖西地区水系新开挖的跨菏泽、济宁两市的一条大型防洪排涝河道，并兼有灌溉、改碱等多项功能。其干流起源于菏泽市的东明县刘楼镇刘楼村，自西向东流经菏泽市的东明、牡丹、曹县、定陶、成武、单县和济宁市的金乡、鱼台等八个县（区），在鱼台县谷亭街道缪集村入南四湖的昭阳湖。

东鱼河全长172.1 km，其中菏泽市境内123.2 km；总流域面积5 923 km^2，其中承泄河南省来水面积810 km^2，菏泽市境内流域面积5 206 km^2；河道比降1/14 650~1/5 500；两岸堤防总长度316.2 km。东鱼河属于湖西平原坡水河道，地面坡度平缓。坡地和河道汇流速度慢，洪水历时长，河道洪水峰低量大。

东鱼河流域多年平均年降水量700 mm，降水量年际变化大，丰水年（1964年）最大降水量达1 055 mm，枯水期（1988年）降水量仅为279 mm，丰枯比达3.8。

东鱼河一级支流有12条，其中流域面积在300 km^{2}以上的有胜利河（长63 km，流域面积1 224 km^2）、东鱼河北支（长96 km，流域面积1 443 km^2）、东鱼河南支（长37 km，流域面积1 290 km^2）、团结河（长39 km，流域面积395 km^2）。

1.2　水利工程情况

路菜园闸为节制闸，6孔，闸孔总净宽48 m，河道警戒水位50.89 m，警戒流量375 m^3/s，保证水位51.61 m，保证流量757 m^3/s，设计洪水标准为20年一遇。路菜园闸站以上建有拦河闸14座，打乱了洪水的自然流势，给资料分析和洪水预报带来很大困难。各闸工程指标详见表4-1。

表4-1　东鱼河路菜园闸站以上各闸工程指标统计表

序号	水闸名称	所在河流名称	建成时间	闸孔数量（孔）	闸孔总净宽（m）	过闸流量（m^3/s）	设计洪水标准	校核洪水标准
1	半坡杨节制闸	东鱼河	1989年10月	3	9.9	40	20年一遇	30年一遇
2	大屯节制闸	东鱼河	1986年8月	6	20	80	20年一遇	30年一遇
3	输入干线城子节制闸	东鱼河	1992年5月	4	16	50	20年一遇	30年一遇
4	五干渠顺河集节制闸	东鱼河	1964年6月	6	11	20	10年一遇	30年一遇
5	五干渠焦楼集节制闸	东鱼河	1972年10月	4	8	15	10年一遇	20年一遇
6	五干渠西郝庄节制闸	东鱼河	1964年5月	4	8	10	5年一遇	10年一遇
7	一干渠丁咀节制闸	东鱼河	2008年4月	3	6	15	10年一遇	20年一遇
8	一干渠孟大夫节制闸	东鱼河	1980年7月	2	4	7.5	10年一遇	20年一遇
9	一干渠杨庄节制闸	东鱼河	1980年4月	2	4	7.23	10年一遇	20年一遇
10	袁长营节制闸	东鱼河	2008年8月	2	4.4	4	10年一遇	20年一遇
11	周管营节制闸	东鱼河	2003年10月	2	5	6	10年一遇	20年一遇
12	张湾节制闸	东鱼河	2020年6月	10	28.4	204	20年一遇	50年一遇
13	汪庄节制闸	东鱼河	1983年12月	1	3	12	10年一遇	20年一遇
14	杨湖节制闸	东鱼河	1973年12月	6	23	204	5年一遇	20年一遇

1.3　测站概况

1.3.1　基本情况

路菜园闸位于东鱼河上，1977年7月设置闸坝测站，控制流域面积646 km^2，主要观测项目有水位、流量、降水量等，并观测至今。河流平均比降-1.0‰，河网密度0.29 km/km^2，不对称系数-0.892，干流长度58 km，测验河段长度500 m。流域内多年平均年降水量663.1 mm，暴雨洪水主要集中在7、8两个月。河床组成为沙壤土，流域植被良好，多种植小麦、玉米、棉花、花生等作物。

路菜园闸站以上流域图见图 4-1。

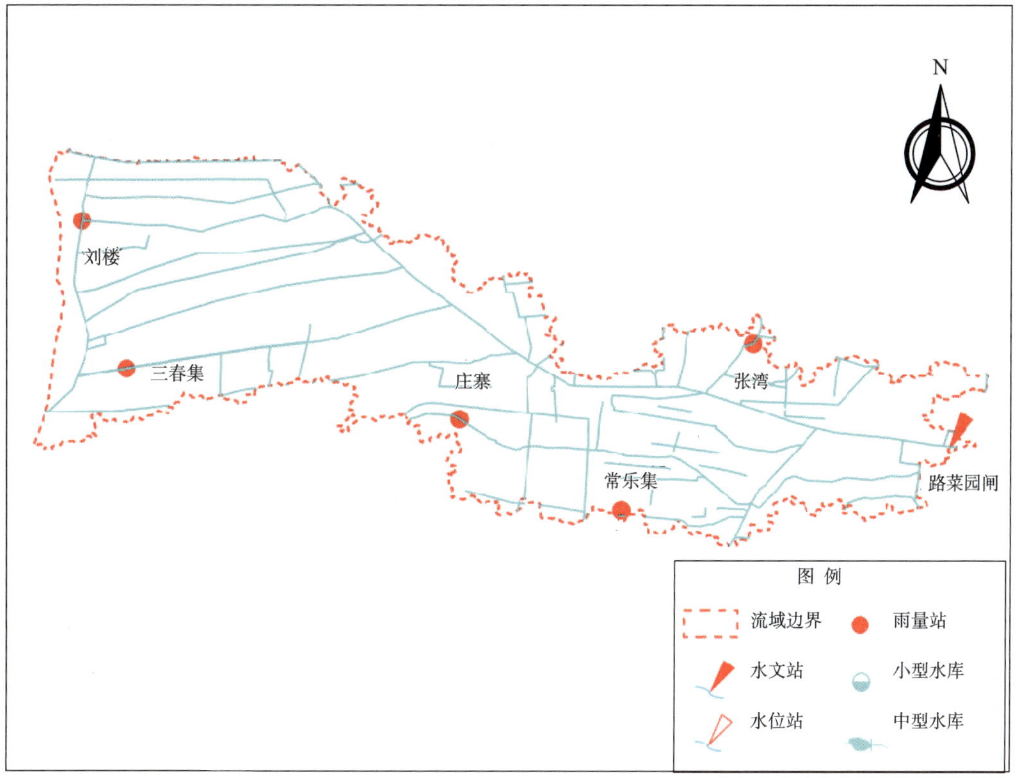

图 4-1　东鱼河路菜园闸站以上流域图

1.3.2　采用基面

路菜园闸站基面为 1985 年国家高程基准高程。

2　预报方案编制

2.1　资料情况

本次路菜园闸站预报方案为新建方案，采用 1977—2022 年实测洪水资料，受闸门控制影响，40 多年来比较好的洪水资料有 17 场次。在选用的洪水资料中，因多受闸门控制影响，洪水过程不完整，特别是涨水段，所以汇流分析难度较大。

2.2　产流方案

产流方案采用降雨径流经验相关（$P+P_a$-R）的方法。将分析计算得到的 17 个点据点绘定线，东鱼河路菜园闸站降雨径流相关图见图 4-2。

2.2.1　流域平均雨量 P 的计算

流域平均雨量采用路菜园闸、张湾、刘楼、三春集、庄寨、常乐集 6 站雨量的算术平均值计算。

2.2.2　流域平均前期影响雨量 P_a 的计算

$$P_{a,\ t+1} = K(P_{a,\ t} + P_t)$$

式中：$P_{a,t+1}$ 为第 t+1 日的前期影响雨量（mm）；$P_{a,t}$ 为第 t 日的前期影响雨量（mm）；P_t 为第 t 日的流域平均雨量（mm）；K 为前期影响雨量递减系数。

2.2.3　产流参数 I_m、K 的确定

路菜园闸站产流参数 I_m、K 借用梁山闸站的数据，即 I_m = 130 mm；1—7 月 K 取 0.90，8—12 月取 0.95。

2.2.4　径流深 R 的计算

在一次洪水过程线上采用斜线分割法切除基流，地表径流终止点采用将退水过程点绘在双对数格纸上找出转折点的办法求得。本次洪水径流深 R 等于洪水总量 W 除以集水面积 F。东鱼河路菜园闸站降雨径流分析成果见表 4-2。

2.2.5　精度评定

精度评定采用合格点次占总点次的百分比为合格率，许可误差采用实测值的 20%，并以 20.0 mm 为上限、以 3.0 mm 为下限作为控制。本方案采用 1977—2022 年资料系列 17 个点据，其中 12 个合格，方案合格率为 70.6%，为乙级方案，详见表 4-3。

2.3　汇流方案

汇流方案主要采用单位线方法。东鱼河为平原区河流，在洪水摘录资料中分别选择洪峰流量较大和较小的场次洪水，应用分析法推求单位线，取平均修匀后，作为单位线 1 和单位线 2，其计算时段为 2 h，详见图 4-3。

3　方案使用说明

以 2 h 为时段长计算流域平均降雨过程；由降雨径流相关图 $P+P_a$-R 得到时段净雨过程；根据前期土壤湿润程度和降雨量级选用单位线，计算出净流量过程；叠加净流量过程与基流，得到该站预报流量过程。

表 4-2　东鱼河路菜园闸站降雨径流分析成果表

序号	洪号	降雨起止时间		流域平均雨量 P（mm）	前期影响雨量 P_a（mm）	降雨历时		暴雨中心位置	洪水起止时间			起涨流量 Q_0（m^3/s）	洪峰流量 Q_m（m^3/s）	净峰流量 $Q_{m净}$（m^3/s）	洪水总历时 $T_{洪}$（h）	涨洪历时 $T_{涨洪}$（h）	洪峰滞时 t_p（h）	次洪径流量 W（万 m^3）	集水面积 F（km^2）	径流深 R（mm）	径流系数 α
		起	止			全部 T（h）	有效 T_c（h）		起涨	峰顶	落平										
1	770711	7月10日 10：00	7月11日 12：00	118.0	50.0	26	16	上游	7月10日 20：00	7月11日 7：00	7月14日 12：00	0	110	102	88	11	16	924	646	14.3	0.12
2	780702	7月1日 20：00	7月3日 6：00	161.0	21.0	34	18	下游	7月1日 22：00	7月2日 16：00	7月7日 2：00	1	132	128	124	18	12	1 389	646	21.5	0.13
3	820709	7月8日 18：00	7月9日 20：00	143.0	12.0	26	14	上游	7月9日 6：00	7月9日 13：00	7月15日 0：00	0	151	140	138	7	16	1 350	646	20.9	0.15
4	850730	7月30日 2：00	7月30日 14：00	16.0	22.0	12	4	上游	7月30日 6：00	7月30日 9：00	8月2日 10：00	1	42	39	76	3	7	375	646	5.8	0.36
5	850822	8月22日 8：00	8月22日 20：00	134.0	38.0	12	10	上游	8月22日 12：00	8月22日 18：30	8月26日 10：00	1	149	140	94	6.5	11	1 331	646	20.6	0.15
6	860815	8月14日 14：00	8月15日 16：00	118.0	45.0	26	18	上游	8月15日 4：00	8月15日 10：30	8月18日 20：00	0	77	70	88	6.5	18	956	646	14.8	0.13
7	900517	5月15日 20：00	5月17日 20：00	69.0	10.0	48	18	下游	5月17日 4：00	5月17日 6：54	5月22日 18：00	1	55	46	134	2.9	20	413	646	6.4	0.09
8	920505	5月4日 8：00	5月5日 14：00	106.0	10.0	30	14	下游	5月4日 22：00	5月5日 10：36	5月12日 12：00	0	59	52	182	12.6	22	594	646	9.2	0.09
9	950719	7月17日 12：00	7月18日 12：00	130.0	39.0	24	16	下游	7月18日 6：00	7月19日 2：00	7月22日 20：00	0	50	48	110	20	14	782	646	12.1	0.09
10	990904	9月3日 22：00	9月4日 18：00	63.0	24.0	20	10	下游	9月4日 6：00	2023/9/4 13：30	9月7日 4：00	0	23	20	70	7.5	16	291	646	4.5	0.07
11	050920	9月19日 18：00	9月21日 14：00	104.0	70.0	44	24	下游	9月20日 2：00	9月20日 12：24	9月27日 12：00	11	187	150	178	10.4	18	2 158	646	33.4	0.32
12	060704	7月2日 6：00	7月2日 20：00	150.0	62.0	38	18	上游	7月2日 22：00	7月4日 9：30	7月9日 0：00	20	175	168	146	35.5	14	2 590	646	40.1	0.27
13	100815	8月13日 16：00	8月14日 12：00	79.0	59.0	20	12	上游	8月14日 0：00	8月15日 6：00	8月20日 10：00	4	63	58	154	30	18	1 034	646	16.0	0.20
14	120708	7月7日 8：00	7月8日 10：00	96.0	46.0	26	14	上游	7月7日 18：00	7月8日 15：24	7月12日 12：00	5	76	68	114	21.4	5	1 066	646	16.5	0.17
15	130703	7月1日 22：00	7月3日 12：00	97.0	10.0	38	12	下游	7月2日 8：00	7月3日 9：40	7月8日 4：00	1	28	26	140	25.7	16	556	646	8.6	0.09
16	200808	8月3日 18：00	8月7日 20：00	191.0	56.0	98	28	上游	8月4日 20：00	8月8日 6：33	8月16日 22：00	1	88	85	290	82.6	11	2 597	646	40.2	0.21
17	220723	7月19日 22：00	7月23日 4：00	119.0	70.0	78	20	上游	7月20日 6：00	7月23日 9：39	8月1日 2：00	10	144	135	284	75.7	6	2 229	646	34.5	0.29

说明：1. 有效降雨历是指实际能产生径流的降雨历时，两段较大暴雨中间有一段不产生径流的时间也应统计在内；如果降雨首尾部强度较小，但能产生径流的降雨持续时间很长，则统计占本次降雨总量 80% 以上的主要降雨历时。

2. 洪峰滞时是指降雨重心至洪峰出现的时距，降雨重心取连续两时段降雨量之和最大值所在时段的中间时刻。

表 4-3　东鱼河路菜园闸站降雨径流预报精度评定表

序号	洪号	流域平均雨量 P（mm）	前期影响雨量 P_a（mm）	$P+P_a$（mm）	实测径流深 $R_{实}$（mm）	预报径流深 $R_{预}$（mm）	预报误差（mm）	许可误差（mm）	评定结果	
									合格	不合格
1	770711	118.0	50.0	168.0	14.3	19.5	5.2	3.0		√
2	780702	161.0	21.0	182.0	21.5	23.5	2.0	4.3	√	
3	820709	143.0	12.0	155.0	20.9	15.4	-5.5	4.2		√
4	850730	16.0	22.0	38.0	5.8	3.2	-2.6	3.0	√	
5	850822	134.0	38.0	172.0	20.6	20.0	-0.6	4.1	√	
6	860815	118.0	45.0	163.0	14.8	17.1	2.3	3.0	√	
7	900517	69.0	10.0	79.0	6.4	3.8	-2.6	3.0	√	
8	920505	106.0	10.0	116.0	9.2	7.6	-1.6	3.0	√	
9	950719	130.0	39.0	169.0	12.1	17.5	5.4	3.0		√
10	990904	63.0	24.0	87.0	4.5	5.0	0.5	3.0	√	
11	050920	104.0	70.0	174.0	33.4	37.2	3.8	6.7	√	
12	060704	150.0	62.0	212.0	40.1	36.3	-3.8	8.0	√	
13	100815	79.0	59.0	138.0	16.0	15.6	-0.4	3.2	√	
14	120708	96.0	46.0	142.0	16.5	13.0	-3.5	3.3		√
15	130703	97.0	10.0	107.0	8.6	6.2	-2.4	3.0	√	
16	200808	191.0	56.0	247.0	40.2	50.1	9.9	8.0		√
17	220723	119.0	70.0	189.0	34.5	29.6	-4.9	6.9	√	

备注：1. 预报误差=预报值-实测值；2. 许可误差=实测值的 20%，以 20.0 mm 为上限，以 3.0 mm 为下限；3. 合格率=70.6%，为乙级方案。

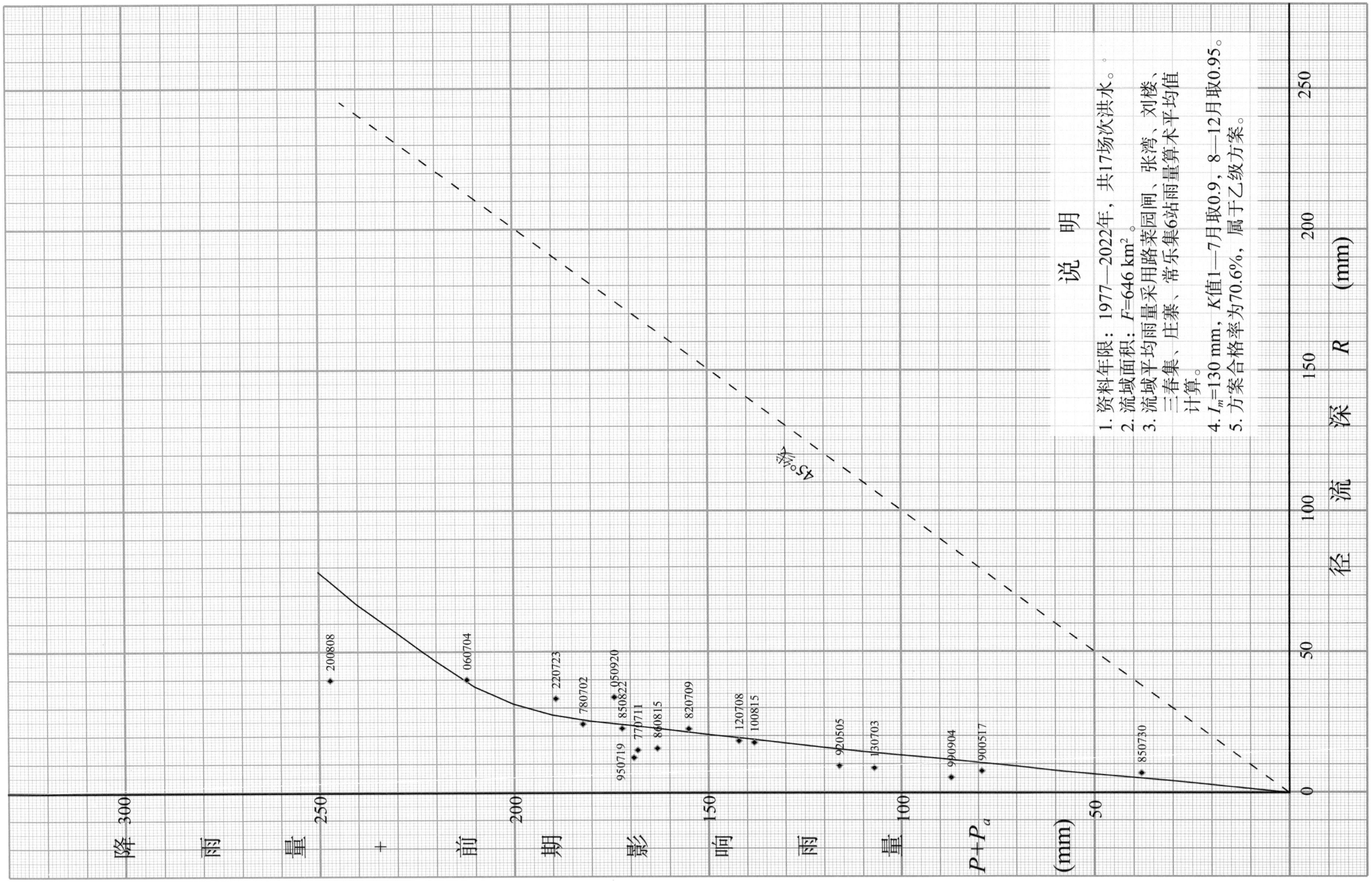

图 4-2　东鱼河路菜园闸站降雨径流相关图（$P+P_a$-R）

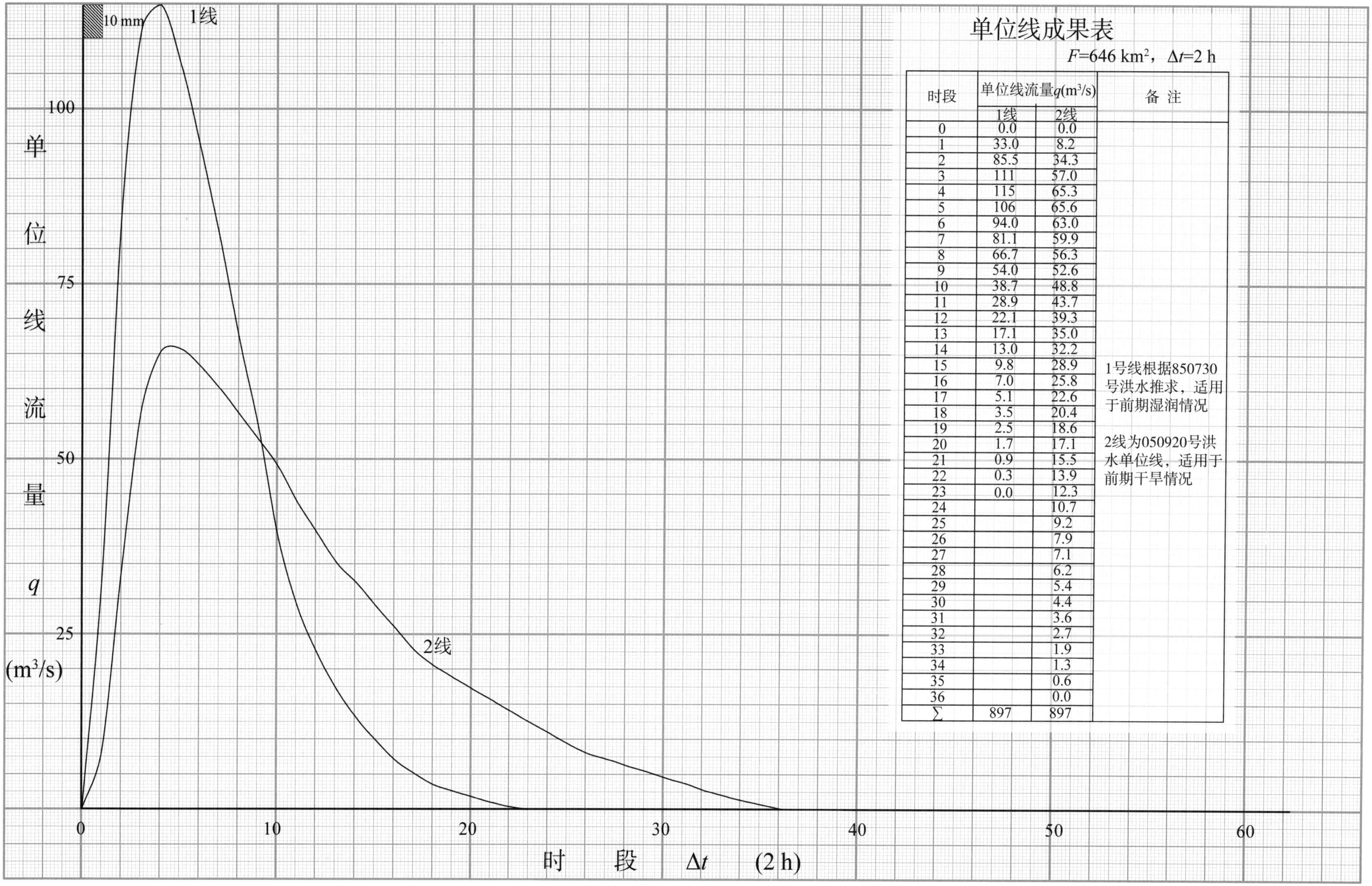

单位线成果表

F=646 km²，Δt=2 h

时段	单位线流量q(m³/s)		备 注
	1线	2线	
0	0.0	0.0	
1	33.0	8.2	
2	85.5	34.3	
3	111	57.0	
4	115	65.3	
5	106	65.6	
6	94.0	63.0	
7	81.1	59.9	
8	66.7	56.3	
9	54.0	52.6	
10	38.7	48.8	
11	28.9	43.7	
12	22.1	39.3	
13	17.1	35.0	
14	13.0	32.2	
15	9.8	28.9	1号线根据850730号洪水推求，适用于前期湿润情况
16	7.0	25.8	
17	5.1	22.6	
18	3.5	20.4	
19	2.5	18.6	
20	1.7	17.1	2线为050920号洪水单位线，适用于前期干旱情况
21	0.9	15.5	
22	0.3	13.9	
23	0.0	12.3	
24		10.7	
25		9.2	
26		7.9	
27		7.1	
28		6.2	
29		5.4	
30		4.4	
31		3.6	
32		2.7	
33		1.9	
34		1.3	
35		0.6	
36		0.0	
Σ	897	897	

图 4-3 东鱼河路菜园闸站单位线图

第五章　东鱼河张庄闸站水文预报方案编制说明*

1　流域概况

1.1　流域自然地理特征

张庄闸位于东鱼河上，1972 年 4 月设置闸坝测站，控制流域面积 3 934 km^2。流域内多年平均年降水量 667 mm，暴雨洪水主要集中在 7、8 两个月。东鱼河属于湖西平原坡水河道，河道平均比降-1.0‰，地面坡度平缓。坡地和河道汇流速度慢，洪水历时长，河道洪水峰低量大。河床组成为沙壤土，滩地多种植小麦、棉花、玉米等作物。张庄闸站以上流域图见图 5-1。

1.2　水利工程情况

张庄闸为节制闸，11 孔，闸孔总净宽 110 m，河道警戒水位 44.60 m，警戒流量 2 058 m^3/s，保证水位 44.85 m，保证流量 2 448 m^3/s，设计洪水标准为 50 年一遇。

张庄闸距东鱼河河口 72 km，闸上游有 6 孔路菜园闸一座、6 孔均张庄闸一座、9 孔苗楼节制闸一座以及 6 孔新城闸一座。

1.3　测站概况

1.3.1　基本情况

张庄闸站于 1972 年 4 月设立，主要观测项目有水位、流量、降水量等，且观测至今。

1.3.2　采用基面

张庄闸站基面采用 1985 年国家高程基准。

2　预报方案编制

2.1　资料情况及方案沿革

2.1.1　资料情况

本方案采用的资料年限为 1972—2020 年。本着高中水不漏、近年小洪水筛选的原则，选用 15 场洪水并进行分析。

2.1.2　方案沿革

产流方案采用降雨径流相关法（$P+P_a-R$），由此进行关系线绘制；汇流方案采用经验单位线法，确定两条 2 h 单位线。

2.2　产流方案

本次采用新编的产流方案，产流方案采用降雨径流相关法，降雨径流关系曲线利用分析计算的 15 个点据点绘定线，增加了 2 条 $P+P_a-R$ 关系曲线，见图 5-2。其中：P 为次降雨流域平均雨量（mm）；P_a 为流域平均前期影响雨量（mm）；R 为次降雨所产生的径流深（mm）。

2.2.1　流域平均雨量 *P* 的计算

流域平均雨量采用算术平均法计算，采用的雨量站为张庄闸、常乐集、曹县、三春集、马庄闸。

2.2.2　流域平均前期影响雨量 P_a 的计算

每年自汛初开始连续计算，先采用算术平均法计算流域平均雨量，然后计算前期影响雨量 P_a，其计算公式如下：

$$P_{a,\ t} = K(P_{a,\ t-1} + P_{t-1})$$

式中：$P_{a,t}$ 为当日的流域平均前期影响雨量（mm）；$P_{a,t-1}$ 为前一日的流域平均前期影响雨量（mm）；P_{t-1} 为前一日流域平均雨量（mm）；K 为前期影响雨量递减系数，$K=1-E_m/I_m$，$K=0.9$；E_m 为流域蒸发能力；I_m 为流域最大损失量，本方案采用 120 mm。

2.2.3　径流深 *R* 的计算

在一次洪水过程线上采用斜线分割法割除基流，得到地表径流过程，再将地表径流总量除以流域面积即可得到一次降雨所产生的径流深。复式峰则按近似峰型的退水趋势进行分割。张庄闸站降雨径流分析成果见表 5-1。

2.2.4　精度评定

精度评定采用合格点次占总点次的百分比为合格率，许可误差采用实测值的 20%，并以 20.0 mm 为上限、以 3.0 mm 为下限作为控制。降雨径流相关图 $P+P_a-R$ 采用 1972 年到 2020 年 49 年的资料系列，共 15 个点据，合格率为 66.7%，属丙级方案，详见表 5-2。

2.3　汇流方案

汇流方案主要采用经验单位线方法。参考 860816、060704 场次洪水资料，根据流域暴雨洪水特性及下垫面变化情况，综合确定出 2 h 单位线 2 条。张庄闸站单位线图见图 5-3。

3　方案使用说明

3.1　产流方案

以流域平均雨量 P 及前期影响雨量 P_a 在 $P+P_a-R$ 关系曲线上查取径流深 R，进行综合分析，确定地表径流深 R 的预报值。汛期第一场洪水或连续干旱后的洪水，在降雨径流相关图（$P+P_a-R$）上查Ⅰ线；连续丰水年或上游水利工程蓄水较多时，查Ⅱ线。

3.2　汇流方案

在进行洪水作业预报时，视本次降雨情况选定与其降雨特点相近的经验单位线。

3.3　方案合理性检查及评定

在方案建立过程中，随时根据规范要求及有关文件规定进行合理性检查，特别对突出点据从原始资料反复查对，对中间处理过程也认真审查，发现的不合理问题基本上都做了检查改正。方案建立后，先从线形进行比较，防止出现矛盾现象，然后对每个方案尽量根据规范规定采用表格形式进行了精度评定（许可误差法），降雨径流相关图（$P+P_a-R$）合格率为66.7%，属丙级方案。

3.4　方案适应能力

本方案适用于防洪标准以下的洪水作业预报，如遇超标准洪水，则需根据当时具体情况酌情修正。

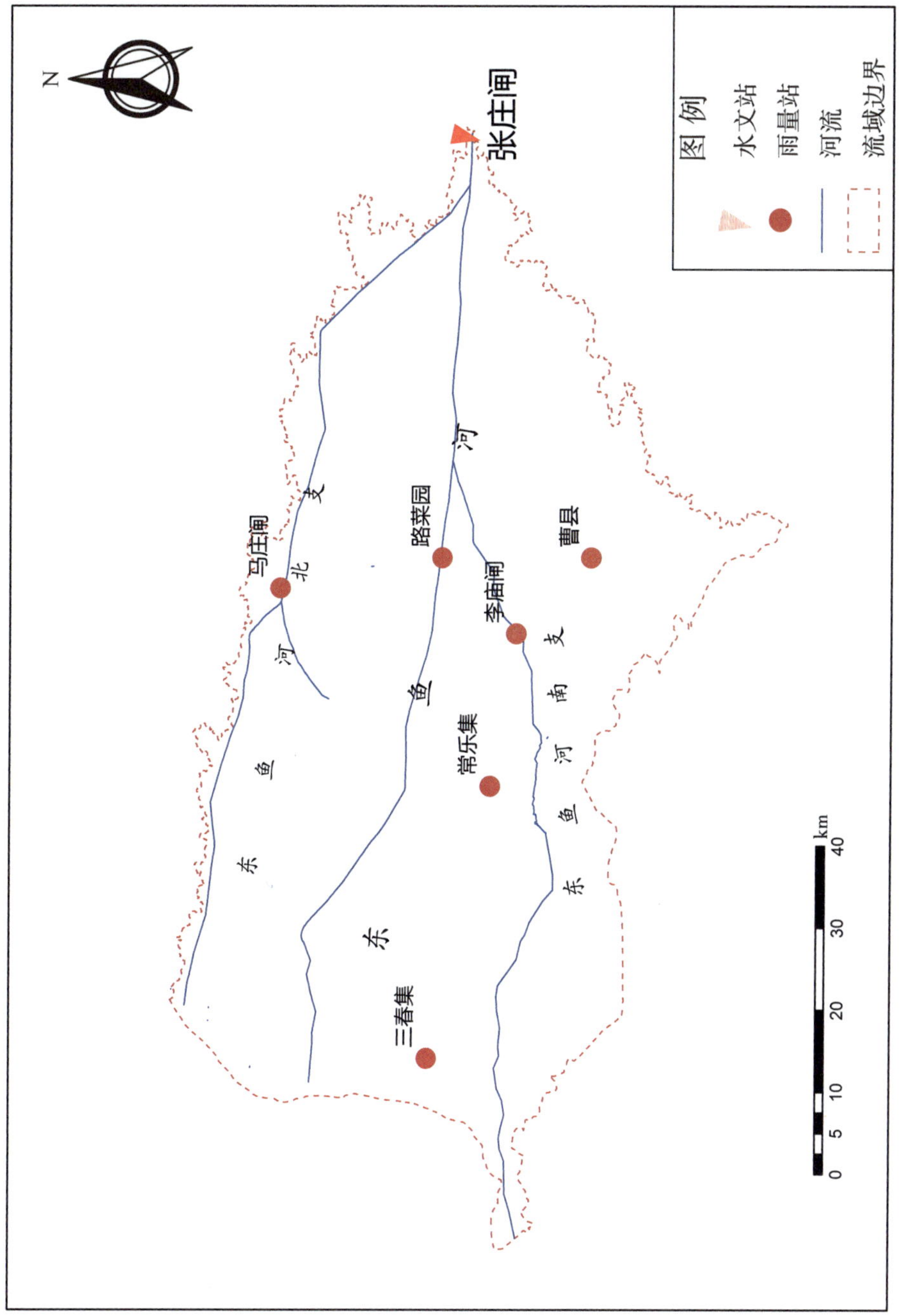

图 5-1　东鱼河张庄闸站以上流域图

表 5-1　东鱼河张庄闸站降雨径流分析成果表

序号	洪水编号	降雨时间		降雨历时 T（h）	有效降雨历时 T_c（h）	洪水时间		洪水历时 $T_{洪}$（h）	流域平均雨量 P（mm）	前期影响雨量 P_a（mm）	$P+P_a$（mm）	径流深 R（mm）	洪水总量 W（万 m^3）	洪峰流量 Q_m（m^3/s）	净峰流量 $Q_{m净}$（m^3/s）	暴雨中心位置
		起	止			起	止									
1	730716	7月14日 20：00	7月15日 18：00	22	18	7月15日 2：00	7月19日 18：00	112	30.0	43.2	73.2	9.2	3 619.3	553	482.0	中游
2	760819	8月17日 18：00	8月18日 12：00	18	14	8月18日 2：00	8月23日 12：00	130	71.7	55.5	127.2	24.8	9 756.3	478	478.0	中游
3	780703	7月1日 12：00	7月3日 10：00	46	36	7月1日 18：00	7月9日 10：00	184	95.5	27.6	123.1	20.4	8 025.4	507	507.0	中游
4	860816	8月15日 2：00	8月15日 16：00	14	12	8月15日 14：00	8月24日 2：00	204	55.6	27.4	83	3.8	1 494.9	83.5	74.8	中游
5	930806	8月4日 20：00	8月5日 2：00	6	4	8月4日 22：00	8月15日 14：00	256	147.4	19.3	166.7	11.3	4 445.4	244	235.7	中游
6	940808	8月6日 20：00	8月8日 16：00	44	22	8月7日 8：00	8月15日 2：00	186	131.8	16.8	148.6	5.4	2 124.4	79.5	77.5	中游
7	010731	7月27日 22：00	7月30日 22：00	72	46	7月29日 10：00	8月21日 10：00	552	110.3	80.0	190.3	9.0	3 540.6	98.5	90.3	中游
8	050831	8月29日 4：00	8月29日 22：00	18	16	8月29日 20：00	9月5日 14：00	162	112.5	12.2	124.7	11.7	4 602.8	276	272.7	中游
9	050922	9月19日 20：00	9月21日 14：00	42	32	9月20日 6：00	9月30日 18：00	252	144.5	53.3	197.8	51.4	20 220.8	588	588.0	中游
10	060704	7月3日 0：00	7月3日 18：00	18	16	7月3日 8：00	7月15日 0：00	280	110.5	44.3	154.8	30.9	12 156.1	369	369.0	中游
11	070629	6月27日 0：00	6月27日 20：00	20	16	6月27日 12：00	7月1日 16：00	100	34.0	42.2	76.2	1.6	629.4	128	114.5	中游
12	080719	7月18日 2：00	7月18日 8：00	6	4	7月18日 6：00	7月25日 22：00	184	52.5	46.2	98.7	4.3	1 691.6	59.7	59.7	中游
13	100702	7月1日 4：00	7月2日 2：00	22	18	7月1日 8：00	7月5日 18：00	106	178.0	8.6	186.6	12.6	4 956.8	222	221.0	中游
14	160721	7月19日 16：00	7月20日 12：00	20	18	7月20日 0：00	7月25日 8：00	128	118.5	70.6	189.1	9.7	3 816.0	168	168.0	中游
15	200807	8月6日 4：00	8月7日 20：00	40	32	8月6日 12：00	8月15日 0：00	204	182.5	51.4	233.9	12.4	4 878.2	287	260.7	中游

表 5-2　东鱼河张庄闸站降雨径流预报精度评定表

序号	洪号	流域平均雨量 P (mm)	前期影响雨量 P_a (mm)	$P+P_a$ (mm)	实测径流深 $R_{实}$ (mm)	预报径流深 $R_{预}$ (mm)	预报误差 (mm)	许可误差 (mm)	评定结果	
									合格	不合格
1	730729	30. 0	43. 2	73. 2	9. 2	3. 3	-5. 9	3. 0		√
2	760819	71. 7	55. 5	127. 2	24. 8	13. 8	-11. 0	5. 0		√
3	780703	95. 5	27. 6	123. 1	20. 4	12. 2	-8. 2	4. 1		√
4	860816	55. 6	27. 4	83. 0	3. 8	4. 2	0. 4	3. 0	√	
5	930806	147. 4	19. 3	166. 7	11. 3	8. 8	-2. 5	3. 0	√	
6	940808	131. 8	16. 8	148. 6	5. 4	6. 9	1. 5	3. 0	√	
7	010731	110. 3	80. 0	190. 3	9. 0	11. 4	2. 4	3. 0	√	
8	050831	112. 5	12. 2	124. 7	11. 7	4. 9	-6. 8	3. 0		√
9	050922	144. 5	53. 3	197. 8	51. 4	55. 9	4. 5	10. 3	√	
10	060704	110. 5	44. 3	154. 8	30. 9	27. 4	-3. 5	6. 2	√	
11	070629	34. 0	42. 2	76. 2	1. 6	1. 9	0. 3	3. 0	√	
12	080719	52. 5	46. 2	98. 7	4. 3	3. 1	-1. 2	3. 0	√	
13	100702	178. 0	8. 6	186. 6	12. 6	10. 9	-1. 7	3. 0	√	
14	160721	118. 5	70. 6	189. 1	9. 7	11. 2	1. 5	3. 0	√	
15	200807	182. 5	51. 4	233. 9	12. 4	17. 3	4. 9	3. 0		√

备注：1. 许可误差=实测值的 20%，并以 20. 0 mm 为上限，以 3. 0 mm 为下限；2. 合格率=66. 7%，本方案为丙级。

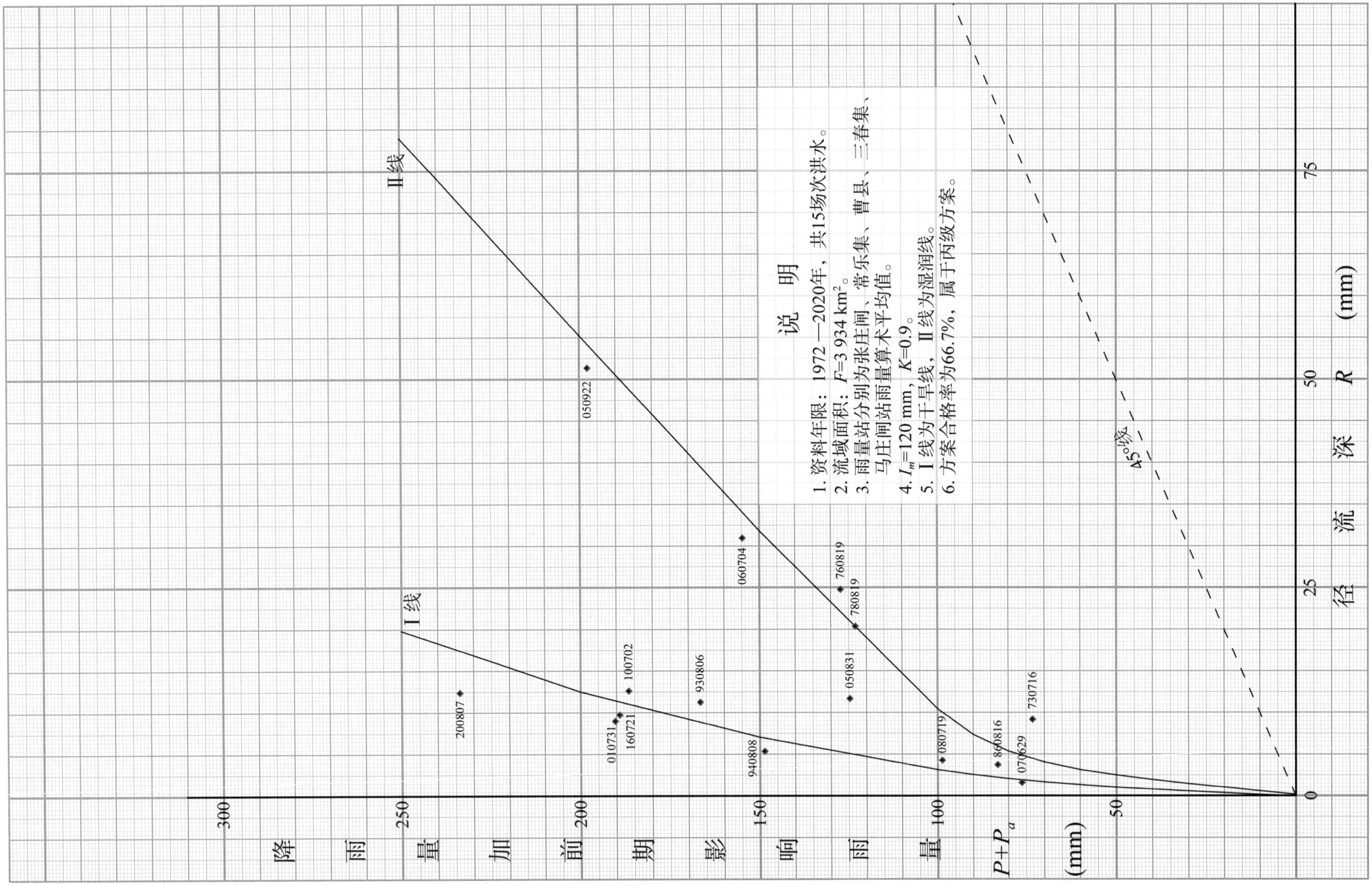

图 5-2 东鱼河张庄闸站降雨径流相关图（$P+P_a-R$）

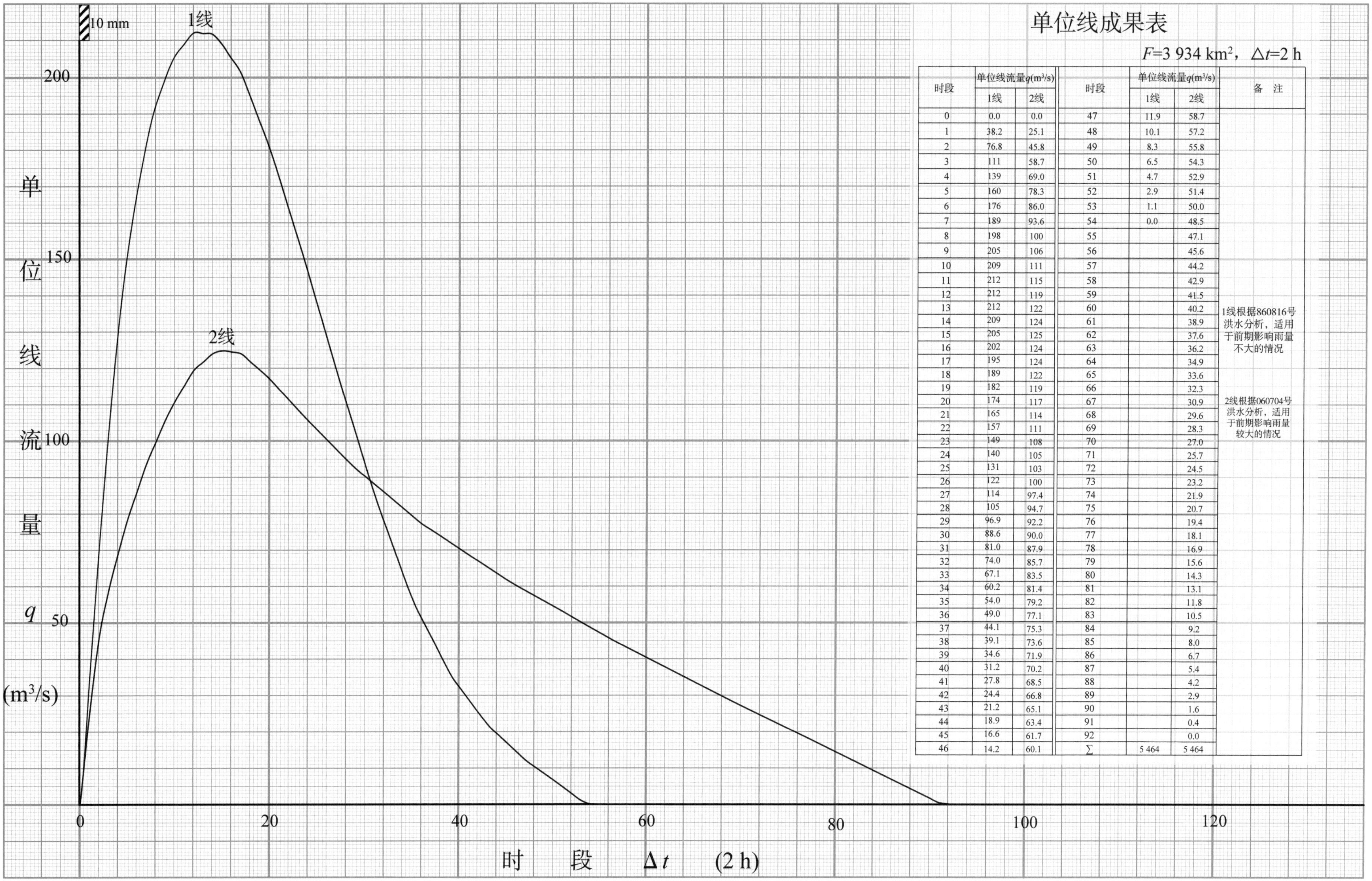

单位线成果表

F=3 934 km^2，Δt=2 h

时段	单位线流量q(m^3/s)		时段	单位线流量q(m^3/s)		备　注
	1线	2线		1线	2线	
0	0.0	0.0	47	11.9	58.7	
1	38.2	25.1	48	10.1	57.2	
2	76.8	45.8	49	8.3	55.8	
3	111	58.7	50	6.5	54.3	
4	139	69.0	51	4.7	52.9	
5	160	78.3	52	2.9	51.4	
6	176	86.0	53	1.1	50.0	
7	189	93.6	54	0.0	48.5	
8	198	100	55		47.1	
9	205	106	56		45.6	
10	209	111	57		44.2	
11	212	115	58		42.9	
12	212	119	59		41.5	
13	212	122	60		40.2	1线根据860816号洪水分析，适用于前期影响雨量不大的情况
14	209	124	61		38.9	
15	205	125	62		37.6	
16	202	124	63		36.2	
17	195	124	64		34.9	
18	189	122	65		33.6	
19	182	119	66		32.3	
20	174	117	67		30.9	2线根据060704号洪水分析，适用于前期影响雨量较大的情况
21	165	114	68		29.6	
22	157	111	69		28.3	
23	149	108	70		27.0	
24	140	105	71		25.7	
25	131	103	72		24.5	
26	122	100	73		23.2	
27	114	97.4	74		21.9	
28	105	94.7	75		20.7	
29	96.9	92.2	76		19.4	
30	88.6	90.0	77		18.1	
31	81.0	87.9	78		16.9	
32	74.0	85.7	79		15.6	
33	67.1	83.5	80		14.3	
34	60.2	81.4	81		13.1	
35	54.0	79.2	82		11.8	
36	49.0	77.1	83		10.5	
37	44.1	75.3	84		9.2	
38	39.1	73.6	85		8.0	
39	34.6	71.9	86		6.7	
40	31.2	70.2	87		5.4	
41	27.8	68.5	88		4.2	
42	24.4	66.8	89		2.9	
43	21.2	65.1	90		1.6	
44	18.9	63.4	91		0.4	
45	16.6	61.7	92		0.0	
46	14.2	60.1	∑	5 464	5 464	

图 5-3　东鱼河张庄闸站单位线图

第六章　东鱼河南支李庙闸站水文预报方案编制说明*

1　流域概况

1.1　流域自然地理特征

李庙闸位于东鱼河南支，建成于1970年6月，1971年5月设置闸坝测站，控制流域面积938 km²。流域内多年平均年降水量690.5 mm，暴雨洪水主要集中在7、8两个月。李庙闸测站河段顺直，长度300 m。闸上、闸下基本水位受弯道影响，大水时出现横比降。河流平均比降-1.0‰，河床组成为壤土，因引黄冲淤变化较大，滩地多种植小麦、棉花、玉米、蔬菜等作物。李庙闸站以上流域图见图6-1。

1.2　水利工程情况

李庙闸为节制闸，12孔，闸孔总净宽46 m，河道警戒水位50.67 m，保证水位52.30 m，过闸流量457 m³/s，设计洪水标准为5年一遇，校核洪水标准为20年一遇。

1.3　测站概况

1.3.1　基本情况

李庙闸站于1971年5月设立，主要观测项目有水位、流量、降水量等，且观测至今。

1.3.2　采用基面

李庙闸站基面采用1985年国家高程基准。

2　预报方案编制

2.1　资料情况

本方案采用的资料年限为1972—2020年，由于本站的洪水普遍较小，多场洪水受闸门调控影响大，最终选用11场次洪水并进行分析。

2.2　产流方案

产流方案采用降雨径流相关图（$P+P_a-R$），详见图6-2。其中：P 为次降雨流域平均雨量（mm）；P_a 为流域平均前期影响雨量（mm）；R 为次降雨所产生的径流深（mm）。

2.2.1　流域平均雨量 *P* 的计算

流域平均雨量采用算术平均法计算，采用的雨量站为：李庙闸、耿寨、楼庄、常乐集、三春集。

2.2.2　流域平均前期影响雨量 P_a 的计算

每年自汛初开始连续计算，先以加权平均法计算流域平均雨量，然后计算前期影响雨量 P_a，其计算公式如下：

$$P_{a,t}=K\ (P_{a,t-1}+P_{t-1})$$

式中：$P_{a,t}$ 为当日的流域平均前期影响雨量（mm）；$P_{a,t-1}$ 为前一日的流域平均前期影响雨量（mm）；P_{t-1} 为前一日流域平均降雨量（mm）；K 为前期影响雨量递减系数，$K=1-E_m/I_m$；E_m 为流域蒸发能力；I_m 为流域最大损失量，是指流域在十分干旱的情况下，降雨产流过程中的坡地最大损失值，包括截留、填洼、雨间蒸发以及渗入包气带土层不能成为径流的水量，其中以渗入土层为主，又有包气带土层蓄水量之称。I_m 值常取为定值，它与流域的植被、地形、土壤种类及结构等自然地理因素有关，因此李庙闸站移用东鱼河鱼台站 I_m 和 K 值，I_m 值为130 mm。

2.2.3　径流深 *R* 的计算

在一次洪水过程线上采用斜线分割法割除基流后得到地表径流过程，再将地表径流总量除以流域面积即可得到一次降雨所产生的径流深。李庙闸站降雨径流分析成果见表6-1。

2.2.4　精度评定

本方案采用1972年到2020年共49年的资料系列共11个点据点绘 $P+P_a-R$ 关系曲线。

精度评定采用合格点次占总点次的百分比为合格率，许可误差采用实测值的20%，并以20.0 mm为上限、以3.0 mm为下限作为控制。方案合格率为63.6%，属丙级方案，详见表6-2。

2.3　汇流方案

汇流方案主要采用经验单位线方法。参考860815、130704场次洪水资料，根据流域暴雨洪水特性及下垫面变化情况，综合确定出2 h单位线2条，李庙闸站单位线图见图6-3。

2.4　大断面图

根据2021年实测大断面资料点绘李庙闸大断面图，详见图6-4。

3 方案使用说明

3.1 产流方案

以流域平均雨量 P 及前期影响雨量 P_a 在 $P+P_a-R$ 关系曲线上查取径流深 R，进行综合分析，确定地表径流深 R 的预报值。

3.2 汇流方案

在进行洪水作业预报时，视本次降雨情况选定与其降雨特点相近的经验单位线。

3.3 方案合理性检查及评定

在方案建立过程中，随时根据规范要求及有关文件规定进行合理性检查，特别对突出点据从原始资料反复查对，对中间处理过程也认真审查，发现的不合理问题基本上都做了检查改正。方案建立后，先从线形进行比较，防止出现矛盾现象，然后对每个方案尽量根据规范规定采用表格形式进行了精度评定（许可误差法），其中降雨径相关图（$P+P_a-R$）合格率为 63.6%，属丙级方案。

3.4 方案适应能力

本方案适用于防洪标准以下的洪水作业预报，如遇超标准洪水，则需根据当时具体情况酌情修正。

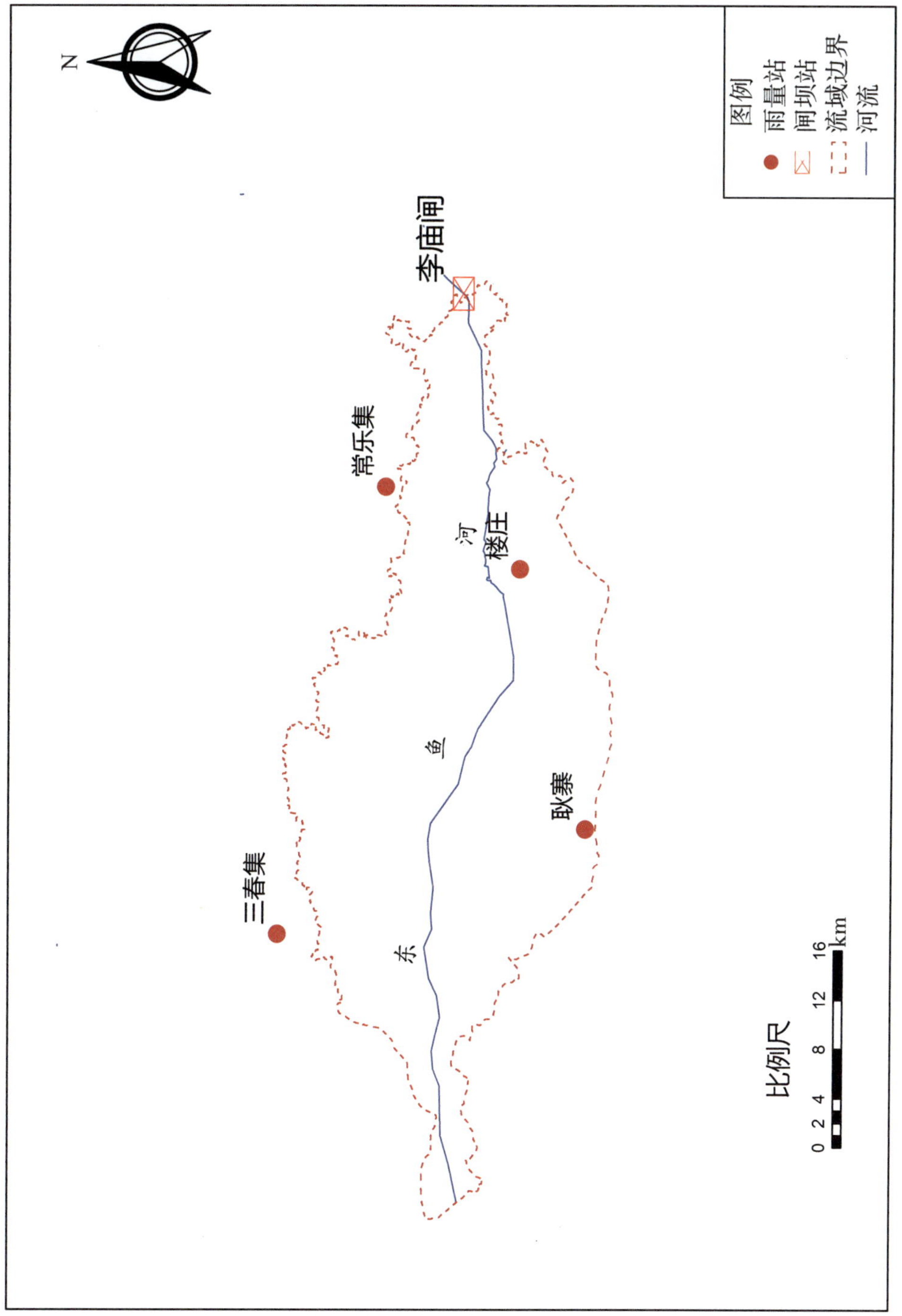

图 6-1 东鱼河南支李庙闸站以上流域图

表 6-1　东鱼河南支李庙闸站降雨径流分析成果表

序号	洪号	降雨起止时间		流域平均雨量 P（mm）	前期影响雨量 P_a（mm）	暴雨中心位置	降雨历时		洪水时间起止时间			洪水历时 $T_{洪}$（h）	洪水总量 W（万 m^3）	洪峰流量 Q_m（m^3/s）	净峰流量 $Q_{m净}$（m^3/s）	径流深 R（mm）	径流系数 α
							全部 T（h）	有效 T_c（h）	起涨	峰值	落平						
1	720702	7 月 1 日 22：00	7 月 2 日 6：00	122.0	24.1	下游	8	8	7 月 2 日 0：00	7 月 2 日 4：00	7 月 3 日 4：00	28	253.3	91.1	87.9	2.7	0.02
2	770712	7 月 10 日 10：00	7 月 11 日 12：00	173.6	30.9	下游	26	20	7 月 11 日 0：00	7 月 12 日 2：00	7 月 14 日 0：00	72	600.3	74.8	73.3	6.4	0.04
3	780702	7 月 1 日 20：00	7 月 3 日 4：00	182.8	31.9	下游	32	26	7 月 2 日 0：00	7 月 2 日 16：00	7 月 6 日 2：00	98	1 604.0	178	177.7	17.1	0.09
4	850823	8 月 22 日 10：00	8 月 22 日 20：00	178.3	24.1	下游	10	8	8 月 22 日 10：00	8 月 23 日 4：00	8 月 29 日 2：00	160	1 679.0	69.4	67.0	17.9	0.10
5	860815	8 月 14 日 16：00	8 月 15 日 14：00	87.9	34.4	下游	22	16	8 月 14 日 22：00	8 月 15 日 14：00	8 月 18 日 2：00	76	121.9	14.4	14.2	1.3	0.01
6	030901	8 月 28 日 22：00	9 月 2 日 10：00	143.5	87.3	下游	108	72	8 月 29 日 12：00	9 月 1 日 14：00	9 月 13 日 16：00	364	2 729.6	43.6	43.6	29.1	0.20
7	060704	7 月 2 日 8：00	7 月 3 日 22：00	143.5	75.8	下游	38	22	7 月 3 日 8：00	7 月 4 日 14：00	7 月 9 日 22：00	158	1 163.1	51.4	51.4	12.4	0.09
8	100702	7 月 1 日 0：00	7 月 1 日 16：00	162.5	6.8	下游	16	10	7 月 1 日 4：00	7 月 2 日 8：00	7 月 17 日 2：00	382	1 228.8	30	28.9	13.1	0.08
9	120708	7 月 7 日 12：00	7 月 8 日 8：00	125.0	77.5	下游	20	16	7 月 7 日 18：00	7 月 8 日 18：00	7 月 12 日 22：00	124	1 088.1	49.4	43.7	11.6	0.09
10	130704	7 月 2 日 4：00	7 月 3 日 6：00	155.0	4.3	下游	26	16	7 月 2 日 6：00	7 月 4 日 6：00	7 月 9 日 0：00	162	600.3	22.8	22.8	6.4	0.04
11	200808	8 月 6 日 18：00	8 月 7 日 22：00	106.0	69.9	下游	28	18	8 月 7 日 16：00	8 月 8 日 22：00	8 月 11 日 10：00	90	806.7	69	69.0	8.6	0.08

表 6-2　东鱼河南支李庙闸站降雨径流预报精度评定表

序号	洪水编号	流域平均雨量 P（mm）	前期影响雨量 P_a（mm）	$P+P_a$（mm）	实测径流深 $R_{实}$（mm）	预报径流深 $R_{预}$（mm）	预报误差（mm）	许可误差（mm）	评定结果	
									合格	不合格
1	720702	122.0	24.1	146.1	2.7	4.0	1.3	3.0	√	
2	770712	173.6	30.9	204.5	6.4	13.3	6.9	3.0		√
3	780702	182.8	31.9	214.7	17.1	16.4	−0.7	3.4	√	
4	850823	178.3	24.1	202.4	17.9	12.8	−5.1	3.6		√
5	860815	87.9	34.4	122.3	1.3	2.5	1.2	3.0	√	
6	030901	143.5	87.3	230.8	29.1	26.6	−2.5	5.8	√	
7	060704	143.5	75.8	219.3	12.4	18.4	6.0	3.0		√
8	100702	162.5	6.8	169.3	13.1	6.8	−6.3	3.0		√
9	120708	125.0	77.5	202.5	11.6	12.9	1.3	3.0	√	
10	130704	155.0	4.3	159.3	6.4	5.4	−1.0	3.0	√	
11	200808	106.0	69.9	175.9	8.6	7.8	−0.8	3.0	√	

备注：1. 合格率=63.6%；2. 许可误差=实测值的20%，以20.0 mm为上限，以3.0 mm为下限；3. 本方案等级为丙级。

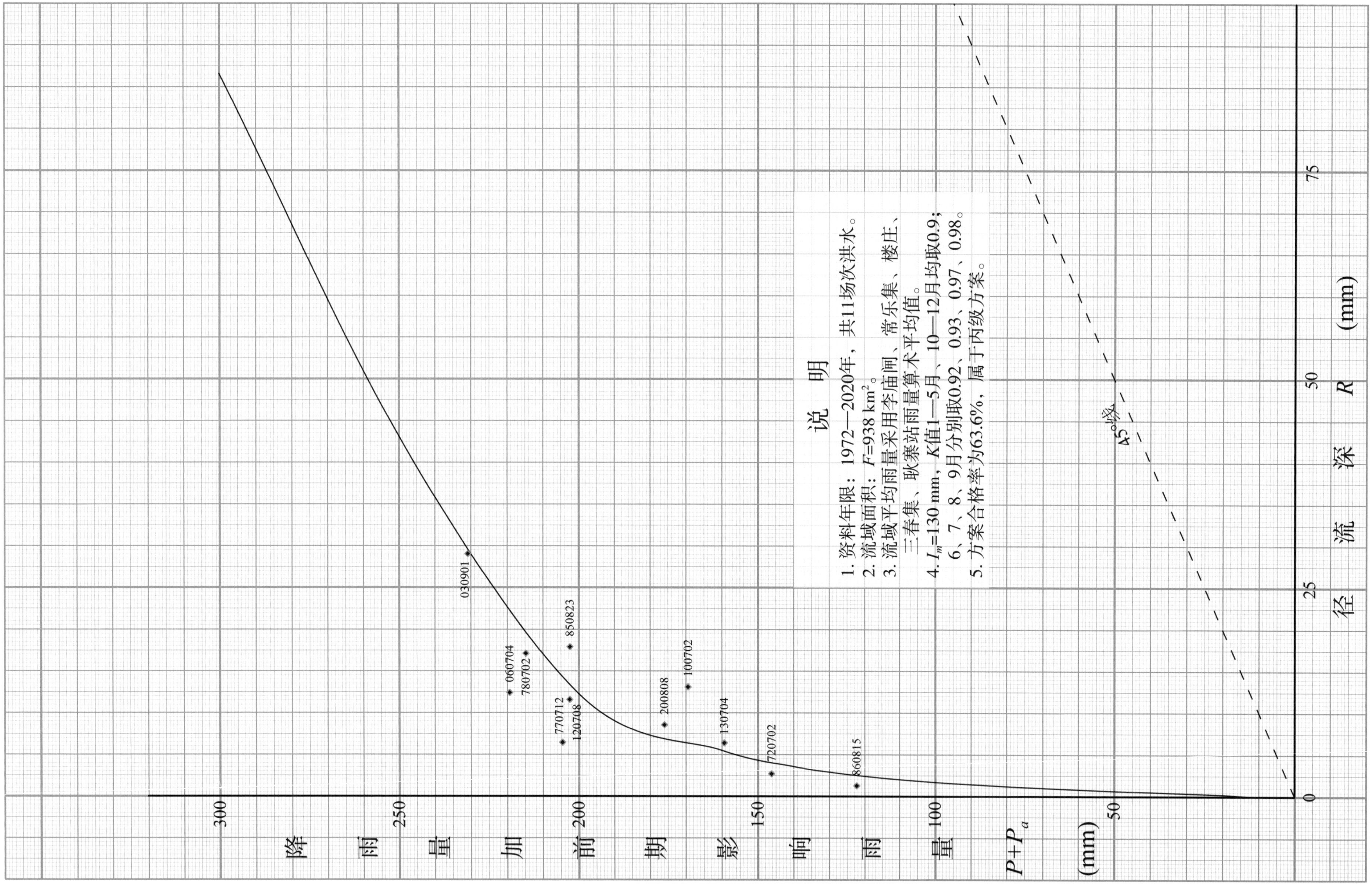

图 6-2　东鱼河南支李庙闸站降雨径流相关图（$P+P_a$-R）

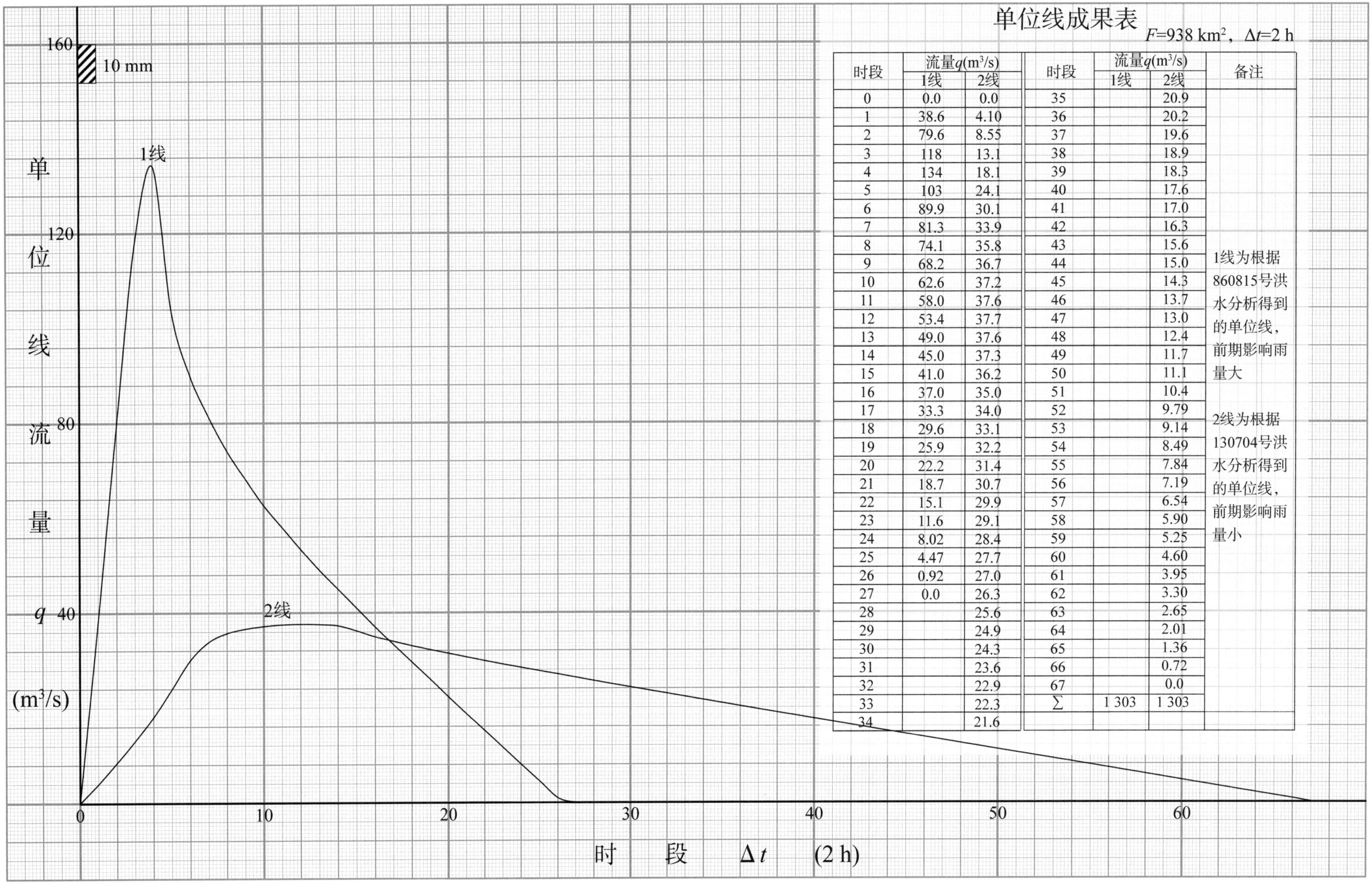

单位线成果表

F=938 km²，Δt=2 h

时段	流量q(m³/s)		时段	流量q(m³/s)		备注
	1线	2线		1线	2线	
0	0.0	0.0	35		20.9	1线为根据860815号洪水分析得到的单位线，前期影响雨量大 2线为根据130704号洪水分析得到的单位线，前期影响雨量小
1	38.6	4.10	36		20.2	
2	79.6	8.55	37		19.6	
3	118	13.1	38		18.9	
4	134	18.1	39		18.3	
5	103	24.1	40		17.6	
6	89.9	30.1	41		17.0	
7	81.3	33.9	42		16.3	
8	74.1	35.8	43		15.6	
9	68.2	36.7	44		15.0	
10	62.6	37.2	45		14.3	
11	58.0	37.6	46		13.7	
12	53.4	37.7	47		13.0	
13	49.0	37.6	48		12.4	
14	45.0	37.3	49		11.7	
15	41.0	36.2	50		11.1	
16	37.0	35.0	51		10.4	
17	33.3	34.0	52		9.79	
18	29.6	33.1	53		9.14	
19	25.9	32.2	54		8.49	
20	22.2	31.4	55		7.84	
21	18.7	30.7	56		7.19	
22	15.1	29.9	57		6.54	
23	11.6	29.1	58		5.90	
24	8.02	28.4	59		5.25	
25	4.47	27.7	60		4.60	
26	0.92	27.0	61		3.95	
27	0.0	26.3	62		3.30	
28		25.6	63		2.65	
29		24.9	64		2.01	
30		24.3	65		1.36	
31		23.6	66		0.72	
32		22.9	67		0.0	
33		22.3	Σ	1 303	1 303	
34		21.6				

图 6-3　东鱼河南支李庙闸站单位线图（Δt=2 h）

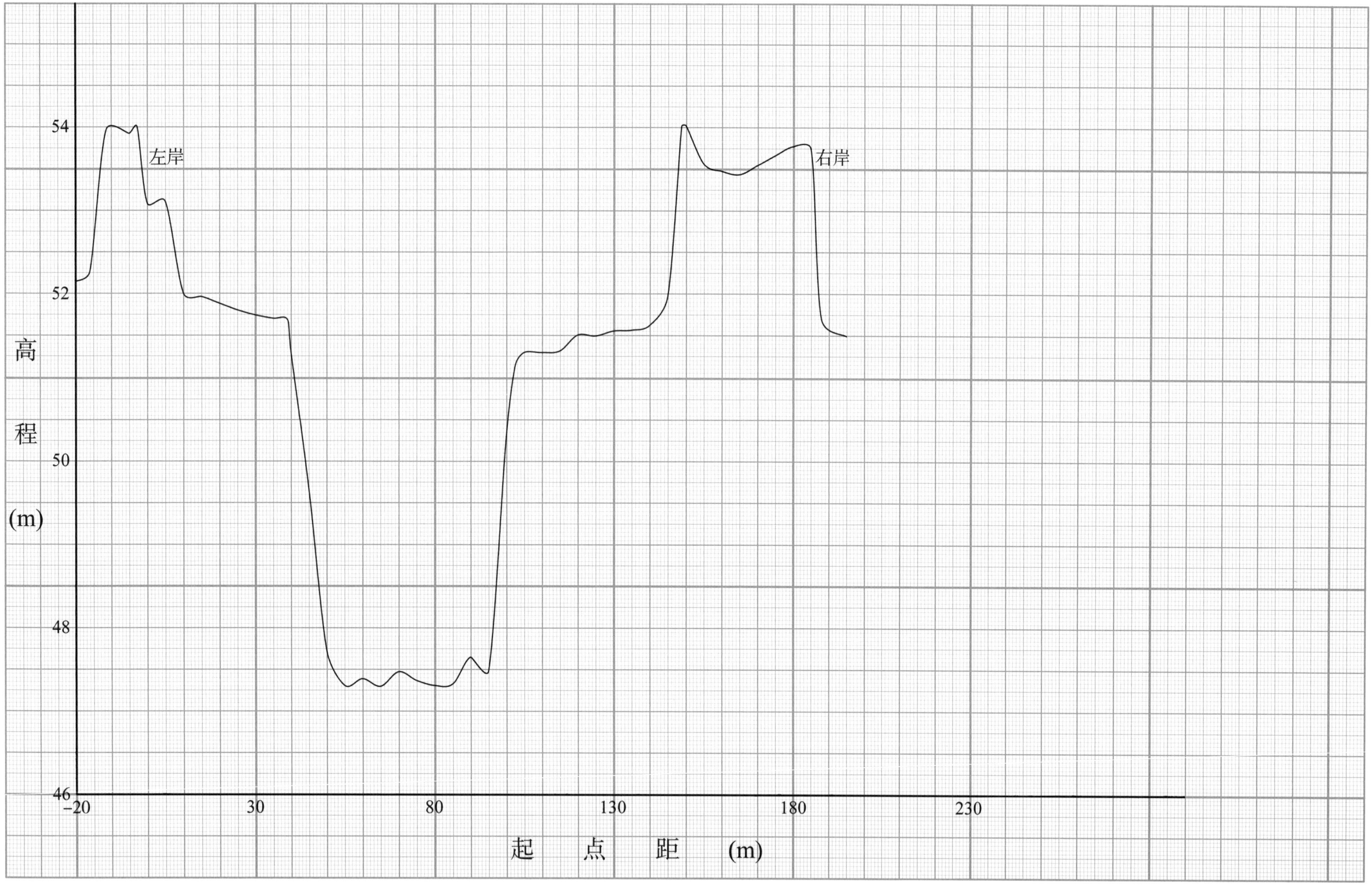

图 6-4　东鱼河南支李庙闸大断面图

第七章　胜利河黄寺站水文预报方案编制说明*

1　流域概况

1.1　流域自然地理概况

东鱼河原名万南新河，是在南四湖湖西地区水系调整时期，于1967—1968年新开挖的一条人工河道，在开挖期间改名为红卫河，1985年4月，山东省地名委员会正式定名为东鱼河。按3年一遇除涝、20年一遇防洪标准进行挖河与筑堤，最大排涝流量810 m^3/s，防洪流量2 020 m^3/s（徐寨闸）。东鱼河干流上建有节制闸9座（徐寨、张庄、新城、均张庄、路菜园、张湾、杨湖、大屯、半坡杨）、桥梁79座，干流两岸建有排灌站及提水站13处、涵洞68座。东鱼河的开挖改变了原万福河流域水系紊乱的状况，使万南地区水系实现了高低水分排、洪涝水分治。经过三十多年的运行，河道淤积严重，建筑物老化、退化、失修，防洪除涝能力大大降低。1999年开始对东鱼河进行治理，恢复河道原设计标准，并分两期实施。东鱼河第一期河道土方工程于1999年7月至2001年5月完成，共清淤疏浚土方3 178万 m^3，加高培厚两岸堤防，新建王路口跌水，其中菏泽境内疏浚土方1 968万 m^3；第二期为建筑物工程，新建、改建、维修、加固节制闸、排灌站和涵洞等各类建筑物123座，于2004年元月开工，现已全部完成。东鱼河标准现为20年一遇防洪、3年一遇除涝；规划50年一遇防洪、5年一遇除涝。

东鱼河干流起源于菏泽市东明县刘楼镇刘楼村，自西向东流经菏泽市的东明、牡丹、曹县、定陶、成武、单县和济宁市的金乡、鱼台等八个县（区），在鱼台县谷亭街道缪集村入南四湖的昭阳湖。东鱼河全长172.1 km，其中菏泽市境内123.2 km；总流域面积5 923 km^2，其中承泄河南省来水面积810 km^2，菏泽市境内流域面积5 206 km^2；河道比降1/14 650～1/5 500；两岸堤防总长度316.2 km。东鱼河属于湖西平原坡水河道，地面坡度平缓。坡地和河道汇流速度慢，洪水历时长，河道洪水峰低量大。

黄寺站位于菏泽市单县李新庄镇黄寺村，是胜利河的重要控制站，控制流域面积1 061 km^2。胜利河是淮河流域东鱼河的一条主要支流，起源于曹县安蔡楼镇，至单县徐寨镇入东鱼河，全长66.3 km，流域面积1 224 km^2，流域平均宽度17.1 km，干流平均坡度1/9 500，流域内河网密度0.20 km/km^2，不对称系数-0.149，河道断面基本形状为梯形。流域多年平均年降水量730 mm，多年平均年径流量0.761亿 m^3。黄寺站以上流域图见图7-1。

流域内均为平原区，土质为沙壤土，除村庄的少量坑塘有集水外，无较明显洼地集水现象，流域内多种植小麦、玉米、地瓜、谷子、高粱等，夏秋覆盖面积可达90%以上，暴雨后个别沟口土地有冲刷，无明显的水土流失现象。

1.2　水利工程概况

黄寺站上游干支流建有闸坝站1座，为牛陈庄闸，于2017年6月建立；拦河节制闸8座，分别为东田庄闸、高庄闸、何楼闸、林庄闸、曹海闸、姜庄闸、小天宫庙闸、单庄闸，详见表7-1。

表7-1　黄寺站以上节制闸工程基本情况表

水闸名称	建成时间	闸孔总净宽（m）	节制闸过闸流量（m^3/s）	位置
东田庄闸	1964年12月	20	71	山东省菏泽市曹县苏集镇田庄村
高庄闸	1970年1月	5	30	山东省菏泽市曹县安蔡楼镇高集村
何楼闸	1970年6月	7.5	35	山东省菏泽市曹县阎店楼镇何楼村
林庄闸	1993年6月	18	71.5	山东省菏泽市曹县安蔡楼镇胡店村
曹海闸	1978年1月	7.5	35	山东省菏泽市曹县大集镇曹海村
姜庄闸	1991年8月	30	558	山东省菏泽市成武县永昌街道姜庄村
小天宫庙闸	1973年7月	15	227	山东省菏泽市成武县天宫庙镇天宫庙村
单庄闸	1983年5月	2	9	山东省菏泽市成武县天宫庙镇单庄村

1.3　测站概况

黄寺水文站于1955年1月设立为水文站，1968年开始观测至今，采用1985年国家高程基准，观测项目有闸上、闸下水位，流量，降雨量。

该站测验河段顺直，横断面为复式断面，左岸滩地宽45 m，右岸滩地宽28 m，主槽宽102 m。测站上游右岸3.5 km处有支流黄白河汇入，0.7 km处有一涵洞，下游220 m处有公路桥一座，对本站测验均无影响，下游11.5 km处汇入东鱼河，当东鱼河处于高水期时，本站断面受回水顶托，出现逆流现象。

黄寺站以上水文站点基本情况见表7-2。

表7-2　黄寺站以上水文站点基本情况表

站名	河流名称	测站类别	设站年月	站址
黄寺	胜利河	河道	1955年1月	山东省单县李新庄镇黄寺村
阎店楼	胜利河	水位	2016年1月	山东省曹县古营集镇安仁集村
牛陈庄闸	胜利河	闸坝	2017年6月	山东省曹县苏集镇牛庄村
郭集	胜利河	水位	2017年6月	山东省单县谢集镇刘石庄村
成武	东鱼河	雨量	1953年6月	山东省成武县水务局

续表

站名	河流名称	测站类别	设站年月	站址
梁堤头	胜利河	雨量	1963 年 1 月	山东省曹县梁堤头镇
天宫庙	胜利河	雨量	1962 年 1 月	山东省成武县天宫庙镇天宫庙村
青堌集	黄白河	雨量	1953 年 8 月	山东省曹县青堌集镇
黄寺	胜利河	雨量	1955 年 6 月	山东省单县李新庄镇黄寺村
孙老家	胜利河	雨量	1965 年 6 月	山东省曹县孙老家镇
陈集	胜利河	雨量	1966 年 6 月	山东省曹县安仁集村
朱楼	黄白河	雨量	1955 年 6 月	山东省单县大李海村
张奶奶庙	翻身河	雨量	1969 年 6 月	山东省单县高老家乡张乃庙村
郭村	翻身河	雨量	1969 年 6 月	山东省单县郭村镇
贾楼	翻身河	雨量	1969 年 6 月	山东省单县莱河镇丁楼村

注：孙老家、陈集站于 1992 年撤销；朱楼站 1955—1957 年采用白集站资料，两站相距 4 km，1958—1965 年无资料，1992 年撤销；张奶奶庙站 1974—1976 年无资料，1985 年撤销；郭村站曾名郭村集站，1974—1976 年无资料，1985 年撤销；贾楼站 1974—1976 年无资料，1985 年撤销。

2 预报方案编制

2.1 资料情况

黄寺站实测资料年限 54 年（1969—2022 年）。在选用资料时，对高中水全部采用，低水个别选用，采用 32 场洪水资料。

2.2 产流方案

产流方案采用降雨径流相关法（$P+P_a$-R），详见图 7-2。其中：P 为次降雨流域平均雨量（mm）；P_a 为流域平均前期影响雨量（mm）；R 为次降雨所产生的径流深（mm）。

2.2.1 流域平均雨量 *P* 的计算

流域平均雨量采用加权平均法即泰森多边形法计算，各站权重分别为：梁堤头 0.15、天宫庙 0.30、青堌集 0.25、成武 0.15、黄寺 0.15。

2.2.2 流域平均前期影响雨量 P_a 的计算

从预热时间开始计算，先以加权平均法计算流域平均雨量 P，然后计算前期影响雨量 P_a，其计算公式如下：

$$P_{a,t} = K(P_{a,t-1} + P_{t-1})$$

式中：$P_{a,t}$ 为当日的流域平均前期影响雨量（mm）；$P_{a,t-1}$ 为前一日的流域平均前期影响雨量（mm）；P_{t-1} 为前一日流域平均降雨量（mm）；K 为前期影响雨量递减系数，$K = 1 - E_m/I_m$；E_m 为流域蒸发能力；I_m 为流域最大损失量。

流域最大损失量是指流域在十分干旱的情况下，降雨产流过程中的坡地最大损失值，它与流域的植被、地形、土壤种类及结构等自然地理因素有关，因此黄寺站移用东鱼河鱼台站 I_m 和 K 值，I_m 值为 130 mm。

2.2.3 径流深 *R* 的计算

在一次洪水过程线上采用水平分割法切除基流，非本次降雨形成的基流采用退水曲线进行分割，扣除非本次降雨形成的水量。本次洪水径流深 R 等于洪水总量 W（已扣除非本次降雨水量和基流量）除以集水面积 F。黄寺站降雨径流分析成果见表 7-3。

2.2.4 暴雨中心位置的确定

暴雨中心位置按采用的雨量站所处位置划分为：

上游：梁堤头、青堌集；

中游：天宫庙；

下游：成武、黄寺。

2.2.5 精度评定

精度评定采用合格点次占总点次的百分比为合格率，许可误差采用实测值的 20%，并以 20.0 mm 为上限、以 3.0 mm 为下限作为控制。该方案采用 1969—2022 年共 54 年的资料系列共 32 个点据，其中 27 个点据合格，方案合格率为 84.4%，属乙级方案，详见表 7-4。

2.2.6 突出点分析

770711 场次洪水中心在上游，影响了全流域的产流，使得实测径流偏小；780825 场次洪水由于 7 月、8 月各有一场较大降水过程，各闸坝蓄水充分，因此受闸坝放水影响，同时暴雨中心在下游，实测径流偏大；180819 场次洪水由于出现短时强降水（16 h 降雨量为 204 mm，6 h 降雨量为 131 mm），发生超渗产流，且 7 月中下旬有一场较大强降水过程，各闸坝蓄水充分，因此受到闸坝放水影响，预报值偏小；210831 场次洪水由于 7 月有多次降水过程，各闸坝蓄水充分，因此受闸坝放水影响，实测值偏大；220706 场次洪水影响了全流域的产流，使得实测径流偏小。

2.3 汇流方案

根据流域暴雨洪水特性及下垫面变化情况，综合确定出本站 2 h 单位线 3 条，详见图 7-3。

2.4 大断面图及水位流量关系曲线

本次绘制了 2021 年 5 月 18 日水位流量关系曲线，详见图 7-4。又绘制了 2017 年、2018 年、2019 年、2020 年、2021 年及 2022 年的实测大断面图，以分析河道断面变化情况，详见图 7-5。

3 方案使用说明

3.1 产流方案

以流域平均雨量 P 及前期影响雨量 P_a 在 $P+P_a-R$ 关系曲线上查取径流深 R。如遇汛期第一场洪水或连续干旱后的洪水，应适当修小其查算的径流深。平水年，如遇降雨量较小，且前期无大水，应适当修小预报值。连续丰水年，如遇次雨量较大且降雨分布不均，应适当修大预报值。

3.2 汇流方案

根据场次暴雨的雨型选择适当的单位线，由径流深推出地表径流过程，加上基流即为该次降雨相应的洪水过程。根据推得的洪峰流量查 $Z-Q$ 关系曲线，即可得到本次洪水最高洪水位。

4 注意事项

由于胜利河属于湖西平原区，上游拦河节制闸较多，又无开关闸时的资料，因而对流域的出口断面洪水过程有较大影响。作业预报时，应考虑其上游闸坝蓄、放水情况。

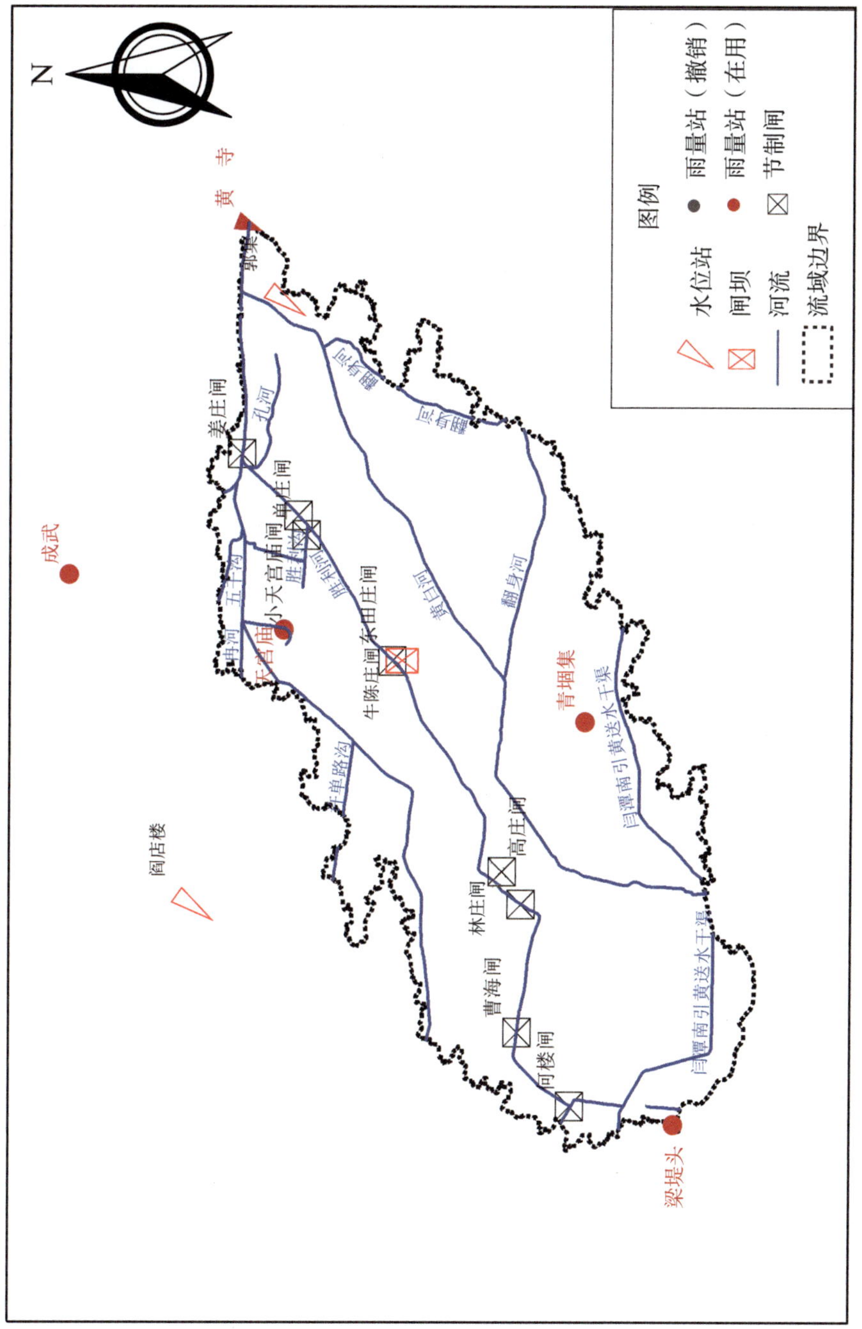

图 7-1 胜利河黄寺站以上流域图

表 7-3　胜利河黄寺站降雨径流分析成果表

序号	洪号	降雨起讫时间							流域平均雨量 P（mm）	前期影响雨量 P_a（mm）	降雨历时（h）		暴雨中心位置	洪水发生时间									洪水历时 $T_{洪}$（h）	洪峰流量 Q_m（m^3/s）	净峰流量 $Q_{m净}$（m^3/s）	洪水总量 $W_{总}$（万 m^3）	地表径流总量 W（万 m^3）	集水面积 F（km^2）	径流深 R（mm）	径流系数 α	最高水位 Z_m（m）	起涨至峰现时距（h）
		起				讫					全部	有效		起涨			洪峰			落平												
		年	月	日	时	月	日	时						月	日	时	月	日	时	月	日	时										
1	690503	1969	5	2	10	5	3	12	65.6	80.9	26	12	上游	5	2	12	5	3	12	5	7	20	128	99.6	98.6	832	816	1 061	7.7	0.12	39.92	24
2	690723	1969	7	22	16	7	23	0	41.9	54.7	8	5	上游	7	22	20	7	23	4	7	26	10	86	55.4	54.4	370	390	1 061	3.7	0.09	39.25	8
3	690812	1969	8	11	8	8	12	12	75.7	77.6	28	13	下游	8	11	10	8	12	2	8	15	22	108	119	118	945	919	1 061	8.7	0.11	40.18	16
4	700805	1970	8	5	8	8	6	0	102.5	85.0	16	6	上游	8	5	12	8	5	22	8	9	22	106	207	207	1 832	1 963	1 061	18.5	0.18	45.39	10
5	710626	1971	6	25	4	6	26	0	86.7	26.9	20	11	上游	6	25	20	6	26	0	6	27	16	44	130	129	584	619	1 061	5.8	0.07	44.55	4
6	710701	1971	6	28	14	6	29	22	84.0	90.5	32	14	上游	6	28	20	7	1	6	7	2	4	80	177	175	1 668	1 720	1 061	16.2	0.19	44.90	10
7	710702	1971	6	30	16	7	1	18	62.6	130.0	26	12	下游	6	30	20	7	2	8	7	4	4	80	213	189	1 995	2 001	1 061	18.9	0.30	45.29	10
8	710710	1971	7	9	8	7	11	0	47.6	96.7	40	15	上游	7	9	14	7	10	4	7	15	10	140	49.4	47.4	633	623	1 061	5.9	0.12	43.83	14
9	710903	1971	9	2	20	9	3	12	30.6	106.9	16	9	上游	9	3	2	9	3	18	9	9	20	162	46.0	44.0	866	849	1 061	8.0	0.26	43.92	16
10	720710	1972	7	8	20	7	10	14	78.8	85.2	42	18	上游	7	9	4	7	10	0	7	13	12	104	113	110	1 505	1 459	1 061	13.8	0.17	44.49	20
11	720902	1972	9	1	4	9	3	4	98.3	42.2	48	25	上游	9	1	10	9	2	10	9	6	20	130	61.8	61.8	699	703	1 061	6.6	0.07	44.10	24
12	730729	1973	7	28	8	7	29	12	153.1	53.1	28	12	上游	7	28	16	7	29	13	8	2	2	106	245	242	2 812	2 808	1 061	26.5	0.17	45.72	22
13	740807	1974	8	6	14	8	8	8	35.3	67.2	42	13	上游	8	7	2	8	7	8	8	9	14	60	26.2	25.2	207	242	1 061	2.3	0.06	43.64	6
14	740810	1974	8	9	16	8	10	12	38.3	77.8	20	9	上游	8	10	2	8	10	10	8	13	14	84	23.3	21.3	197	220	1 061	2.1	0.05	43.65	8
15	760819	1976	8	17	12	8	19	18	86.2	52.7	54	18	上游	8	17	16	8	19	2	8	24	22	174	35.7	32.7	732	715	1 061	6.7	0.08	44.34	34
16	760907	1976	9	5	22	9	7	10	53.7	81.7	36	14	中游	9	6	2	9	7	6	9	10	20	114	22.8	19.8	385	378	1 061	3.6	0.07	43.81	28
17	770711	1977	7	10	8	7	11	18	120.2	48.7	34	13	上游	7	11	2	7	11	12	7	14	6	76	74.0	71.0	762	705	1 061	6.6	0.06	44.36	10
18	780711	1978	7	10	0	7	11	22	102.1	86.1	46	22	中游	7	10	8	7	11	18	7	16	12	148	114	113	1 808	1 831	1 061	17.3	0.17	44.92	34
19	780808	1978	8	8	0	8	10	0	12.5	83.0	48	12	下游	8	8	6	8	8	20	8	11	18	84	27.3	26.3	228	226	1 061	2.1	0.17	43.76	14
20	780825	1978	8	25	4	8	25	20	23.3	85.7	16	6	下游	8	25	4	8	25	14	8	29	2	94	71.4	69.4	605	606	1 061	5.7	0.25	44.58	10
21	790710	1979	7	8	20	7	10	0	46.7	62.7	28	12	上游	7	9	12	7	10	2	7	14	12	120	18.0	18.0	215	224	1 061	2.1	0.05	43.69	14
22	790725	1979	7	24	8	7	24	22	76.8	101.9	14	6	上游	7	24	10	7	25	4	7	29	18	128	143.3	141.3	1 920	1 925	1 061	18.1	0.24	45.45	18
23	850917	1985	9	14	4	9	17	14	116.6	53.2	82	36	上游	9	15	10	9	17	20	9	30	8	358	34.8	32.8	1 551	1 516	1 061	14.3	0.12	44.68	58
24	860816	1986	8	14	12	8	16	4	89.9	54.2	40	14	上游	8	15	6	8	16	18	8	23	16	202	24.8	24.8	673	678	1 061	6.4	0.07	44.63	36
25	890717	1989	7	15	20	7	16	22	55.1	53.1	26	9	中游	7	17	4	7	17	20	7	20	10	78	4.51	4.51	19	51	1 061	0.5	0.01	43.62	16
26	180819	2018	8	18	4	8	20	16	241.5	49.4	60	24	上游	8	18	20	8	19	22	8	28	8	228	65.9	65.9	1560	1 552	1 061	14.6	0.06	45.28	26
27	190812	2019	8	11	12	8	12	18	59.4	51.8	30	14	下游	8	11	12	8	12	8	8	16	0	108	5.63	5.63	40	38	1 061	0.4	0.01	44.30	20

续表

序号	洪号	降雨起迄时间							流域平均雨量 P（mm）	前期影响雨量 P_a（mm）	降雨历时（h）		暴雨中心位置	洪水发生时间									洪水历时 $T_{洪}$（h）	洪峰流量 Q_m（m^3/s）	净峰流量 $Q_{m净}$（m^3/s）	洪水总量 $W_{总}$（万 m^3）	地表径流总量 W（万 m^3）	集水面积 F（km^2）	径流深 R（mm）	径流系数 α	最高水位 Z_m（m）	起涨至峰现时距（h）
		起				迄					全部	有效		起涨			洪峰			落平												
		年	月	日	时	月	日	时						月	日	时	月	日	时	月	日	时										
28	200808	2020	8	6	18	8	7	18	121.6	124.5	24	12	上游	8	6	18	8	8	8	8	11	8	110	153	128	3 228	3 282	1 061	30.9	0.25	45.46	38
29	210831	2021	8	30	2	9	1	10	18.1	106.3	56	24	上游	8	30	2	08	31	00	9	1	22	68	84.1	84.1	1 086	955	1 061	9.0	0.50	45.66	22
30	210906	2021	9	3	22	9	6	22	63.0	126.1	72	20	上游	9	4	6	09	06	12	9	9	20	134	79.1	77	2 178	1 976	1 061	18.6	0.30	45.06	54
31	210926	2021	9	24	14	9	28	22	119.9	104.8	104	40	上游	9	24	18	09	26	18	10	11	2	392	119	111	3 934	3 857	1 061	36.4	0.30	45.60	48
32	220706	2022	7	5	4	7	6	22	172.5	108.6	42	32	上游	7	5	12	07	06	22	7	11	16	148	165	165	3 064	3 065	1 061	28.9	0.17	45.95	34

表 7-4　胜利河黄寺站降雨径流预报精度评定表

序号	洪号	流域平均雨量 P（mm）	前期影响雨量 P_a（mm）	$P+P_a$（mm）	实测径流深 $R_实$（mm）	预报径流深 $R_预$（mm）	预报误差（mm）	许可误差（mm）	评定结果	
									合格	不合格
1	690503	65.6	80.9	146.5	7.7	7.8	0.1	3.0	√	
2	690723	41.9	54.7	96.5	3.7	1.4	-2.3	3.0	√	
3	690812	75.7	77.6	153.3	8.7	9.2	0.5	3.0	√	
4	700805	102.5	85.0	187.5	18.5	18.5	0.0	3.7	√	
5	710626	86.7	26.9	113.6	5.8	3.1	-2.7	3.0	√	
6	710701	84.0	90.5	174.5	16.2	14.6	-1.7	3.2	√	
7	710702	62.6	130.0	192.6	18.9	20.1	1.2	3.8	√	
8	710710	47.6	96.7	144.3	5.9	7.4	1.6	3.0	√	
9	710903	30.6	106.9	137.5	8.0	6.3	-1.7	3.0	√	
10	720710	78.8	85.2	164.0	13.8	11.7	-2.1	3.0	√	
11	720902	98.3	42.2	140.6	6.6	6.8	0.1	3.0	√	
12	730729	153.1	53.1	206.2	26.5	24.4	-2.1	5.3	√	
13	740807	35.3	67.2	102.5	2.3	2.0	-0.3	3.0	√	
14	740810	38.3	77.8	116.1	2.1	3.4	1.3	3.0	√	
15	760819	86.2	52.7	138.9	6.7	6.5	-0.3	3.0	√	
16	760907	53.7	81.7	135.4	3.6	6.0	2.4	3.0	√	
17	770711	120.2	48.7	168.9	6.6	13.0	6.3	3.0		√
18	780711	102.1	86.1	188.2	17.3	18.7	1.4	3.5	√	
19	780808	12.5	83.0	95.5	2.1	1.3	-0.8	3.0	√	
20	780825	23.3	85.7	109.0	5.7	2.6	-3.1	3.0		√
21	790710	46.7	62.7	109.3	2.1	2.7	0.5	3.0	√	
22	790725	76.8	101.9	178.7	18.1	15.8	-2.4	3.6	√	
23	850917	116.6	53.2	169.8	14.3	13.2	-1.1	3.0	√	
24	860816	89.9	54.2	144.1	6.4	7.4	1.0	3.0	√	
25	890717	55.1	53.1	108.2	0.5	2.5	2.0	3.0	√	
26	180819	241.5	49.4	290.9	14.6	50.4	35.8	3.0		√
27	190812	59.4	51.8	111.2	0.4	2.9	2.5	3.0	√	
28	200808	121.6	124.5	246.2	30.9	36.7	5.8	6.2	√	
29	210831	18.1	106.3	124.4	9.0	4.4	-4.6	3.0		√
30	210906	63.0	126.1	189.1	18.6	19.0	0.4	3.7	√	
31	210926	119.9	104.8	224.6	36.4	30.2	-6.2	7.3	√	
32	220706	172.5	108.6	281.0	28.9	47.4	18.5	5.8		√

备注：1. 预报误差=预报值-实测值；2. 许可误差=实测值的 20%，以 20.0 mm 为上限，以 3.0 mm 为下限；3. 合格率=84.4%，为乙级方案。

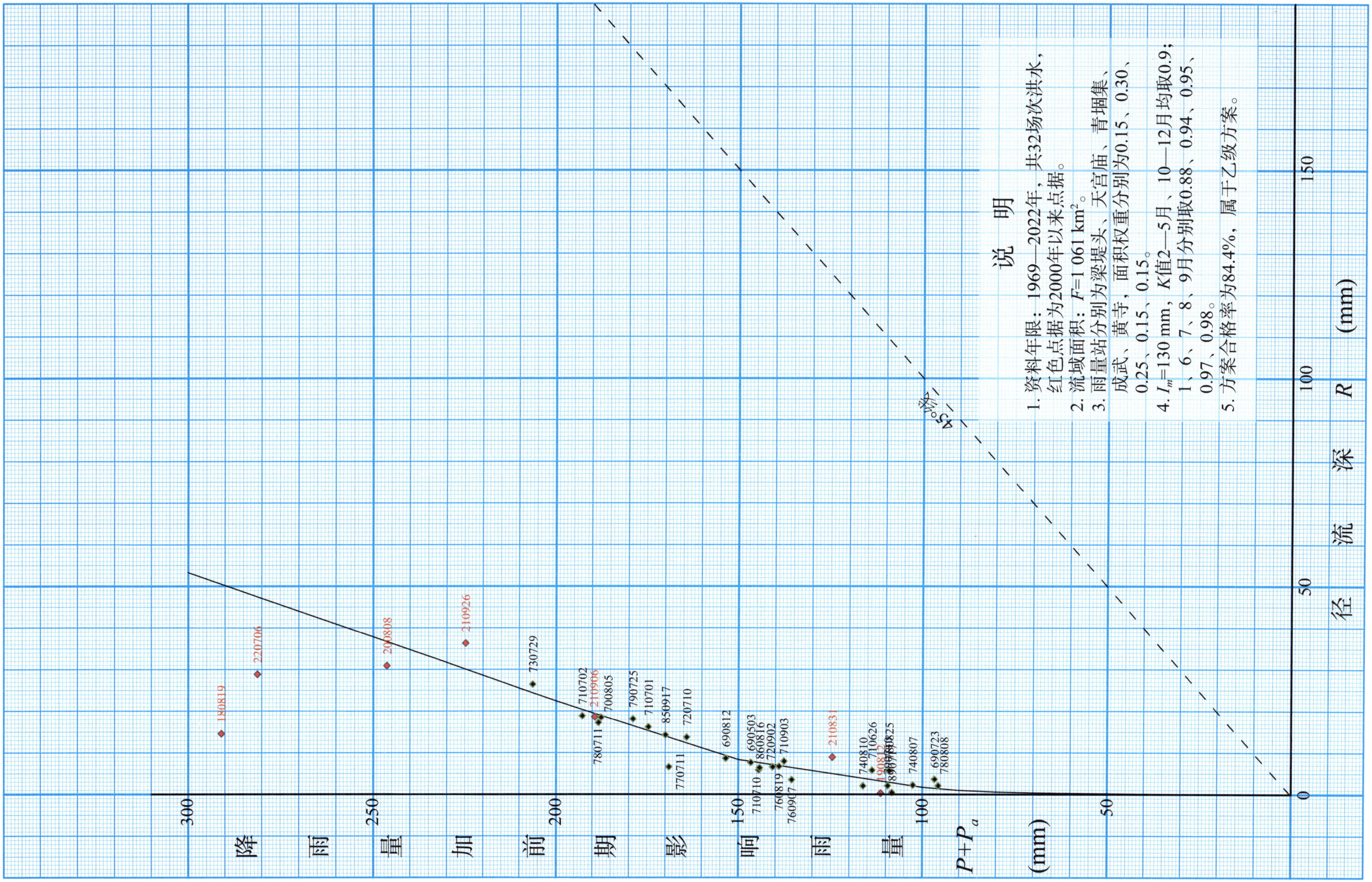

图 7-2　胜利河黄寺站降雨径流相关图（$P+P_a$-R）

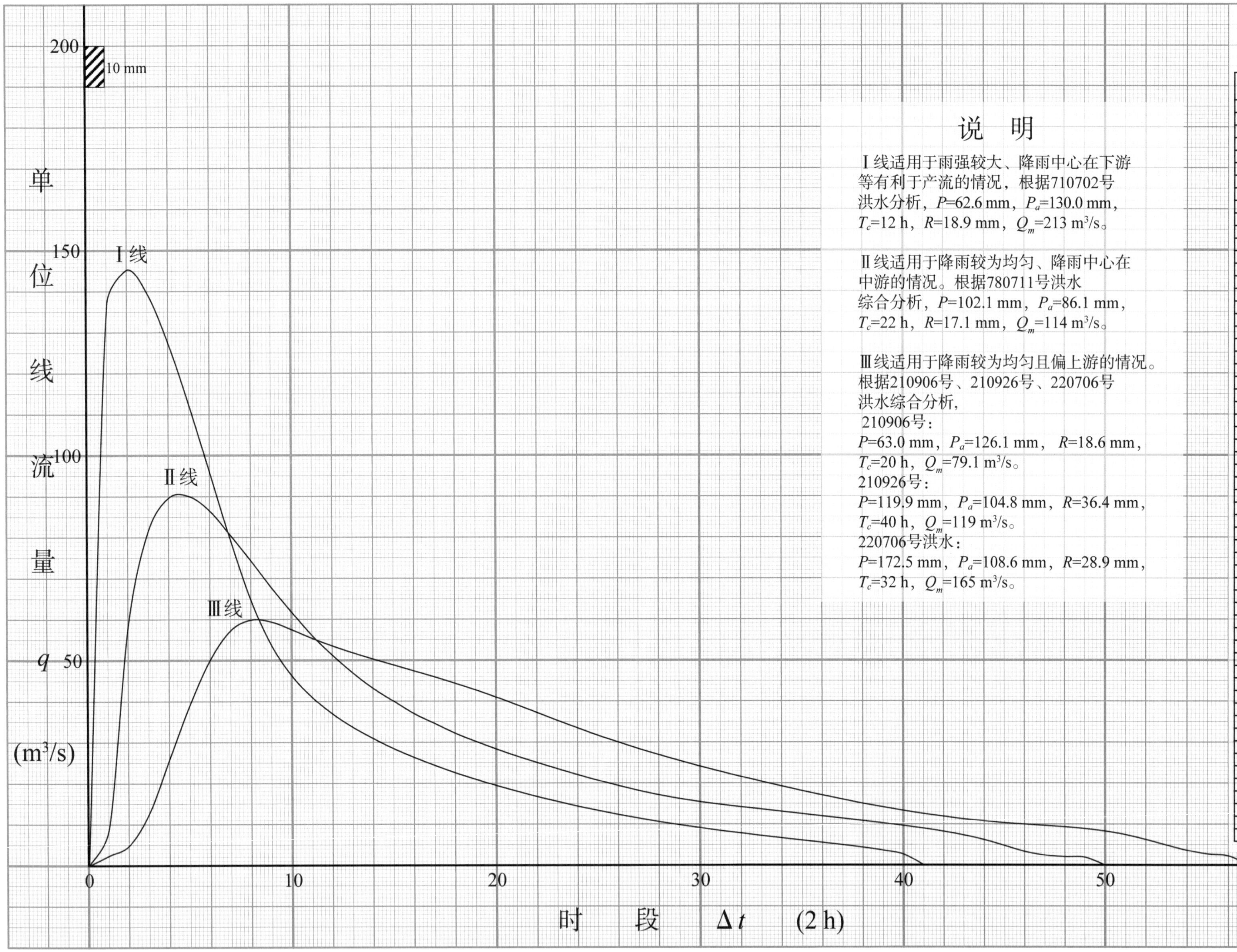

说　明

Ⅰ线适用于雨强较大、降雨中心在下游等有利于产流的情况，根据710702号洪水分析，P=62.6 mm，P_a=130.0 mm，T_c=12 h，R=18.9 mm，Q_m=213 m³/s。

Ⅱ线适用于降雨较为均匀、降雨中心在中游的情况。根据780711号洪水综合分析，P=102.1 mm，P_a=86.1 mm，T_c=22 h，R=17.1 mm，Q_m=114 m³/s。

Ⅲ线适用于降雨较为均匀且偏上游的情况。根据210906号、210926号、220706号洪水综合分析，

210906号：

P=63.0 mm，P_a=126.1 mm，R=18.6 mm，T_c=20 h，Q_m=79.1 m³/s。

210926号：

P=119.9 mm，P_a=104.8 mm，R=36.4 mm，T_c=40 h，Q_m=119 m³/s。

220706号洪水：

P=172.5 mm，P_a=108.6 mm，R=28.9 mm，T_c=32 h，Q_m=165 m³/s。

单位线成果表

F=1 061 km²，Δt=2 h

时段	单位线流量 q(m³/s)		
	Ⅰ线	Ⅱ线	Ⅲ线
0	0.0	0.0	0.0
1	137	9.2	2.4
2	145	59.1	5.0
3	139	81.8	12.9
4	127	89.8	26.2
5	112	90.0	39.4
6	95.6	86.5	50.3
7	79.2	80.5	57.4
8	64.4	74.2	59.9
9	53.5	67.7	59.4
10	46.2	61.7	57.5
11	40.9	56.0	55.4
12	36.9	51.2	53.5
13	33.6	46.9	51.9
14	30.9	43.2	50.3
15	28.4	40.0	48.9
16	26.3	37.0	47.4
17	24.4	34.6	46.0
18	22.6	32.2	44.4
19	21.0	30.2	42.8
20	19.4	283	41.0
21	18.0	26.5	39.1
22	16.7	25.0	37.2
23	15.1	23.5	35.3
24	14.2	22.1	33.5
25	13.2	20.7	31.7
26	12.3	19.4	30.0
27	11 5	18.2	28.4
28	10.6	17.1	26.9
29	9.3	16.2	25.5
30	9.1	15.5	24.1
31	8.4	14.3	22.9
32	7.8	14.2	21.6
33	7.2	13.7	20.4
34	6.7	13.1	19.3
35	6.1	12.5	18.1
36	5.5	12.0	17.1
37	5.0	11.4	16.1
38	4.4	10.9	15.0
39	3.6	10.3	14.2
40	2.7	9.7	13.3
41	0.0	9.0	12.6
42		8.2	11.9
43		7.4	11.3
44		6.2	10.8
45		4.8	10.3
46		3.4	10.0
47		2.4	9.7
48		2.0	9.4
49		1.9	8.9
50		0.0	8.3
51			7.4
52			6.4
53			5.0
54			3.7
55			2.8
56			2.2
57			0.0
Σ	1 471	1 472	1 472

图 7-3　胜利河黄寺站单位线图

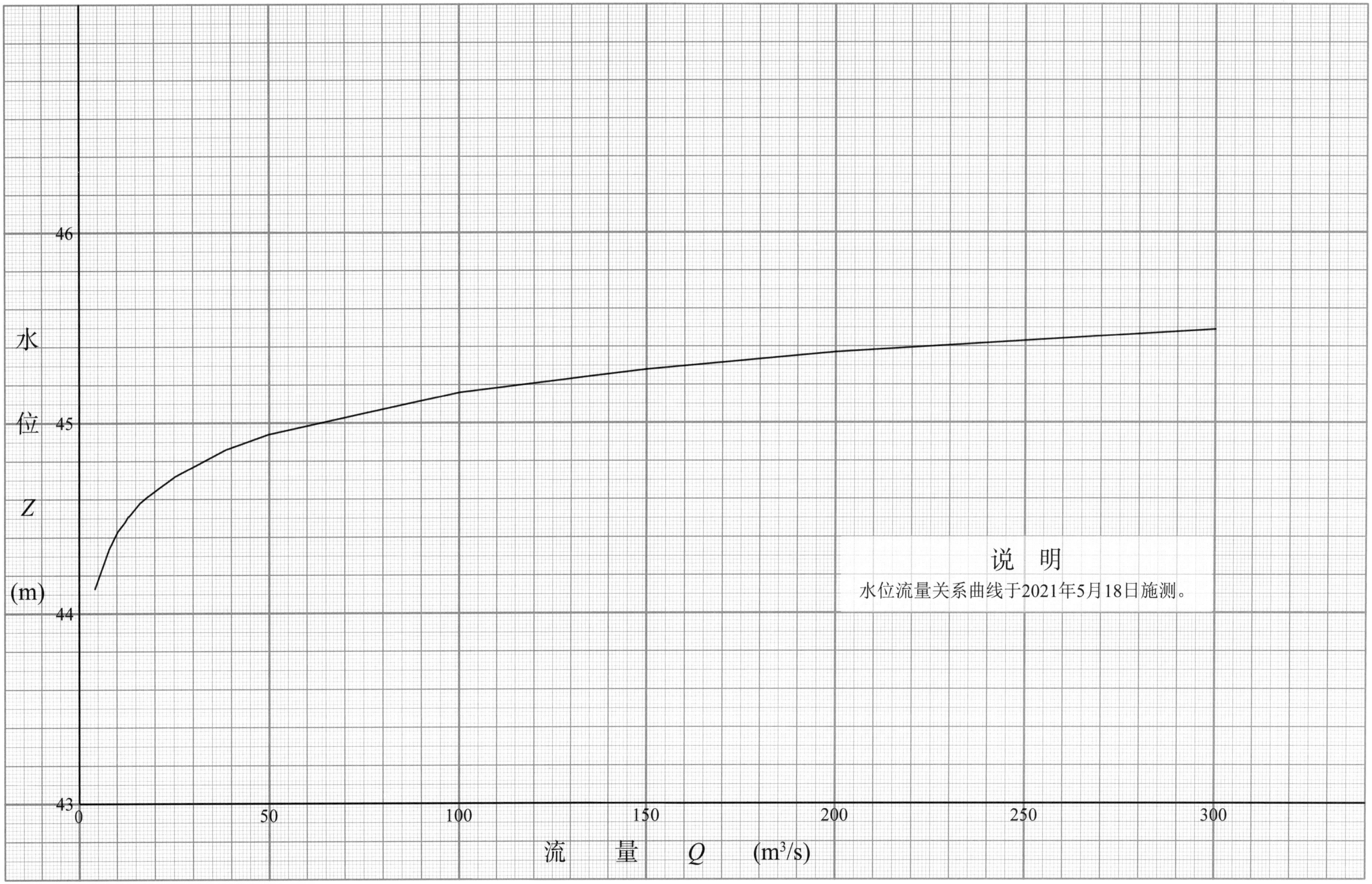

图 7-4 胜利河黄寺站水位流量关系曲线图

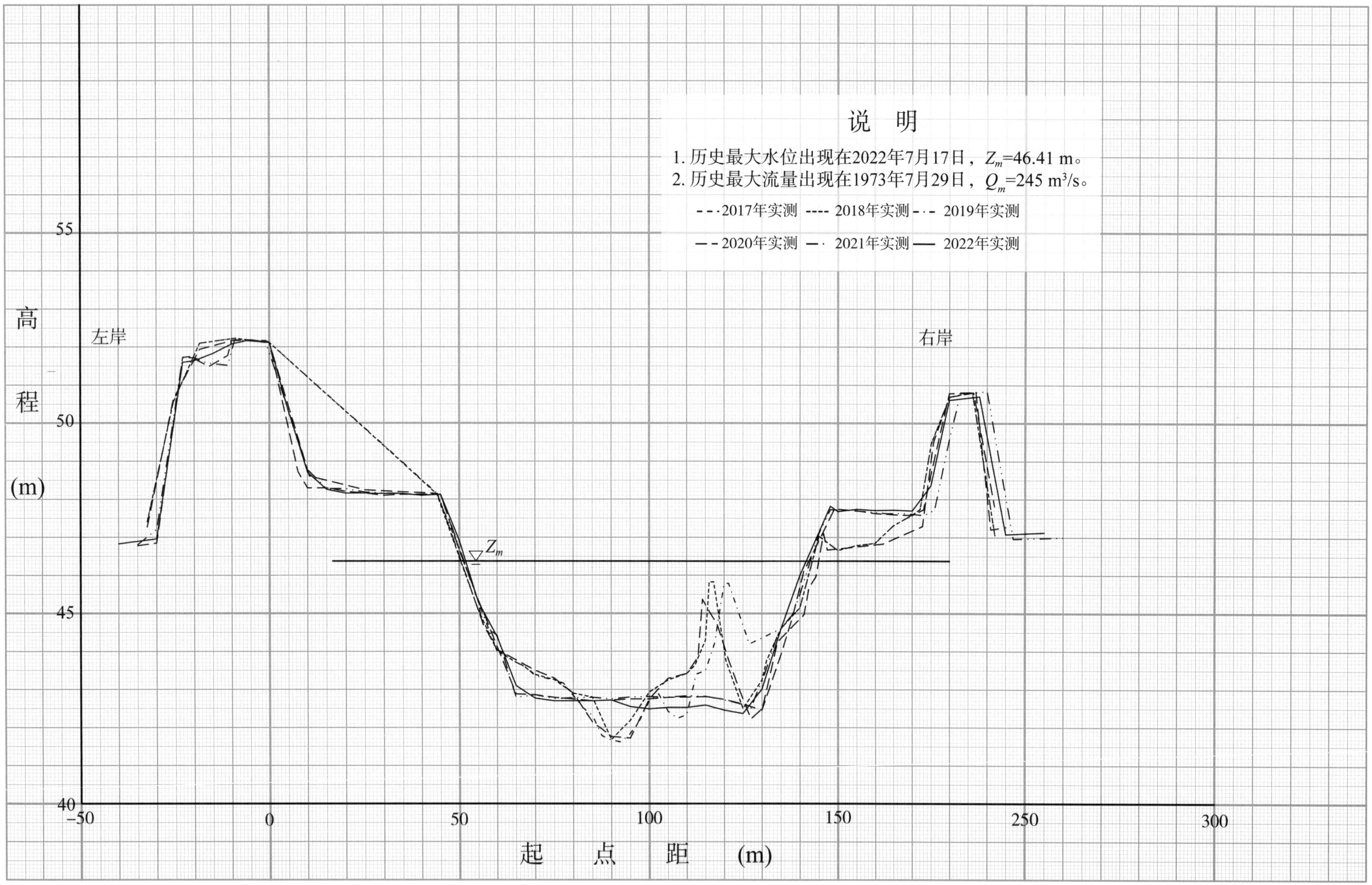

图 7-5　胜利河黄寺站大断面图

第八章　泗河波罗树站水文预报方案编制说明

1　流域概况

1.1　流域自然地理特征

泗河发源于山东省新泰市太平顶山西侧，自东向西流经泗水、曲阜、兖州、邹城、任城、微山七县（市、区），于济宁市任城区辛闸村南入南四湖，河道全长 159 km，干流长度 89.5 km，干流平均坡度 1.13‰，总流域面积 2 366 km^2。本流域水系发达，有大小支流 30 条，其中集水面积在 100 km^2 以上的河道共 5 条。

流域内山区面积约占总流域面积的 50%，丘陵约占 30%，平原区约占 20%。中上游及河谷两侧主要为山地，中游及河道两侧主要为丘陵，下游大部分为平原区。农作物覆盖率约为 65%，天然草皮覆盖率约为 15%。波罗树站以上区间流域图见图 8-1。

1.2　流域雨水情特点

1.2.1　降水量特征值

泗河波罗树站以上流域降水量特征值表见表 8-1。

表 8-1　泗河波罗树站以上流域降水量特征值表

多年平均（mm）				汛期占全年的比重	设站至 2020 年流域时段最大降水量		
1—5 月	6—9 月	10—12 月	全年		1 h（mm）/年份	6 h（mm）/年份	24 h（mm）/年份
126.2	518.7	67.2	712.1	73%	61.9/1952	115.8/1990	175.5/1995

1.2.2　水情特征

泗河是山溪性河流，坡降大，汇流快，洪峰传播历时较短，自书院站至波罗树站仅需 10~12 h。

1.2.3　历史最大洪水

历史最大洪水：1957 年 7 月 19 日，Q_m=3 380 m^3/s，Z_m=49.49 m（废黄河高程）。

2000 年后最大洪水：2020 年 8 月 15 日，Q_m=642 m^3/s，Z_m=40.86 m（废黄河高程）。

1.3　河道防洪情况

泗河干流为古老的天然河道，河道弯曲，河槽上大下小。1958 年之后，济宁市对泗河干流中下游堤防进行了多次治理，上游陆续修建了尼山、贺庄 2 座大型水库，华村、龙湾套、尹城等 3 座中型水库，小（1）型水库 23 座，小（2）型水库 178 座。泗河干流济宁段现有节制闸 3 座，石坝、橡胶坝共 12 座，其中书院站以上拦河闸坝 7 处，书院站至波罗树站区间拦河闸坝 7 处，波罗树站以下拦河闸坝 1 处。3 处节制闸（黄阴集大闸、泗水大闸、红旗闸）均按照 50 年设计流量、100 年校核流量标准改建完成。济宁市泗河综合开发防洪堤防、水资源控制工程于 2018 年实施完成，治理范围为泗水县贺庄水库坝址至泗河入湖口向湖内延伸 3.1 km 处，全长 133.8 km，该段河道除涝标准达到 5 年一遇，防洪标准基本达到 50 年一遇。贺庄水库以上至泗河源头约 13 km 河段未纳入此次治理范围，河道防洪标准为 10 年一遇。

1.4　水利工程情况

波罗树水文站以上流域面积 2 349 km^2，波罗树水文站至书院水文站及尼山水库区间流域面积 553 km^2，该区间流域内有小（1）型水库 1 座、小（2）型水库 11 座、水工闸坝 8 处，小型水库基本情况详见表 8-2。波罗树站至书院站区间干流主要闸坝情况见表 8-3。

表 8-2　泗河波罗树站至书院站及尼山水库区间小型水库基本情况表　　单位：万 m^3

水库名称	地址	兴建时间	规模	总库容	兴利库容
胡二东水库	山东济宁曲阜市防山镇	1968 年 11 月	小（1）型	143.0	105.0
高家村水库	山东济宁曲阜市防山镇	1968 年 5 月	小（2）型	28.0	25.0
纪庄水库	山东济宁曲阜市防山镇	1969 年 12 月	小（2）型	13.0	10.0
刘家庄水库	山东济宁曲阜市防山镇	1974 年 4 月	小（2）型	28.0	18.0
土门水库	山东济宁曲阜市防山镇	1968 年 5 月	小（2）型	80.0	57.0
无粮庄水库	山东济宁曲阜市防山镇	1976 年 3 月	小（2）型	40.0	30.0
徐家村水库	山东济宁曲阜市防山镇	1967 年 5 月	小（2）型	20.0	8.0
尧乔沟水库	山东济宁曲阜市防山镇	1976 年 3 月	小（2）型	24.0	16.0
大烟水库	山东济宁曲阜市尼山镇	1971 年 6 月	小（2）型	30.0	23.0
柴峪水库	山东济宁曲阜市息陬镇	1969 年 10 月	小（2）型	18.0	9.5
大峪水库	山东济宁曲阜市息陬镇	1973 年 12 月	小（2）型	10.1	8.8
崔庄水库	山东济宁曲阜市姚村镇	1977 年 5 月	小（2）型	25.0	15.0

表 8-3　泗河波罗树站至书院站区间干流闸坝基本情况表

闸坝名称	建成时间	蓄水量（万 m^3）	闸坝型式	过水能力（m^3/s）
书院橡胶坝	2012 年	157	橡胶坝	
陈寨橡胶坝	1982 年	57.5	橡胶坝	5 639
滋阳橡胶拦河坝	2011 年	370	橡胶坝	
金口坝	581 年（文物）	60.2	橡胶坝	
城东橡胶拦河坝	2008 年	220	橡胶坝	
城南橡胶拦河坝	2008 年	416	橡胶坝	
横河橡胶坝		446	橡胶坝	6 221
南二环公路橡胶坝		268	橡胶坝	6 058
合计		1 994.7		

1.5　测站概况

2020 年以前泗河干流只有 1 处河道水文站，即书院水文站，书院站下游有河道水位站 1 处，即波罗树站（2020 年由水位站改为水文站）；书院站至波罗树站区间流域有水库站 1 处，即尼山水库站；1 处专用站（中小河流项目），即官寨闸站。区间流域内雨量站共 4 处，其中有长系列观测资料的基本雨量站 3 处，大部分都有 50 年左右的观测资料；1 处为中小河流站点，为 2011 年以后建设。

波罗树站设立于 1951 年 6 月，位于济宁市兖州区兴隆庄街道桲椤树村，2019 年 5 月迁至济宁市高新区接庄镇东郑庄村（济邹公路桥桥下），2020 年 1 月该站改为水文站。

2019 年 5 月之前，本站冻结基面为废黄河口基面，黄海基面高程＝冻结基面高程－0.786 m，1985 年国家高程基准高程＝冻结基面高程－1.051 m。

2019 年 5 月之后，本站冻结基面为 1985 年国家高程基准，本站报汛基面高程＝冻结基面高程。

2　预报方案编制

2.1　预报区间的确定

波罗树站上游有书院水文站，支流小沂河上游建有大型水库即尼山水库，因此将书院站及尼山水库作为上游入流站，预报区间确定为尼山水库、书院站至波罗树站，区间面积为 553 km^2，即波罗树站以上总控制面积 2 349 km^2 减去上游书院站控制面积 1 542 km^2 及尼山水库控制面积 254 km^2 得到。

2.2　资料情况

波罗树站原为水位站，2020 年改为水文站，无实测年鉴径流摘录资料，该站预报方案为新编。

2.3　参证站选择

波罗树站地形地貌和下垫面基本特征与泗河书院站相似，故以泗河书院站作为波罗树站的参证站。参证站书院站以上区间流域面积 $F_{参}=1\ 080\ km^2$；设计站波罗树站以上区间流域面积 $F_{设}=553\ km^2$。

2.4　产流方案

产流方案借用书院站降雨径流相关图（$P+P_a-R$），利用书院站的产流方案推求波罗树站的产流过程，详见图 8-2。

2.4.1　流域平均雨量 P 的计算

流域平均雨量采用波罗树、兖州、书院、息陬、尼山水库五站雨量的算术平均值计算。

2.4.2　流域平均前期影响雨量 P_a 的计算

流域平均前期影响雨量采用下式计算：

$$P_{a,\ t+1}=K(P_{a,\ t}+P_t)$$

式中：$P_{a,t+1}$ 为第 t+1 日的前期影响雨量（mm）；$P_{a,t}$ 为第 t 日的前期影响雨量（mm）；P_t 为第 t 日的流域平均雨量（mm）；K 为前期影响雨量递减系数。

2.4.3　产流参数 I_m、K 的确定

本站采用书院站的参数，即 $I_m=110$ mm，$K=0.88\sim1.00$。

2.5　汇流方案

将泗河书院站单位线（$\Delta t=2$ h）进行缩放后作为波罗树站单位线，详见图 8-3。

单位线的缩放按下列公式计算：

$$\alpha=(F_{设}/F_{参})^{0.5}$$
$$T_{设i}=\alpha T_{参i}$$
$$q_{设i}=\alpha q_{参i}$$

式中：α 为单位线缩放系数；$F_{参}$、$F_{设}$ 分别为参证站、设计站以上区间控制流域面积；$T_{参i}$ 为参证站单位线逐时段，$T_{参i}=1, 2, \cdots, N$；$T_{设i}$ 为设计站单位线逐时段，通常为小数，为满足实际要求，可进一步对缩放结果进行插值，从而得到整时段单位线结果；$q_{参i}$ 为参证站单位线逐时段流量；$q_{设i}$ 为设计站单位线逐时段流量。

2.6 河道流量演算

本方案中，上游入流站为书院站及尼山水库站，采用传播时间法进行河道流量演算，书院站及尼山水库至波罗树站的传播时间见表 8-4。在实时预报中，将上游入流站的实测下泄流量与本方案计算得到的波罗树站径流过程错时段叠加，从而得到波罗树站的预报流量过程。

表 8-4　书院站、尼山水库—波罗树站流量传播时间表

序号	入流站名称—预报控制站名称	河段分段数	传播时间（h）	适用洪峰流量范围（m^3/s）
1	书院—波罗树	1	24	<300
2	书院—波罗树	1	14	300~600
3	书院—波罗树	1	10	>600
4	尼山水库—波罗树	1	18	

2.7 大断面图

本次绘制了波罗树站 2020 年实测大断面图，详见图 8-4。

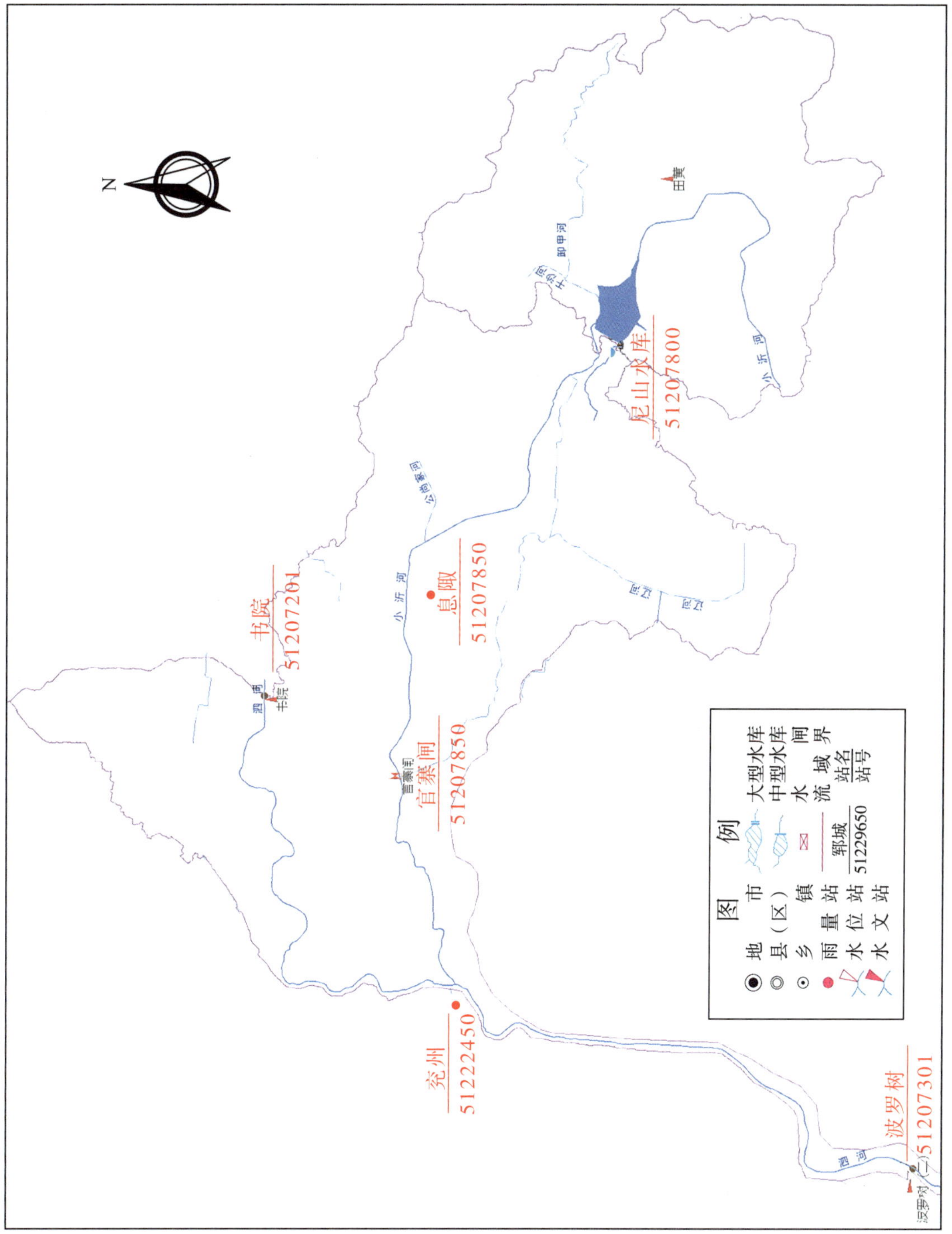

图 8-1　泗河波罗树站以上区间流域图

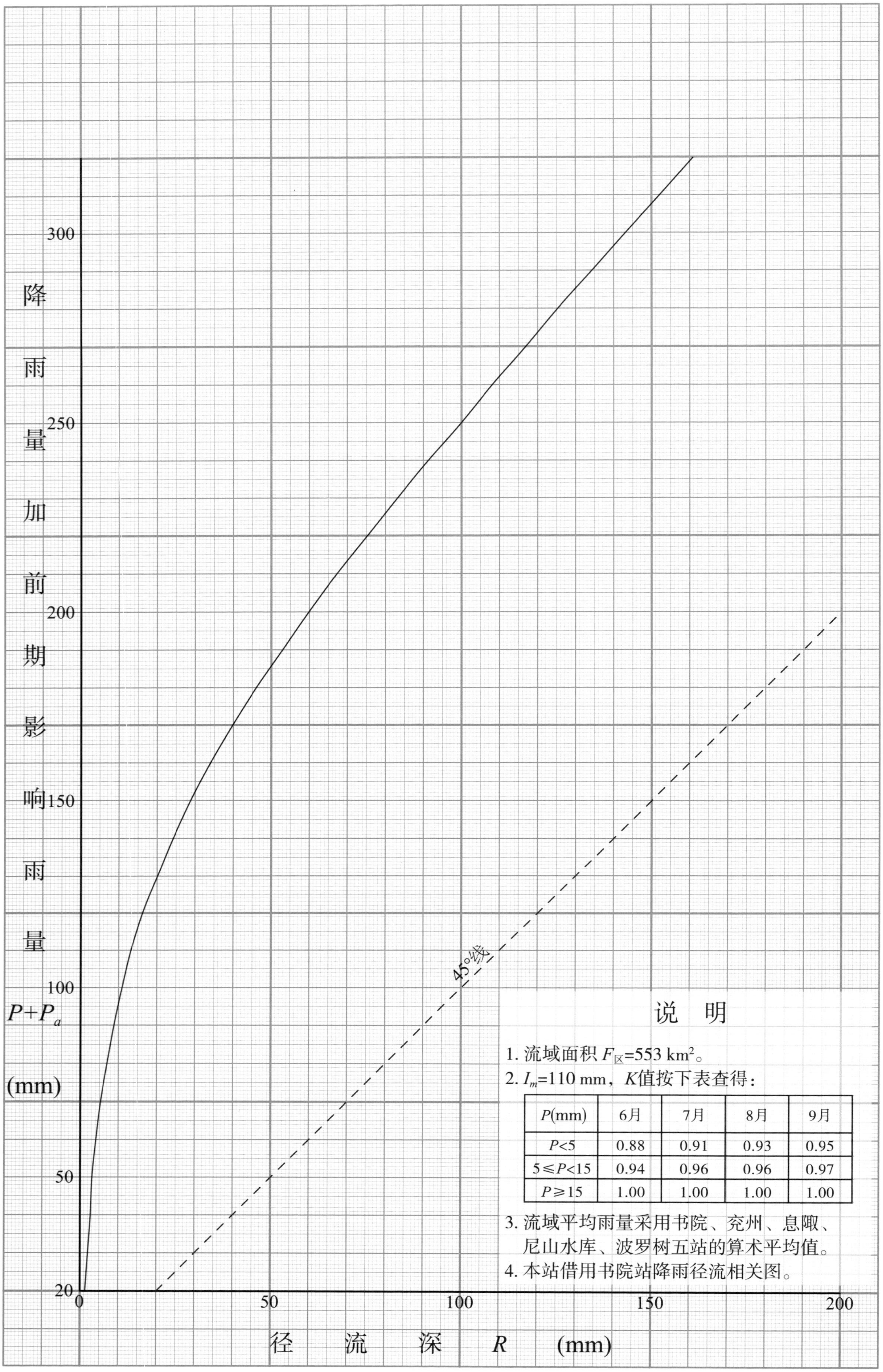

图 8-2　泗河波罗树站降雨径流相关图（$P+P_a-R$）

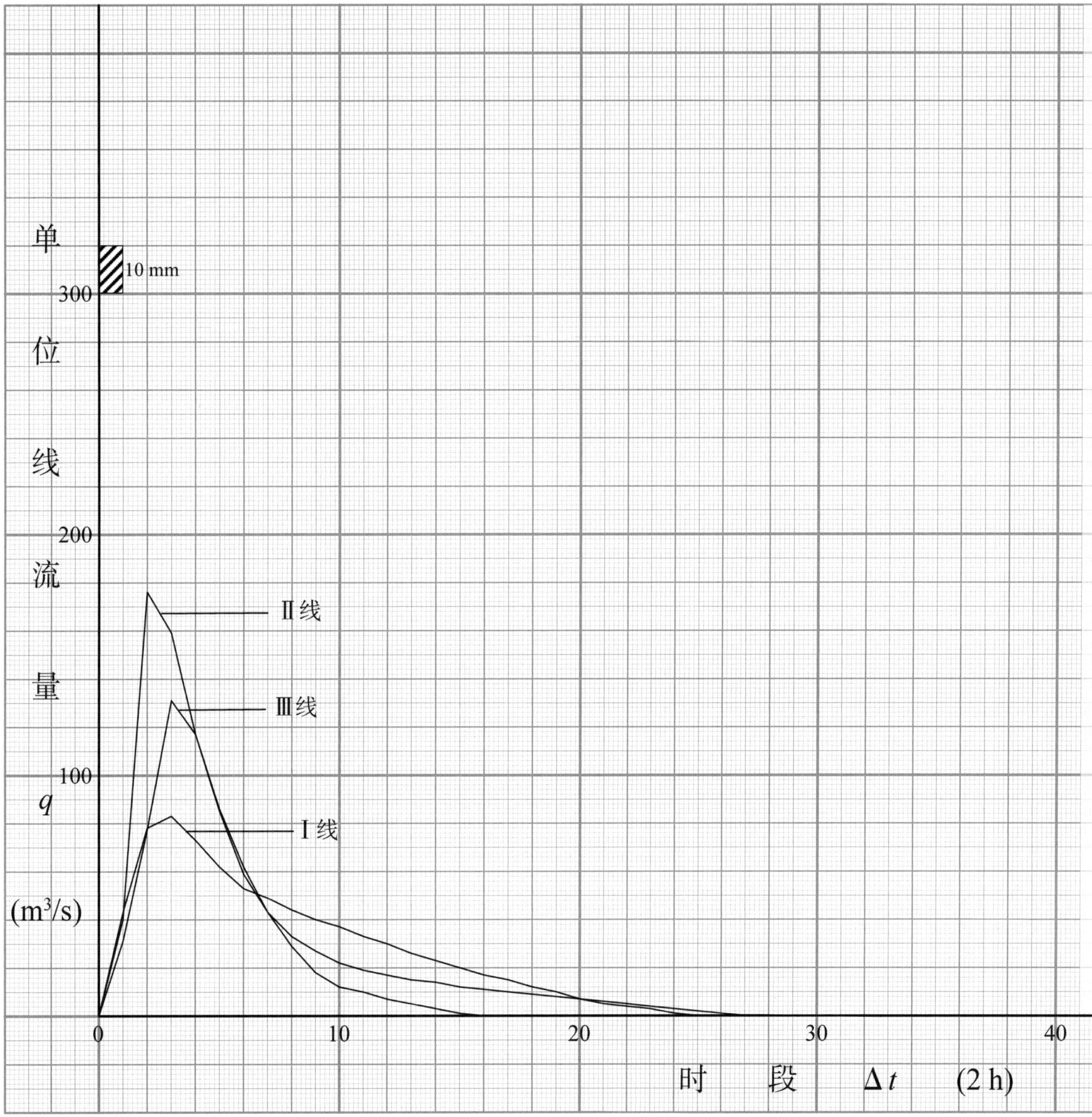

单位线成果表

$F_{区}$=553 km², Δt=2 h

时段	单位线流量 q (m³/s)			备 注
	Ⅰ线	Ⅱ线	Ⅲ线	
0	0	0	0	
1	43	40	31	
2	78	176	77	
3	83	159	131	
4	73	117	117	
5	62	86	85	
6	53	62	59	
7	49	43	43	
8	44	29	33	
9	40	18	27	Ⅰ号线根据书院站单位线（1998 年 8 月15 日洪水分析）缩放而得，普雨
10	37	12	22	
11	33	10	19	
12	30	7	17	
13	26	5	15	Ⅱ号线根据书院站单位线（2001 年 5 月4 日洪水分析）缩放而得，暴雨中心在中游
14	23	3	14	
15	20	1	12	
16	17	0	11	
17	15		10	Ⅲ号线根据书院站单位线（2020 年 8 月15 日洪水分析）缩放而得，暴雨中心在上游
18	12		9	
19	10		8	
20	7		7	
21	5		6	
22	4		5	
23	3		4	
24	1		3	
25	0		2	
26			1	
27			0	
28				
29				
30				
Σ	768	768	768	

图 8-3　泗河波罗树站单位线图

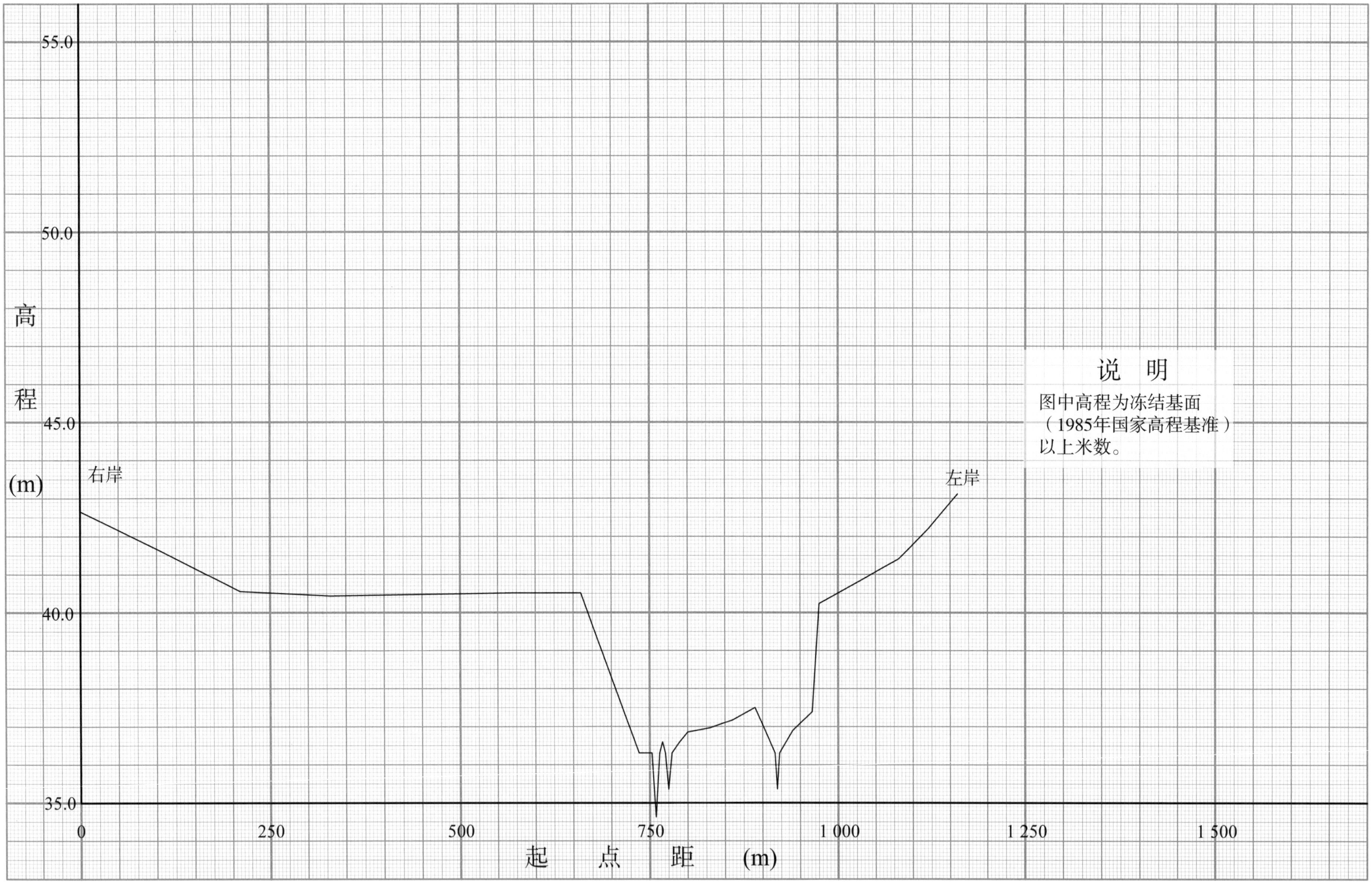

图 8-4 泗河波罗树站大断面图

第九章　薛城大沙河薛城（二）（区间）站水文预报方案编制说明*

1　流域概况

1.1　自然地理特征

薛城大沙河发源于枣庄市薛城区东部山区，流域内由浅山丘陵区和平原区组成，流域为不规则形状，分水岭处多系浅山区，沿河两岸流域的下游至出口断面以上部分为平原区，其余为丘陵区，浅山区及平原区各占15%，丘陵区约占70%，流域面积296 km^2，流经邹坞、陶庄、南石、常庄等镇，流入微山湖。河流分南北两支，河道干流长度36.0 km，干流平均坡度1.30‰，流域平均长度34.0 km，流域平均宽度7.6 km，流域形状系数0.22。

薛城（二）水文站位于薛城大沙河中下游，现站址在枣庄市薛城区蟠龙河大桥北侧，控制流域面积260 km^2，为区域代表站，上游共有水利工程21处，控制集水面积24.74 km^2；上游14 km处有蟠龙河南支和北支自左、右岸同时汇入，均系山溪性河流，来水量大，汇集快，洪水暴涨暴落，为本站主要来水河道；上游6.5 km处建有拦河闸一座，最大蓄水量66万 m^3，700 m处建有津浦铁路桥一座，500 m处建有拦河橡胶坝一座，最大蓄水量55万 m^3，下游2.5 km处于2008年建有西丁橡胶坝一座。当新薛河有较大洪水时，分洪汇入本流域。薛城（二）站以上流域图见图9-1。

1.2　上游水利工程概况

1.2.1　水库工程

自1961年起，薛城（二）水文站上游建成1座小（1）型水库、13座小（2）型水库，详见表9-1。

表9-1　薛城（二）水文站上游水库情况表

水库名称	类别	流域面积（km^2）	建成时间	库容（万 m^3）			
				总	防洪	兴利	死
黑峪水库	小（1）	5.4	1961年8月	212	103	103	87
西谷山水库	小（2）	4.17	1967年2月	71.3	44.5	47	4
西尚庄水库	小（2）	2.67	1957年3月	63.7	17	43	2.7
东横山口水库	小（2）	1.25	1967年11月	58	17	41	0.2
匡山水库	小（2）	2.21	1967年8月	33	21.9	24.3	0.1
梁山水库	小（2）	1.1	1967年1月	27.7	8	22.6	0
杨峪水库	小（2）	1.54	1976年11月	22.5	6.4	16	0.1
北安阳水库	小（2）	1.2	1967年4月	22	8	13.5	0
西横山口水库	小（2）	0.9	1976年11月	21.7	5	16.4	0.1
龙潭水库	小（2）	3.27	1967年3月	16.5	36.7	41.3	5
井字峪水库	小（2）	2.1	1975年11月	12.6	4	7.14	2.7
袁寨山水库	小（2）	2.2	1968年9月	10	7.5	7.5	2.2
柏山水库	小（2）	5.18	1966年	43	4.8	26.8	4.8
沟湾水库	小（2）	2.1	1965年	11	1.8	4.1	1.3

1.2.2　河道拦蓄工程

自1976年起，薛城大沙河中上游（测流断面上游）相继建成了南安阳拦水闸、柳河口拦水闸、匡山头节制闸等河道拦蓄工程，详见表9-2。

表9-2　薛城（二）水文站上游拦蓄工程情况表

工程名称	位置	建成时间	过闸流量（m^3/s）	橡胶坝坝高（m）
小武穴排水闸	薛城区陶庄镇小武穴村	1986年		
匡山头节制闸	薛城区陶庄镇河北庄村	1980年	1 441	
柳河口拦水闸	薛城区邹坞镇庄头村	1977年	247.5	
洪村拦水闸	薛城区邹坞镇洪村	1989年	20	
南安阳拦水闸	薛城区邹坞镇南安阳村	1976年	18	
姚庄拦水闸	薛城区邹坞镇姚庄村	1988年	15	
西仓橡胶坝	薛城区陶庄镇西桥村	2007年		3.5
挪庄橡胶坝	薛城区临城街道挪庄村	2008年		2.5
泰山橡胶坝	薛城区陶庄镇东仓村	2004年		3
杨峪水库溢洪道节制闸	枣庄高新区张范街道大香城村	2009年	30	

续表

工程名称	位置	建成时间	过闸流量（m^3/s）	橡胶坝坝高（m）
山家林橡胶坝	薛城区陶庄镇齐湖村	2021 年	2 131	4.8

1.2.3 流域面积的变动情况

薛城（二）站于 1965 年设站时控制流域面积为 296 km^2；1971 年，由于原量算不准，集水面积变动为 280 km^2；1979 年，经过进一步核实量算，集水面积为 260 km^2。

1.3 测站情况

薛城水文站于 1965 年 3 月设立，现址位于山东省枣庄市薛城区临泉路，测验项目有降水量、水位、流量、水质、冰情目测、墒情、水文调查等，测站概况见表 9-3，测站沿革见表 9-4，测站以上流域内雨量站情况见表 9-5。

薛城（二）水文站以上流域在干流薛城大沙河上有区域专用水文站，即曲柏水文站。曲柏水文站位于薛城大沙河上，于 2018 年 5 月设站，控制流域面积 190 km^2，其测验任务有水位、流量、单沙、输沙率等，收集基本水文信息，开展水情报汛，系统积累水文资料，研究区域水文规律，为防汛抗旱、水资源管理、水生态保护等提供服务。

本次编制的预报方案是现站址控制的区间面积 260 km^2 上的预报方案。本站冻结基面以上水位读数 +31.892 m=1985 年国家高程基准以上水位读数。

表 9-3 薛城（二）水文站测站概况说明表

测站编码	51209090	建站时间	1965 年 3 月	使用基面	冻结基面
所在地点	山东省枣庄市薛城区临泉路				
所在河流	薛城大沙河	集水面积	260 km^2	干流长度	36.0 km
警戒水位/流量	9.49 m 919 m^3/s	保证水位/流量	9.99 m 1 100 m^3/s	防洪标准	50 年一遇
				测洪标准	20 年一遇
管理机构	山东省枣庄市水文中心				
监测项目	降水量、水位、流量、水质、冰情目测、墒情、水文调查等				
多年平均年径流量	0.499 4 亿 m^3		多年平均年降雨量		797.4 mm
年最大径流量	2.122 亿 m^3		出现年份		1971 年
最小年径流量	0.019 1 亿 m^3		出现年份		1983 年
最大流量	2 430 m^3/s		出现时间		1971 年 8 月 9 日
最小流量	0 m^3/s		出现时间		1965 年 6 月 7 日
最高水位	9.99 m		出现时间		1971 年 8 月 9 日

续表

最低水位	3.03 m	出现时间	1967 年 6 月 19 日
测验河段及断面情况	测验河段顺直，两岸有堤防，主槽偏左岸，主流偏左岸，无分流串沟，河岸无坍塌，河床由钢筋混凝土构成，左岸混凝土块护坡，右岸滩地由沙壤土组成，无冲淤		
水沙特性	本站洪水来源主要为暴雨洪水，季节性强，汇集快，暴涨暴落，单峰、复峰型都有呈现。主峰雨停止时间至洪峰出现时间约为 6~12 h		

表 9-4 薛城（二）水文站测站沿革表

设立或变动	发生年月	站名	站别	领导机关	说明
设立	1965 年 3 月	薛城	水文	山东省水文总站	常年站
改汛期站	1981 年 10 月	薛城	水文	山东省水文总站	
改常年站	1990 年 1 月	薛城	水文	山东省水文总站	
改汛期站	2000 年 6 月	薛城	水文	山东省水文水资源勘测局	停测冰凌
断面迁移	2009 年 1 月	薛城（二）	水文	山东省水文水资源勘测局	断面上迁 500 m
改常年站	2017 年 6 月	薛城（二）	水文	山东省水文局	常年站

表 9-5 薛城（二）水文站以上流域内雨量站情况表

站名	设站年份	详细地址
柏山	1976 年	山东省枣庄市薛城区邹坞镇北陈郝村
邹坞	1961 年	山东省枣庄市薛城区邹坞镇
南石沟	1967 年	山东省枣庄市枣庄高新区兴城街道
薛城（二）	1965 年	山东省枣庄市薛城区临泉路

2 预报方案编制

2.1 资料情况

本站实测资料年限为 57 年（1965—2021 年）。1965—1989 年本着选大水和有代表性的高中水，1990—2021 年本着高中水不漏、小洪水筛选的原则，根据不同方案选用洪水共计 25 场。

本方案主要包括产流方案和汇流方案两部分内容。主要参数流域最大损失量 I_m 及前期影响雨量递减系数 K 值借用岩马水库参数。

2.2 产流方案

2.2.1 各参数的计算

2.2.1.1 次区间平均降水量 P 的计算

次区间平均降水量 P 采用加权平均法计算求得，由于雨量站设立年月不同，故分期采用不同的权重，详见表 9-6。

表 9-6 各时期雨量站权重表

时期	薛城（二）	邹坞	柏山	南石沟	备注
1965—1966 年	0.578	0.422			
1967—1975 年	0.197	0.422		0.381	
1976 年至今	0.197	0.261	0.161	0.381	今后应用此栏权重

2.2.1.2 前期影响雨量 P_a 值的计算

统计区间内各站逐日降水量，利用下式计算各日 P_a 值：

$$P_{a,\ t+1} = K(P_{a,\ t} + P_t)$$

式中：$P_{a,t}$、$P_{a,t+1}$ 分别为第 t 日和第 $t+1$ 日的前期影响雨量（mm）；P_t 为第 t 日的区间平均降水量（mm）；K 为前期影响雨量递减系数，采用下式计算：

$$K = 1 - E_m/I_m$$

式中：E_m 为最大蒸发能力（借用岩马水库历年平均各月最大日蒸发量）；I_m 为最大损失量，取 80 mm，并作为 P_a 值的上限控制数。各月 K 值见表 9-7。

表 9-7 各月 K 值表

月份	6	7	8	9
K 值	0.88	0.90	0.91	0.92

2.2.1.3 径流深 R 的推求

在一次洪水过程线上，采用斜线分割法切除基流，本次洪水径流深 R 等于洪水总量（已扣除基流量）除以集水面积，薛城（二）水文站降雨径流分析成果见表 9-8。

2.2.2 降雨径流相关图的点绘及精度评定

2.2.2.1 降雨径流相关图的点绘

选用 25 场次洪水，按照上述方法处理资料，计算各场次洪水的 P、P_a 及 R 后，点绘了降雨径流相关图（$P+P_a$-R），详见图 9-2。

2.2.2.2 精度评定

按许可误差=20%实测值的标准（并当许可误差大于 20.0 mm 时以 20.0 mm 为上限，小于 3.0 mm 时以 3.0 mm 为下限）进行逐次洪水评定。本方案选用 25 个洪水点据，合格 19 个，合格率为 76%，属乙级方案，详见表 9-9。

2.2.2.3 突出点分析

710809 场次洪水明显偏大，主要是由于采用浮标法实测，浮标系数采用经验值难以分析，以及上下游水利工程等因素的影响。

2.3 汇流方案

根据 1965—2021 年的资料，分析新建了 3 条综合单位线，时段为 2 h。1 号线洪水原型为 930805，适用于降雨均匀、上游稍大、前期土壤未饱和、有效降雨历时小于 10 h 等的情况；2 号线洪水原型为 060829，适用于降雨较为均匀且偏下游、前期降雨适中的情况；3 号线洪水原型为 210729，适用于降雨历时比较长（有效降雨历时大于 10 h）、降雨较为均匀的情况，详见图 9-3。由于上游闸坝拦蓄对汇流影响较大，应用时应注意。

2.4 水位流量关系曲线及大断面图

薛城（二）站基本水尺断面的大断面成果为 2022 年 4 月施测，其水位流量关系曲线及大断面图见图 9-4。

3 方案使用说明

（1）由于流域内拦河闸坝较多，对产汇流影响较大，应对查算的径流深做经验修正。

（2）近年流域综合治理，土壤的调蓄能力发生变化，对产汇流影响较大，特别是汛初及前期较干旱洪水，在预报做经验修正时应慎重。

总之，由于影响因素太多，本方案不能完全反映实际情况，因而不能照搬，应具体问题具体分析。

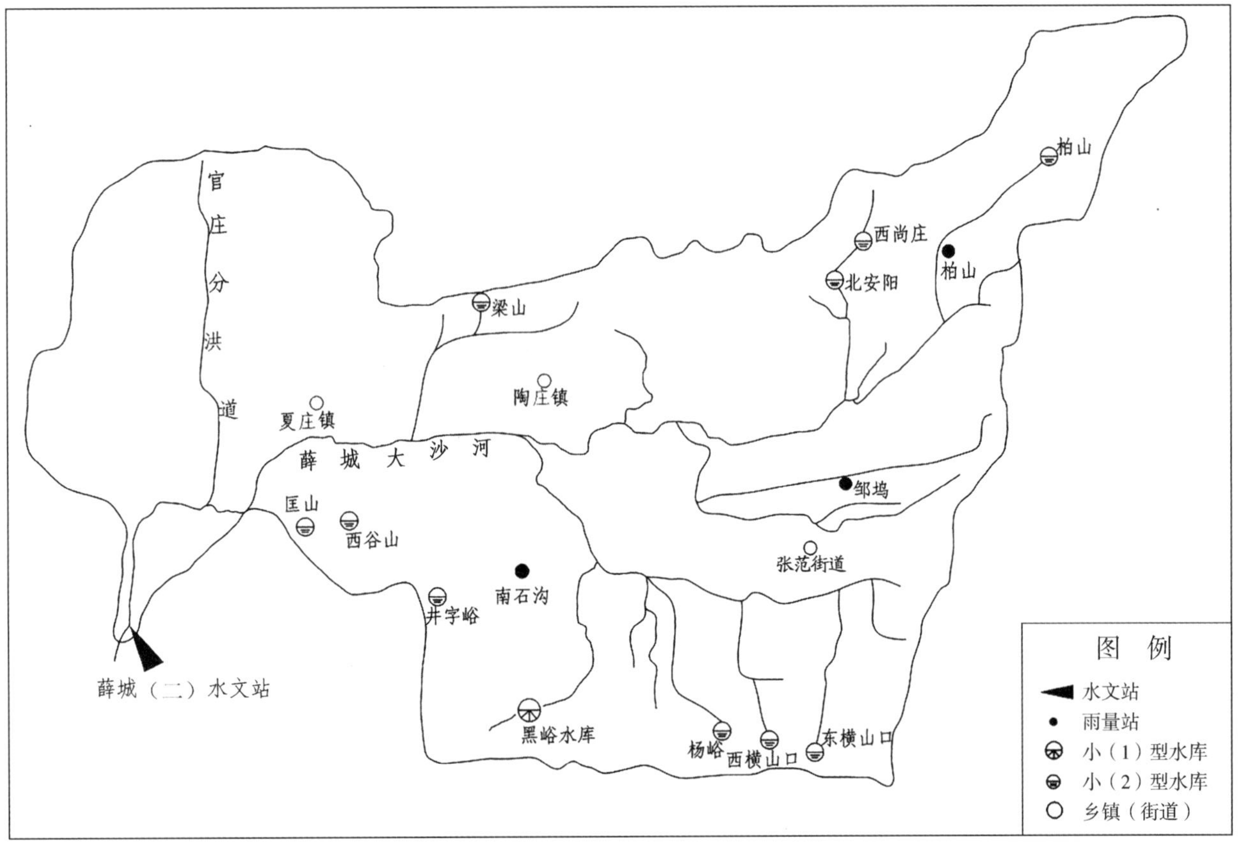

图 9-1　薛城大沙河薛城（二）水文站以上流域图

表 9-8　薛城大沙河薛城（二）站降雨径流分析成果表

序号	洪号	降雨起讫时间							流域平均雨量 P（mm）	前期影响雨量 P_a(mm)	降雨历时（h）		暴雨中心位置	洪水发生时间									洪水历时 $T_{洪}$（h）	洪峰流量 Q_m（m^3/s）	净峰流量 $Q_{m净}$（m^3/s）	地表径流总量 W（万 m^3）	集水面积 F（km^2）	径流深 R（mm）	径流系数 α	$P+P_a$（mm）	主雨中止到洪峰出现时距 t_p（h）	备注
		起				讫					全部	有效		起涨			洪峰			落平												
		年	月	日	时	月	日	时						月	日	时	月	日	时	月	日	时										
1	650818	1965	8	16	14	8	19	2	135.3	28.3	60	18	上游	8	17	18				8	21	8	86			1 661	260	63.9	0.47	163.6		复峰
2	680907	1968	9	6	20	9	9	20	128.5	32.0	72	8	上游	9	7	8	9	7	13	9	9	20	60	378	372	1 482	260	57.0	0.44	160.5	3	
3	690929	1969	9	29	0	10	3	8	96.1	54.9	104	32	均匀	9	29	0	9	29	15	10	2	8	80	210	204	1 047	260	40.3	0.42	151.0	1	
4	700726	1970	7	25	4	7	25	22	122.3	76.4	18	10	均匀	7	25	3				7	28	20	89			2 019	260	77.7	0.63	198.7		复峰
5	700730	1970	7	29	2	7	30	6	64.6	76.0	28	4	上游	7	29	0	7	30	9	7	31	20	68	218	198	1 019	260	39.2	0.61	140.6	6	
6	700806	1970	8	6	4	8	6	12	132.6	80.0	8	6	下游	8	6	7	8	6	13	8	8	8	49	1 060	1 010	3 021	260	116.2	0.88	212.6	1	
7	710809	1971	8	8	14	8	9	12	346.7	25.1	22	6	下游	8	8	8	8	9	14	8	13	8	120	2 430	2 430	8 775	260	337.5	0.97	371.8	4	
8	710822	1971	8	21	4	8	22	6	86.8	49.9	26	8	上游	8	21	8				8	23	20	60			1 013	260	39.0	0.45	136.7		复峰
9	720706	1972	7	6	0	7	6	2	112.0	73.5	2	2	均匀	7	6	0	7	6	5	7	7	20	44	550	545	1 700	260	65.4	0.58	185.5	3	
10	860801	1986	7	30	18	8	1	2	99.7	60.7	32	2	均匀	7	31	22	8	1	3	8	3	14	64	154	150	650	260	25.0	0.25	160.4	4	
11	930716	1993	7	15	20	7	16	1	91.8	50.5	5	4	均匀	7	16	2	7	16	7	7	17	20	42	79.8	79.3	411	260	15.8	0.17	142.3		
12	930805	1993	8	4	13	8	5	11	235.4	23.9	22	7	上游	8	5	2	8	5	9	8	7	8	54	855	849	3 361	260	129.3	0.55	259.3	4	
13	980813	1998	8	12	4	8	13	2	114.7	59.1	22	2	上游	8	12	17				8	18	20	147			1 932	260	74.3	0.65	173.8		复峰
14	010731	2001	7	29	13	7	30	24	130.5	63.5	35	21	下游	7	29	22				8	5	8	154			2 264	260	87.1	0.67	194.0		复峰
15	030830	2003	8	29	11	8	30	14	112.9	64.3	27	2	均匀	8	29	8	8	30	15	9	1	20	84	222	194	2 113	260	81.3	0.72	177.2	7	
16	040914	2004	9	14	1	9	14	15	125.2	25.0	14	6	均匀	9	14	2	9	14	19	9	18	8	102	118	114	1 122	260	43.2	0.34	150.2	8	
17	050717	2005	7	16	16	7	17	13	126.7	34.6	21	18	均匀	7	16	14	7	17	15	7	19	22	80	154	145	1284	260	49.4	0.39	161.3	5	
18	060806	2006	8	6	2	8	6	12	71.4	41.3	10	2	下游	8	6	15	8	6	18	8	8	11	44	68.8	62.0	432	260	16.6	0.23	112.7		
19	060829	2006	8	28	21	8	29	19	124.5	46.3	22	3	均匀	8	29	0	8	29	9	8	31	14	62	268	259	1 394	260	53.6	0.43	170.8	5	
20	070817	2007	8	16	20	8	17	10	145.6	80.0	14	8	上游	8	17	1	8	17	12	8	22	2	121	425	368	3530	260	135.8	0.93	225.6	4	
21	100717	2010	7	17	3	7	18	0	48.1	22.7	21	1	均匀	7	17	12	7	17	17	7	18	20	32	33.1	30.7	122	260	4.7	0.10	70.8	5	
22	190806	2019	8	5	13	8	7	11	136.0	47.0	46	8	下游	8	5	20				8	8	20	72			1465	260	56.3	0.41	183.0		复峰
23	190811	2019	8	10	11	8	12	9	256.3	59.9	46	15	上游	8	10	14	8	11	14	8	14	18	100	339	326	4493	260	172.8	0.67	316.2	5	
24	210729	2021	7	28	0	7	29	8	175.8	45.0	32	11	均匀	7	28	8	7	29	4	7	31	8	72	318	306	1 905	260	73.3	0.42	220.8	4	
25	210905	2021	9	4	14	9	4	24	55.8	74.4	10	5	下游	9	4	17	9	5	8	9	6	23	54	73.4	68.1	746	260	28.7	0.51	130.2	9	

表 9-9　薛城大沙河薛城（二）站降雨径流精度评出表

序号	洪号	流域平均雨量 P（mm）	前期影响雨量 P_a（mm）	$P+P_a$（mm）	径流深（mm）		预报误差（mm）	许可误差（mm）	评定结果		序号	洪号	流域平均雨量 P（mm）	前期影响雨量 P_a（mm）	$P+P_a$（mm）	径流深（mm）		预报误差（mm）	许可误差（mm）	评定结果	
					$R_{实}$	$R_{预}$			合格	不合格						$R_{实}$	$R_{预}$			合格	不合格
1	650818	135. 3	28. 3	163. 6	63. 9	52. 8	-11. 1	12. 8	√		14	010731	130. 5	63. 5	194. 0	87. 1	80. 6	-6. 5	17. 4	√	
2	680907	128. 5	32. 0	160. 5	57. 0	49. 9	-7. 1	11. 4	√		15	030830	112. 9	64. 3	177. 2	81. 3	65. 3	-16. 0	16. 3	√	
3	690929	96. 1	54. 9	151. 0	40. 3	42. 4	2. 1	8. 1	√		16	040914	125. 2	25. 0	150. 2	43. 2	42. 1	-1. 1	8. 6	√	
4	700726	122. 3	76. 4	198. 7	77. 7	84. 7	7. 0	15. 5	√		17	050717	126. 7	34. 6	161. 3	49. 4	50. 8	1. 4	9. 9	√	
5	700730	64. 6	76. 0	140. 6	39. 2	35. 0	-4. 2	7. 8	√		18	060806	71. 4	41. 3	112. 7	16. 6	16. 5	-0. 1	3. 3	√	
6	700806	132. 6	80. 0	212. 6	116. 2	98. 0	-18. 2	20. 0	√		19	060829	124. 5	46. 3	170. 8	53. 6	59. 4	5. 8	10. 7	√	
7	710809	346. 7	25. 1	371. 8	337. 5	253. 4	-84. 1	20. 0		√	20	070817	145. 6	80. 0	225. 6	135. 8	110. 2	-25. 6	20. 0		√
8	710822	86. 8	49. 9	136. 7	39. 0	32. 0	-7. 0	7. 8	√		21	100717	48. 1	22. 7	70. 8	4. 7	4. 6	-0. 1	3. 0	√	
9	720706	112. 0	73. 5	185. 5	65. 4	72. 9	7. 5	13. 1	√		22	190806	136. 0	47. 0	183. 0	56. 3	65. 1	8. 8	11. 3	√	
10	860801	99. 7	60. 7	160. 4	25. 0	42. 0	17. 0	5. 0		√	23	190811	256. 3	59. 9	316. 2	172. 8	198. 4	25. 6	20. 0		√
11	930716	91. 8	50. 5	142. 3	15. 8	36. 2	20. 4	3. 2		√	24	210729	175. 8	45. 0	220. 8	73. 3	105. 2	31. 9	14. 7		√
12	930805	235. 4	23. 9	259. 3	129. 3	142. 1	12. 8	20. 0	√		25	210905	55. 8	74. 4	130. 2	28. 7	27. 1	-1. 6	5. 7	√	
13	980813	114. 7	59. 1	173. 8	74. 3	62. 1	-12. 2	14. 9	√												

备注：1. 预报误差=预报值-实测值；2. 许可误差=实测值的 20%，以 20. 0 mm 为上限，以 3. 0 mm 为下限；3. 合格率=76. 0%，属乙级方案。

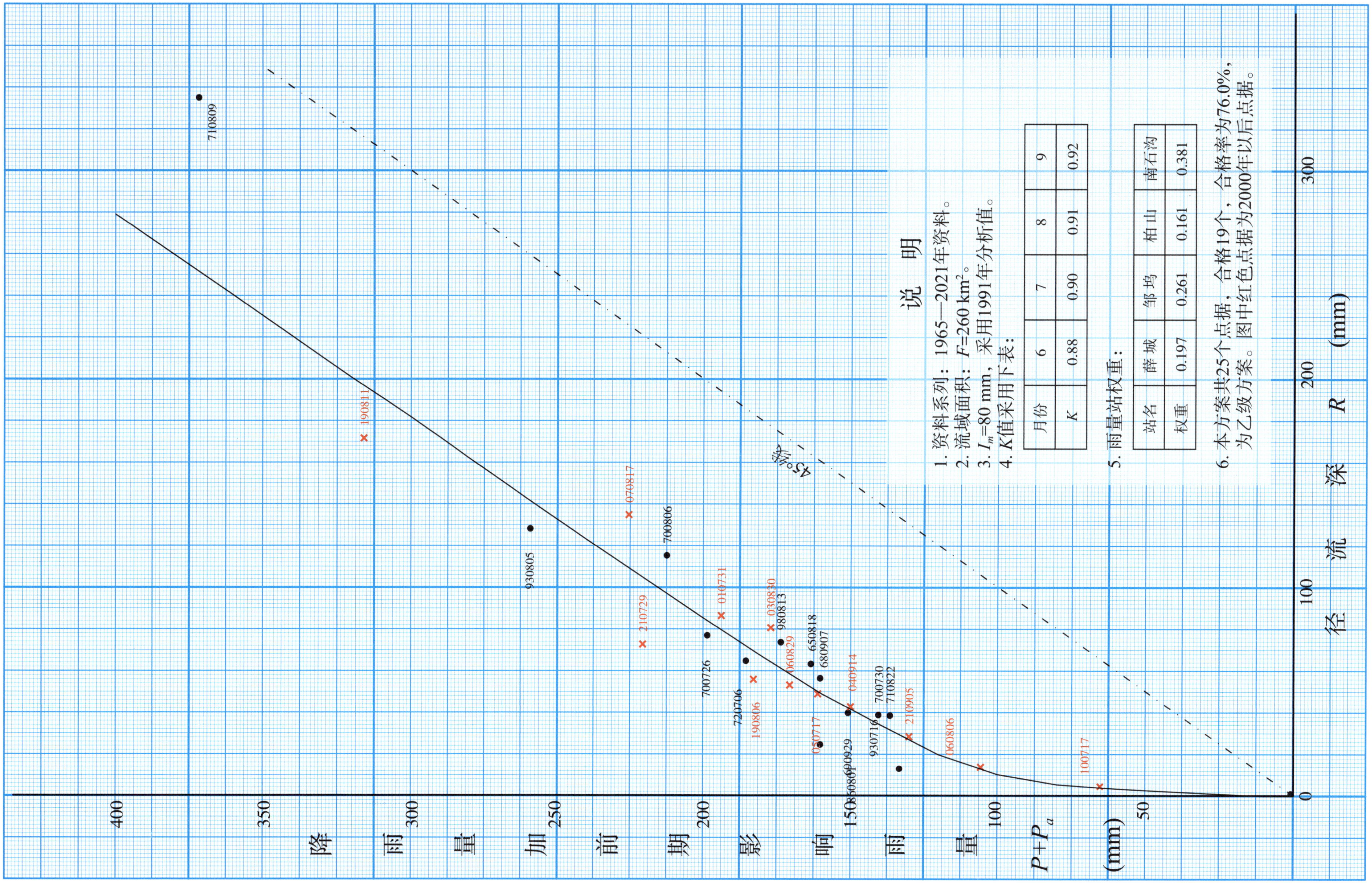

图 9–2　薛城大沙河薛城（二）水文站降雨径流相关图（$P+P_a$-R）

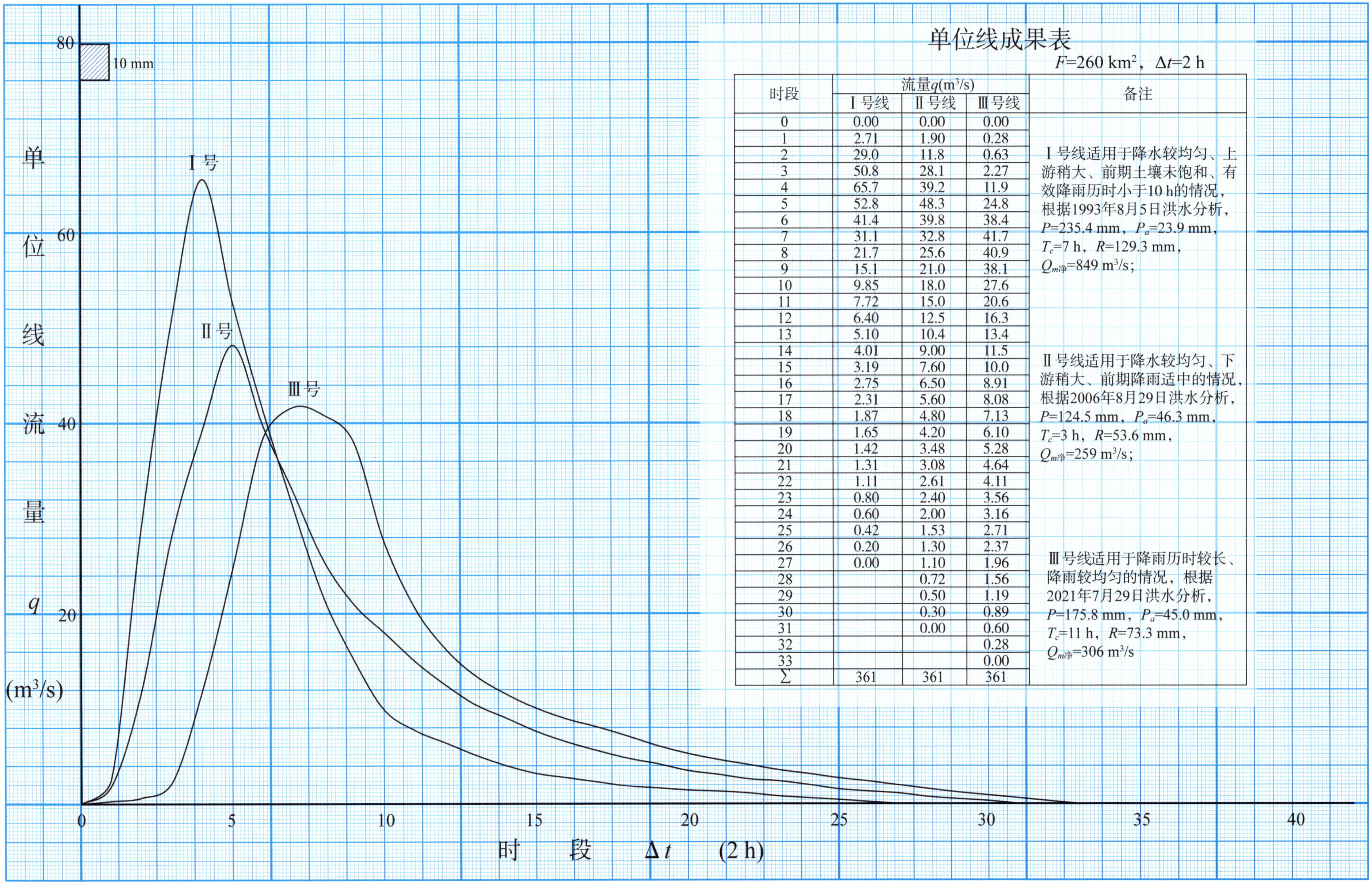

单位线成果表

F=260 km², Δt=2 h

时段	流量q(m³/s)			备注
	Ⅰ号线	Ⅱ号线	Ⅲ号线	
0	0.00	0.00	0.00	
1	2.71	1.90	0.28	
2	29.0	11.8	0.63	
3	50.8	28.1	2.27	
4	65.7	39.2	11.9	
5	52.8	48.3	24.8	
6	41.4	39.8	38.4	
7	31.1	32.8	41.7	
8	21.7	25.6	40.9	
9	15.1	21.0	38.1	
10	9.85	18.0	27.6	
11	7.72	15.0	20.6	
12	6.40	12.5	16.3	
13	5.10	10.4	13.4	
14	4.01	9.00	11.5	
15	3.19	7.60	10.0	
16	2.75	6.50	8.91	
17	2.31	5.60	8.08	
18	1.87	4.80	7.13	
19	1.65	4.20	6.10	
20	1.42	3.48	5.28	
21	1.31	3.08	4.64	
22	1.11	2.61	4.11	
23	0.80	2.40	3.56	
24	0.60	2.00	3.16	
25	0.42	1.53	2.71	
26	0.20	1.30	2.37	
27	0.00	1.10	1.96	
28		0.72	1.56	
29		0.50	1.19	
30		0.30	0.89	
31		0.00	0.60	
32			0.28	
33			0.00	
Σ	361	361	361	

备注：

Ⅰ号线适用于降水较均匀、上游稍大、前期土壤未饱和、有效降雨历时小于10 h的情况，根据1993年8月5日洪水分析，P=235.4 mm，P_a=23.9 mm，T_c=7 h，R=129.3 mm，$Q_{m净}$=849 m³/s；

Ⅱ号线适用于降水较均匀、下游稍大、前期降雨适中的情况，根据2006年8月29日洪水分析，P=124.5 mm，P_a=46.3 mm，T_c=3 h，R=53.6 mm，$Q_{m净}$=259 m³/s；

Ⅲ号线适用于降雨历时较长、降雨较均匀的情况，根据2021年7月29日洪水分析，P=175.8 mm，P_a=45.0 mm，T_c=11 h，R=73.3 mm，$Q_{m净}$=306 m³/s

图 9-3　薛城大沙河薛城（二）水文站单位线图

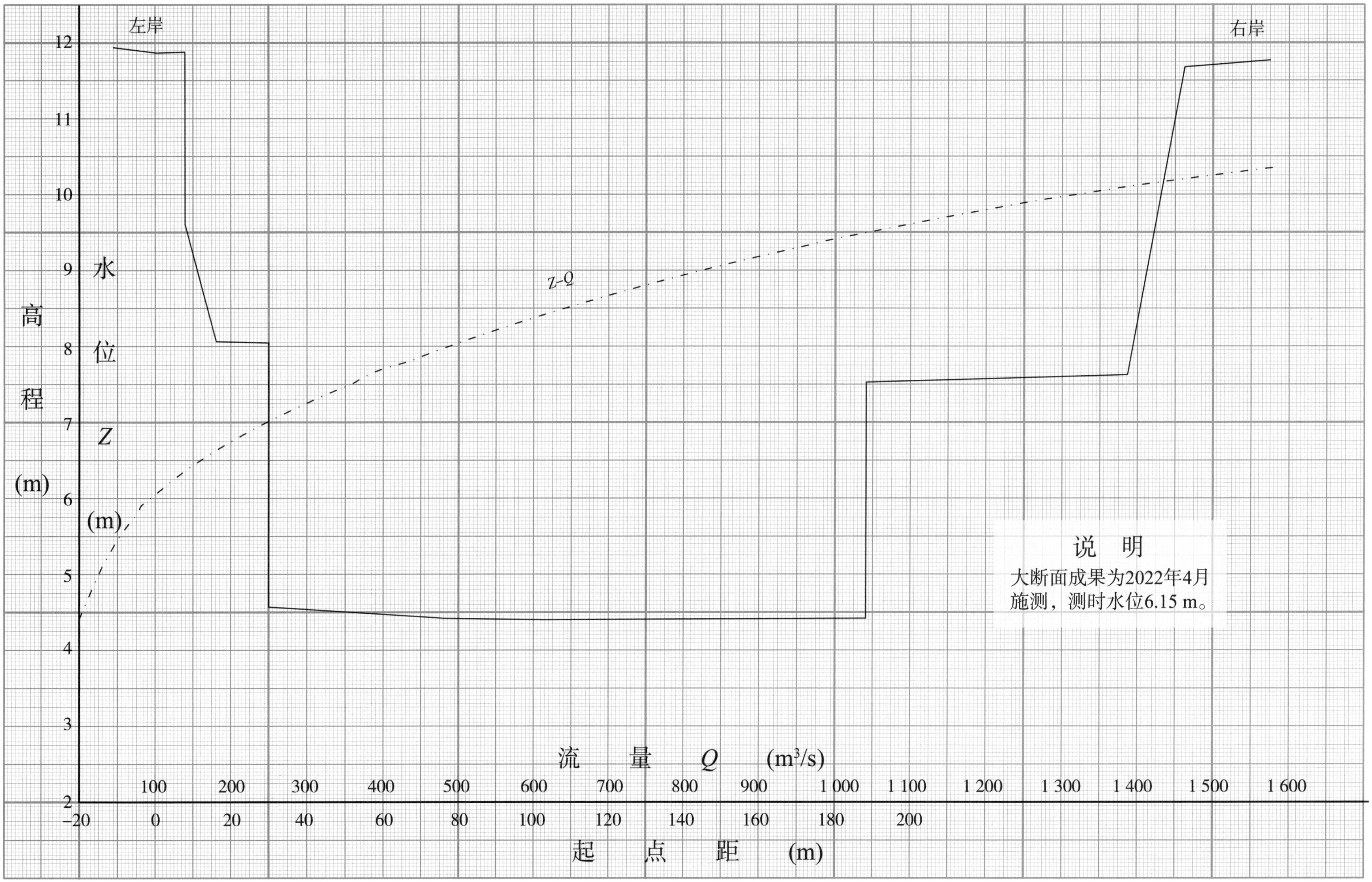

图 9-4　薛城大沙河薛城（二）水文站水位流量关系曲线及实测大断面图

第十章　峄城大沙河峄城站水文预报方案编制说明*

1　流域概况

1.1　自然地理概况

峄城大沙河属于淮河流域，发源于枣庄东部山区，流经市中区、峄城区、台儿庄区，汇入中运河，有三条主要支流（东支税郭支流、中支郭里集支流、西支齐村支流）。全流域面积625.5 km^2，干流长度61.5 km，1994年峄城水文站下游约2.5 km处建有贾庄节制闸一座，最大蓄水量230万 m^3，回水至上游裴桥闸，断面处最大回水深度7.1 m。

峄城水文站位于枣庄市峄城区峄山南路，控制面积400 km^2，流域呈海棠叶形，流域内有小（1）型水库6座、小（2）型水库4座，总控制面积55.4 km^2，总库容1 202万 m^3。峄城站以上流域平均长度31.5 km，流域平均宽度12.7 km，干流长度36.6 km。流域内浅山区约占20%，丘陵约占70%，平原约占10%。山区多系青石山，丘陵区有部分石灰岩，土壤厚度1~2 m，西北部有一泉水群地带，最大泉水为十里泉，涌水量约为7.44万 m^3/d。山区多种植刺槐、松树及果树等；丘陵平原的农作物以小麦、玉米为主，其次有豆类、地瓜及杂粮等。该站上游基本属于低山区，中下游为一般山区和丘陵区，源短坡陡，故洪水汇集较快，暴涨暴落。

1.2　水利工程情况

1.2.1　水库工程

自1960年后峄城大沙河上游山区先后建成务家后、西北村、谷山、郭村、陈刘耀、天桥、马厂等7座小型水库，总面积52.35 km^2，详见表10-1。

表10-1　峄城大沙河上游山区水库情况表

水库名称	类别	流域面积（km^2）	建成日期	库容（万 m^3）		
				总	调洪	兴利
务家后水库	小（1）型	18.7	1979年9月	253	89	149
西北村水库	小（1）型	7.82	1980年6月	294.55	168.55	117
谷山水库	小（1）型	8.5	1966年10月	441.8	83	294
郭村水库	小（1）型	8.2	1966年7月	285.97	151.97	120
陈刘耀水库	小（1）型	4.7	1979年8月	143.3	59.3	76
天桥水库	小（1）型	2.8	1966年	117	17.8	68
马厂水库	小（2）型	1.63	1967年	60	7.3	34
合计		52.35		1 595.62	576.92	858

1.2.2　河道拦蓄工程

峄城大沙河上游有三条主要支流（东支税郭支流、中支郭里集支流、西支齐村支流），其中郭里集支流一般称为峄城大沙河，上游相继建成了22个堰闸橡胶坝，详见表10-2。

表10-2　峄城大沙河堰闸橡胶坝情况表

工程名称	所在河流名称	建成年份	节制闸过闸流量（m^3/s）	橡胶坝坝高（m）
徐楼橡胶坝	峄城大沙河	2008年		3.5
裴桥闸	峄城大沙河	1981年	979	
店子闸	峄城大沙河	1986年	120	
寨子大桥水闸工程	齐村支流	1986年	10.3	
朱子埠后川水闸工程	齐村支流	1978年	10	
大辛庄水闸工程	税郭支流	1998年	47	
东各塔埠闸	峄城大沙河	1982年	256.9	
东湖橡胶坝	齐村支流	2009年		3
东王庄水闸工程	税郭支流	1982年	624	
付刘耀水闸工程	税郭支流	1989年	505	
付湾橡胶坝	峄城大沙河	1991年		3
高庄水闸	税郭支流	1979年	120	
固庄橡胶坝	峄城大沙河	2009年		3.5
黄楼水闸	峄城大沙河	1974年	738.6	
焦庄橡胶坝	峄城大沙河	2003年		3
苗庄节制闸1#	峄城大沙河	1965年	10	
苗庄节制闸2#	峄城大沙河	1965年	10	
上道沟节制闸	峄城大沙河	1965年	10	

续表

工程名称	所在河流名称	建成年份	节制闸过闸流量（m^3/s）	橡胶坝坝高（m）
天齐庙水闸工程	峄城大沙河	1987 年	160	
西大楼闸	峄城大沙河	1981 年	1116	
崖头节制闸	峄城大沙河	1965 年	10	
中各塔埠闸	峄城大沙河	1989 年	105	

1.3 测站情况

峄城水文站于 1959 年 1 月设立，是湖东水文区的区域代表站。1989 年对河道进行拓宽取直治理，测验河段顺直，主槽偏左岸，右岸为滩地，滩地宽约 100 m，1972 年左岸筑堤，建 1 m 高的砌石防浪墙，河床由沙土及重壤土组成，有冲淤现象。现站址位于山东省枣庄市峄山南路，测站编码为 51209300。上游还设有荆山口站、永安站、枣庄站、税郭站等四处雨量站。

峄城站主要测验项目有降水量、水位、流量、冰情目测、墒情、水文调查等，报汛任务包括降水量、水位、流量、土壤墒情。基面采用冻结基面，冻结基面高程 +37.914 m = 1985 年国家高程基准高程。

峄城站上游有中小河流水文站 2 处，为务家后站、石羊站；水资源监测站 1 处，为侯桥站。

务家后水文站位于山东省枣庄市山亭区北庄镇务家后村，设于 2018 年 1 月，测验任务有水位、流量，控制流域面积 18.5 km^2。

石羊水文站位于山东省枣庄市市中区西王庄镇石羊村，设于 2018 年 1 月，测验任务有水位、流量；控制流域面积 135 km^2。

侯桥水文站位于山东省枣庄市峄城区坛山街道，设于 2018 年 1 月，测验任务有水位、流量；控制流域面积 142 km^2。

2 预报方案编制

2.1 资料情况

峄城水文站预报方案于 2022 年分析编制，选用了 1970—2021 年共场 15 场次暴雨洪水进行分析，做到了高、中洪水测点不漏，小洪水适当精减。

本方案主要包括产流方案和汇流方案两部分内容。主要参数流域最大损失量 I_m 及前期影响雨量递减系数 K 值未重新分析。

2.2 产流方案

2.2.1 各参数的计算

2.2.1.1 次区间平均降水量 P 的计算

次区间平均降水量 P 采用加权平均法计算求得，由于各雨量/水文站设立年月不同，故分期采用不同的权重，详见表 10-3。

表 10-3 各时期各站权重表

时期	荆山口	永安	峄城	枣庄	税郭	备 注
1970—1975 年	0.25		0.19	0.32	0.24	
1976 年至今	0.25	0.18	0.09	0.24	0.24	1976 年以后应用此栏权重

2.2.1.2 前期影响雨量 P_a 的计算

统计区间内各站逐日降水量，采用下式计算各日 P_a 值：

$$P_{a,\ t+1} = K(P_{a,\ t} + P_t)$$

式中：$P_{a,t}$、$P_{a,t+1}$ 分别为第 t 日和第 t+1 日的前期影响雨量（mm）；P_t 为第 t 日的区间平均降水量（mm）；K 为前期影响雨量递减系数，采用下式计算：

$$K = 1 - E_m/I_m$$

式中：E_m 为最大蒸发能力（借用岩马水库历年平均各月最大日蒸发量）；I_m 为最大损失量，采用 80 mm，并作为 P_a 值的上限控制数（数据出自岩马水库）。各月 K 值见表 10-4。

表 10-4 各月 *K* 值表

月份	6	7	8	9
K 值	0.88	0.90	0.91	0.92

2.2.1.3 径流深 R 的推求

本次编制的产流预报方案，未考虑上游小水库工程的拦蓄影响，本次编制的是区间站的预报方案，计算径流总量时，需考虑基流量，在去除基流量对应的水量后，进而求得径流深 R。径流资料经处理换算后，即可求得区间径流深，峄城大沙河峄城（区间）降雨径流分析成果见表 10-5。

2.2.2 降雨径流相关图的点绘及精度评定

2.2.2.1 降雨径流相关图的点绘

按照上述方法处理资料，计算各场次洪水的 P、P_a 及 R 后，选用 15 场次洪水，合并点绘了降雨径流相关图，详见图 10-2。

2.2.2.2 精度评定

按许可误差=20%实测值的标准（并当许可误差大于 20.0 mm 时以 20.0 mm 为上限，小于 3.0 mm 时以 3.0 mm 为下限）进行逐次洪水评定。本次方案选用 15 个点据，合格 10 个，合格率为 66.7%，属丙级方案，详见表 10-6。

2.2.2.3　突出点据分析

部分场次洪水明显偏小的主要原因是降水分布不均、前期干旱、上游水利工程的影响等。

2.3　汇流方案

汇流方案主要采用单位线法。选择 1993 年、2019 年、2021 年三场有代表性的洪水过程，将其转换为经验单位线，详见图 10-3。

2.4　水位流量关系曲线及大断面图

峄城站基本水尺断面大断面成果为 2022 年 3 月 16 日施测。水位流量关系成果根据历年实测以及调查得到，供参考，应根据今后的实测资料随时修正。详见图 10-4。

3　方案使用说明

计算出流域平均降雨量和流域平均前期影响雨量，根据降雨径流相关图（$P+P_a-R$）的查算结果进行综合分析，确定地表径流深 R 的预报值。根据暴雨中心位置及主雨强度选择相应单位线，推求洪水过程。

由于流域内水利工程、拦河闸坝较多，对产汇流影响较大，应对查算的径流深做经验修正。应随时掌握上游工程蓄水及泄洪情况，要根据实际情况对预报值进行及时修正。

总之，由于影响因素太多，本方案不能完全反映实际情况，因而不能照搬，应具体问题具体分析。

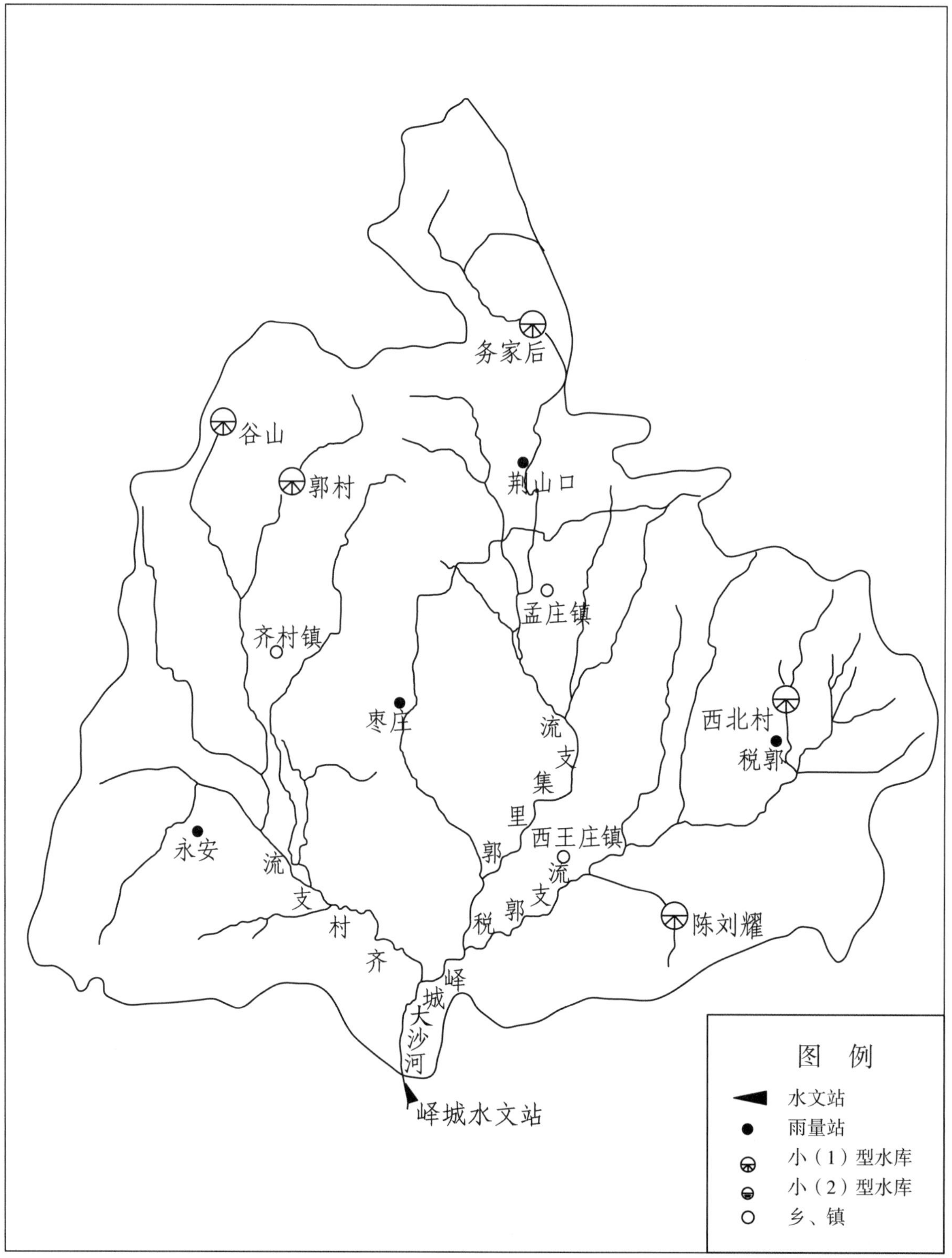

图 10-1　峄城大沙河峄城（区间）流域图

表 10-5　峄城大沙河峄城（区间）降雨径流分析成果表

序号	洪号	降雨起止时间		流域平均雨量 P（mm）	前期影响雨量 P_a（mm）	降雨历时		暴雨中心位置或特点	洪水起止时间			洪峰流量 Q_m（m^3/s）	净峰流量 $Q_{m净}$（m^3/s）	洪水总历时 $T_洪$（h）	涨洪历时 $T_{涨洪}$（h）	洪峰滞时 t_p（h）	次洪径流量 W（万 m^3）	集水面积 F（km^2）	次洪径流深 R（mm）	径流系数 α	备注
		起	止			全部 T（h）	有效 T_c（h）		起涨	峰顶	落平										
1	700728	7 月 24 日 3：00	7 月 26 日 8：00	144.3	80.0	53	8	偏上游	7 月 24 日 12：00	7 月 25 日 19：00	7 月 28 日 18：00	684	672	102	31	4	3 784	400	94.6	0.66	
2	710809	8 月 8 日 12：00	8 月 9 日 12：00	261.8	15.8	24	7	偏上游	8 月 9 日 0：00	8 月 9 日 14：00	8 月 11 日 0：00	1 170	1 140	48	14	3	4 104	400	102.6	0.39	
3	720706	7 月 5 日 20：00	7 月 6 日 3：00	105.9	80.0	7	7	均匀	7 月 5 日 20：00	7 月 6 日 5：00	7 月 8 日 20：00	810	804	72	9	3	2 548	400	63.7	0.60	
4	750718	7 月 17 日 10：00	7 月 18 日 1：00	102.2	30.9	15	5	均匀	7 月 17 日 13：00	7 月 18 日 2：00	7 月 20 日 2：00	452	445	61	13	2	1 196	400	29.9	0.29	复峰
5	790624	6 月 23 日 14：00	6 月 24 日 18：00	90.3	29.9	28	4	均匀	6 月 23 日 20：00	6 月 24 日 7：00	6 月 26 日 8：00	124	120	60	11	5	492	400	12.3	0.14	
6	840709	7 月 8 日 20：00	7 月 9 日 8：00	91.6	16.0	12	6	均匀	7 月 9 日 3：00	7 月 9 日 9：00	7 月 11 日 12：00	150	144	57	6	2	388	400	9.7	0.11	
7	850905	9 月 4 日 23：00	9 月 5 日 10：00	108.2	67.7	11	7	偏上游	9 月 5 日 4：00	9 月 5 日 8：00	9 月 7 日 20：00	552	541	64	4	4	1 740	400	43.5	0.40	
8	930805	8 月 4 日 14：00	8 月 5 日 11：00	207.0	57.7	21	5	偏上游	8 月 4 日 20：00	8 月 5 日 8：00	8 月 9 日 8：00	1 220	1 210	108	12	3	4 312	400	107.8	0.52	
9	980702	7 月 1 日 14：00	7 月 2 日 6：00	139.8	2.5	16	8	偏上游	7 月 2 日 5：00	7 月 2 日 9：00	7 月 4 日 8：00	306	293	51	4	4	744	400	18.6	0.13	
10	000813	8 月 13 日 6：00	8 月 13 日 18：00	125.5	61.7	12	6	偏上游	8 月 13 日 8：00	8 月 13 日 21：00	8 月 15 日 8：00	639	619	48	13	3	1 236	400	30.9	0.25	
11	060703	7 月 3 日 0：00	7 月 3 日 21：00	183.3	28.6	21	6	偏上游	7 月 3 日 4：00	7 月 3 日 21：00	7 月 4 日 20：00	403	380	40	17	2	1 828	400	45.7	0.25	复峰
12	070719	7 月 19 日 0：00	7 月 19 日 5：00	67.9	47.5	5	3	均匀	7 月 19 日 2：00	7 月 19 日 8：00	7 月 20 日 20：00	240	222	42	6	3	580	400	14.5	0.21	
13	080821	8 月 21 日 6：00	8 月 21 日 19：00	109.9	55.0	13	4	偏上游	8 月 21 日 6：00	8 月 21 日 23：00	8 月 22 日 21：00	638	608	39	17	4	1 668	400	41.7	0.38	
14	190811	8 月 10 日 8：00	8 月 12 日 3：00	261.8	66.3	43	11	偏上游	8 月 10 日 16：00	8 月 11 日 2：00	8 月 13 日 20：00	1 270	1 230	76	10	4	7 384	400	184.6	0.71	
15	210729	7 月 28 日 10：00	7 月 29 日 8：00	196.7	70.9	22	11	偏上游	7 月 28 日 13：00	7 月 29 日 2：00	7 月 31 日 8：00	735	700	67	13	2	3 764	400	94.1	0.48	

表 10-6　峄城大沙河峄城（区间）降雨径流预报精度评定表

序号	洪号	流域平均雨量 P（mm）	前期影响雨量 P_a（mm）	$P+P_a$（mm）	实测径流深 $R_{实}$（mm）	预报径流深 $R_{预}$（mm）	预报误差（mm）	许可误差（mm）	评定结果	
									合格	不合格
1	700728	144.3	80.0	224.3	94.6	76.0	-18.6	18.9	√	
2	710809	261.8	15.8	277.6	102.6	120.1	17.5	20.0	√	
3	720706	105.9	80.0	185.9	63.7	46.5	-17.2	12.7		√
4	750718	102.2	30.9	133.1	29.9	20.5	-9.4	6.0		√
5	790624	90.3	29.9	120.2	12.3	14.7	2.4	3.0	√	
6	840709	91.6	16.0	107.6	9.7	10.2	0.5	3.0	√	
7	850905	108.2	67.7	175.9	43.5	48.0	4.5	8.7	√	
8	930805	207.0	57.7	264.7	107.8	108.5	0.7	20.0	√	
9	980702	139.8	2.5	142.3	18.6	23.5	4.9	3.7		√
10	000813	125.5	61.7	187.2	30.9	45.0	14.1	6.2		√
11	060703	183.3	28.6	211.9	45.7	61.2	15.5	9.1		√
12	070719	67.9	47.5	115.4	14.5	14.4	-0.1	3.0	√	
13	080821	109.9	55.0	164.9	41.7	34.5	-7.2	8.3	√	
14	190811	261.8	66.3	328.1	184.6	186.5	1.9	20.0	√	
15	210729	196.7	70.9	267.6	94.1	112.0	17.9	18.8	√	

备注：1. 预报误差=预报值-实测值；2. 许可误差=实测值的 20%，以 20.0 mm 为上限，以 3.0 mm 为下限；3. 合格率=66.7%，为丙级方案。

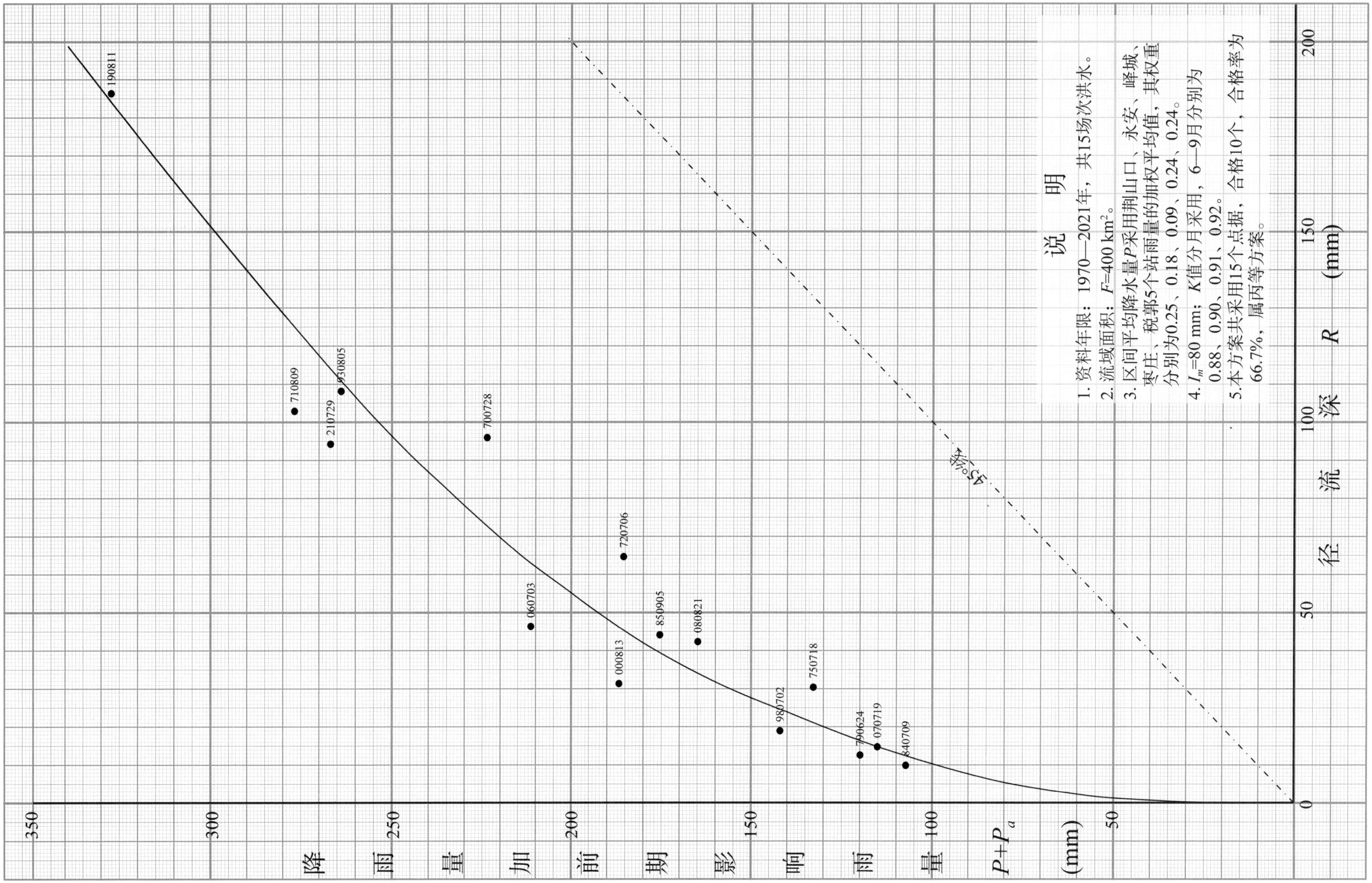

图 10-2　峄城大沙河峄城（区间）降雨径流相关图（$P+P_a$-R）

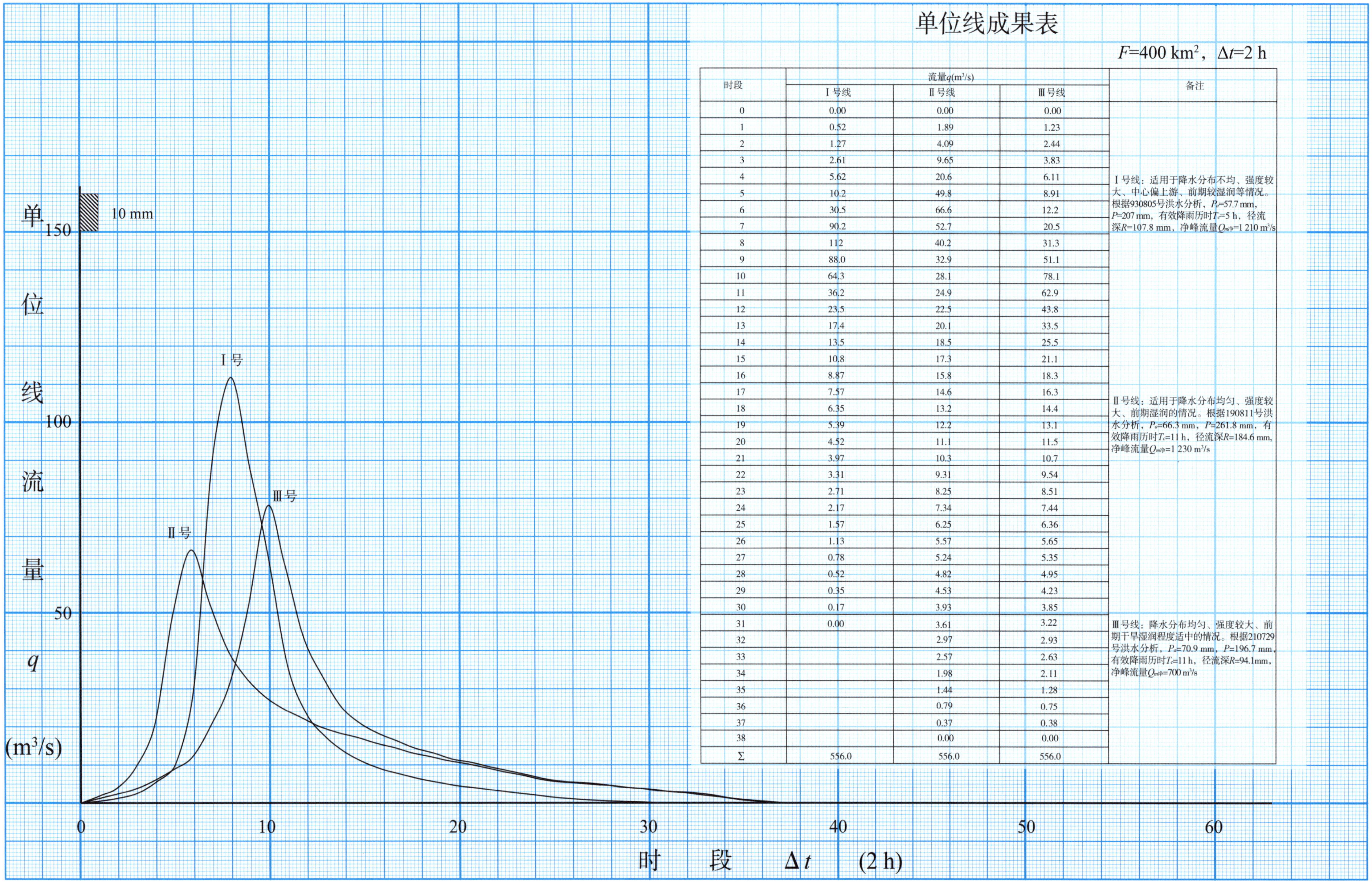

单位线成果表

F=400 km², Δt=2 h

时段	流量q(m³/s)			备注
	Ⅰ号线	Ⅱ号线	Ⅲ号线	
0	0.00	0.00	0.00	
1	0.52	1.89	1.23	
2	1.27	4.09	2.44	
3	2.61	9.65	3.83	
4	5.62	20.6	6.11	Ⅰ号线：适用于降水分布不均、强度较大、中心偏上游、前期较湿润等情况。根据930805号洪水分析，P_a=57.7 mm，P=207 mm，有效降雨历时T_c=5 h，径流深R=107.8 mm，净峰流量$Q_{m净}$=1 210 m³/s
5	10.2	49.8	8.91	
6	30.5	66.6	12.2	
7	90.2	52.7	20.5	
8	112	40.2	31.3	
9	88.0	32.9	51.1	
10	64.3	28.1	78.1	
11	36.2	24.9	62.9	
12	23.5	22.5	43.8	
13	17.4	20.1	33.5	
14	13.5	18.5	25.5	
15	10.8	17.3	21.1	
16	8.87	15.8	18.3	
17	7.57	14.6	16.3	
18	6.35	13.2	14.4	Ⅱ号线：适用于降水分布均匀、强度较大、前期湿润的情况。根据190811号洪水分析，P_a=66.3 mm，P=261.8 mm，有效降雨历时T_c=11 h，径流深R=184.6 mm，净峰流量$Q_{m净}$=1 230 m³/s
19	5.39	12.2	13.1	
20	4.52	11.1	11.5	
21	3.97	10.3	10.7	
22	3.31	9.31	9.54	
23	2.71	8.25	8.51	
24	2.17	7.34	7.44	
25	1.57	6.25	6.36	
26	1.13	5.57	5.65	
27	0.78	5.24	5.35	
28	0.52	4.82	4.95	
29	0.35	4.53	4.23	
30	0.17	3.93	3.85	
31	0.00	3.61	3.22	Ⅲ号线：降水分布均匀、强度较大、前期干旱湿润程度适中的情况。根据210729号洪水分析，P_a=70.9 mm，P=196.7 mm，有效降雨历时T_c=11 h，径流深R=94.1mm，净峰流量$Q_{m净}$=700 m³/s
32		2.97	2.93	
33		2.57	2.63	
34		1.98	2.11	
35		1.44	1.28	
36		0.79	0.75	
37		0.37	0.38	
38		0.00	0.00	
Σ	556.0	556.0	556.0	

图 10-3　峄城大沙河峄城（区间）单位线图

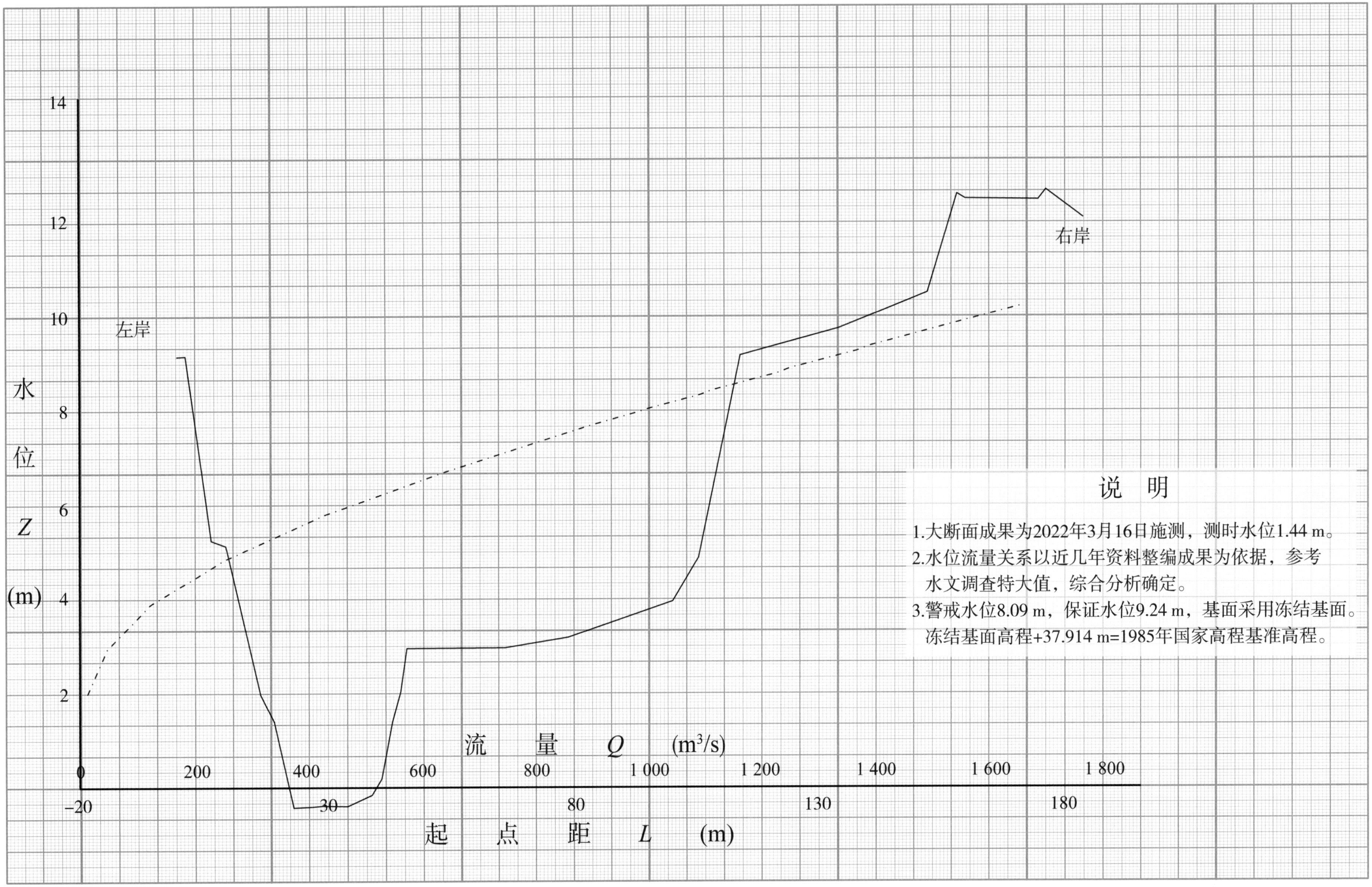

图 10-4 峄城大沙河峄城（区间）大断面图

第十一章　吴坦河卞庄站水文预报方案编制说明

1　流域概况

1.1　流域自然地理特征

吴坦河为中运河水系邳苍分洪道的支流，发源于临沂市罗庄区沂堂镇杏山南坡。吴坦河在吴坦村以上分东西两支。西支宣泄东洳河以东、圈里以南的丘陵来水；东支源出前阎郭庄的西燕子河，吴坦村以下始称为吴坦河干流，南流至邳州市境内经沙园于卞家湖北入邳苍分洪道。吴坦河河道全长 65 km，流域面积 648 km^2。卞庄水文站以上流域图见图 11-1。

吴坦河地处鲁东南，属北暖温带半湿润大陆性季风气候区，四季分明，雨热同期。受大陆性和海洋性气候交替作用的影响，冬季干冷、雨雪稀少，春季多风、气候干燥，夏季湿热、雨量充沛，秋季凉爽、降水减少。降水量年内分配不均，降雨主要集中于汛期 6—9 月份，雨量约占全年降水量的 72%，暴雨则多发生在 7—8 月份，其中 7 月份降雨量约占全年的 30%，且多为暴雨。造成本流域暴雨的主要天气系统有气旋、冷锋、台风和倒槽等。流域多年平均水面蒸发量为 1 352 mm，多年平均径流深为 344. 1 mm，径流量时空分布不均，区域径流量为 73. 7~1 106. 4 mm，年际变化较大。

1.2　水利工程情况

卞庄站上游建有 2 座中型水库（小马庄、长新桥），总控制面积 126 km^2，详见表 11-1。

表 11-1　吴坦河卞庄站以上中型水库工程情况表

类型	库名	流域面积（km^2）	校核洪水位时		兴利库容（万 m^3）	建成日期
			总库容（万 m^3）	溢洪流量（m^3/s）		
中型	长新桥	36	2 452	319	1 350	1960 年 5 月
	小马庄	90	4 589	551	2 592	1960 年 5 月

1.3　测站概况

卞庄水文站位于兰陵县卞庄街道龙沂庄，集水面积 319 km^2。

通过水准测量，断面测量，观测水位、流量、降水量等水文信息，为流域防洪减灾、水利工程调度运行及规划建设提供及时准确的水文信息。

卞庄站自建站以来，最大洪水出现在 2019 年 8 月 11 日，最大洪峰流量 312 m^3/s，最高水位 47. 20 m。卞庄站以上流域内有 4 处雨量站，详见表 11-2。

该站高程基准面采用 1985 年国家高程基准。

表 11-2　吴坦河卞庄站以上流域内雨量站情况表

站名	设站年份	详细地址
小马庄水库	1960 年	兰陵县矿坑镇小马庄水库
长新桥水库	1960 年	兰陵县苍山街道长新桥水库
小岭	2016 年	兰陵县苍山街道小岭村
卞庄	2018 年	兰陵县卞庄街道龙沂庄村

2　预报方案编制

2.1　预报区间的确定

卞庄站上游建有小马庄、长新桥 2 座中型水库，因此预报区间确定为中型水库到卞庄站，区间面积为 193 km^2，即卞庄站以上总控制面积 319 km^2 减去中型水库控制面积 126 km^2。

2.2　资料情况

卞庄站降水量、水位等水文信息自 2018 年开始观测，均有整编资料。

2.3　产流方案

综合分析卞庄水文站以上流域自然地理、下垫面条件、水文特征等情况，直接采用相似流域会宝岭水库站产流方案作为卞庄水文站产流方案。

会宝岭水库坐落在兰陵县西部尚岩镇，分南北两库，控制流域面积 418 km^2，其中北库控制流域面积 175 km^2，南库控制流域面积 243 km^2。河道干流坡度 2. 5‰，会宝岭水库站产流方案合格率为 79. 4%，属乙级方案。

2.3.1　产流分析

卞庄站采用降雨径流经验相关的方法，降雨径流相关图见图 11-2。

2.3.2　流域平均降水量 P 的计算

流域平均降水量采用算术平均法计算。

2.3.3　流域平均前期影响雨量 P_a 的计算

每年自汛初开始连续计算，先以算术平均法计算流域平均雨量，然后计算前期影响雨量 P_a，其计算公式如下：

$$P_{a,\,t} = K(P_{a,\,t-1} + P_{t-1})$$

式中：$P_{a,t}$ 为当日的流域平均前期影响雨量（mm）；$P_{a,t-1}$ 为前一日的流域平均前期影响雨量（mm）；P_{t-1} 为前一日流域平均雨量（mm）；K 为前期影响雨量递减系数，$K = 1 - \frac{E_m}{I_m}$，采用 0.85；E_m 为流域蒸发能力；I_m 为流域最大损失量，采用 60 mm。

2.4 汇流方案

汇流方案主要采用经验单位线、综合瞬时单位线等方法。

2.4.1 经验单位线

参考卞庄站 200722 场次洪水资料，根据流域暴雨洪水特性及下垫面变化情况，确定出本站 1 h 单位线 1 条。场次暴雨洪水降水量为 153.3 mm，前期影响雨量为 25.6 mm，径流深为 114.6 mm，有效降雨历时为 13 h，净峰流量为 210 m^3/s，暴雨中心位于小马庄站。卞庄站单位线图见图 11-3。

2.4.2 综合瞬时单位线

采用地区综合单位线方程：

$$M_1 = 0.59F_{区}^{0.52}$$
$$M_2 = 0.59M_1^{-0.14}$$

式中：$F_{区}$ 为区间集水面积，$F_{区}=67\ km^2$；M_1、M_2 为瞬时单位线参数。

2.4.3 峰现时间预报

根据卞庄站单位线推求其洪峰出现时间。

2.5 大断面图

根据卞庄站 2022 年 4 月 28 日实测资料绘制大断面图，详见图 11-4。

2.6 水位流量关系曲线

根据卞庄站实测资料绘制水位流量关系曲线，详见图 11-5。

3 方案使用说明

3.1 注意事项

（1）P_a 值太小时，即久旱大雨造成降雨入渗较大，可能使实际 R 值比计算值小，预报时可适当考虑。

（2）注意方案适应范围，对特大暴雨洪水要慎重。

（3）单位线预报的洪峰流量为净峰流量，须加上基流量及上游水库放水，即为该站所预报的洪峰流量。

由于影响因素太多，本方案不能完全反映客观情况，所以不能照搬，要根据实际情况，参考确定预报值。

3.2 方案适应能力

本方案产流关系曲线借用会宝岭水库站产流方案，汇流方案采用实测资料分析时段单位线，虽然流域情况大致相似，但在实际洪水作业预报时仍要全面分析，尽量使预报值符合实际情况。

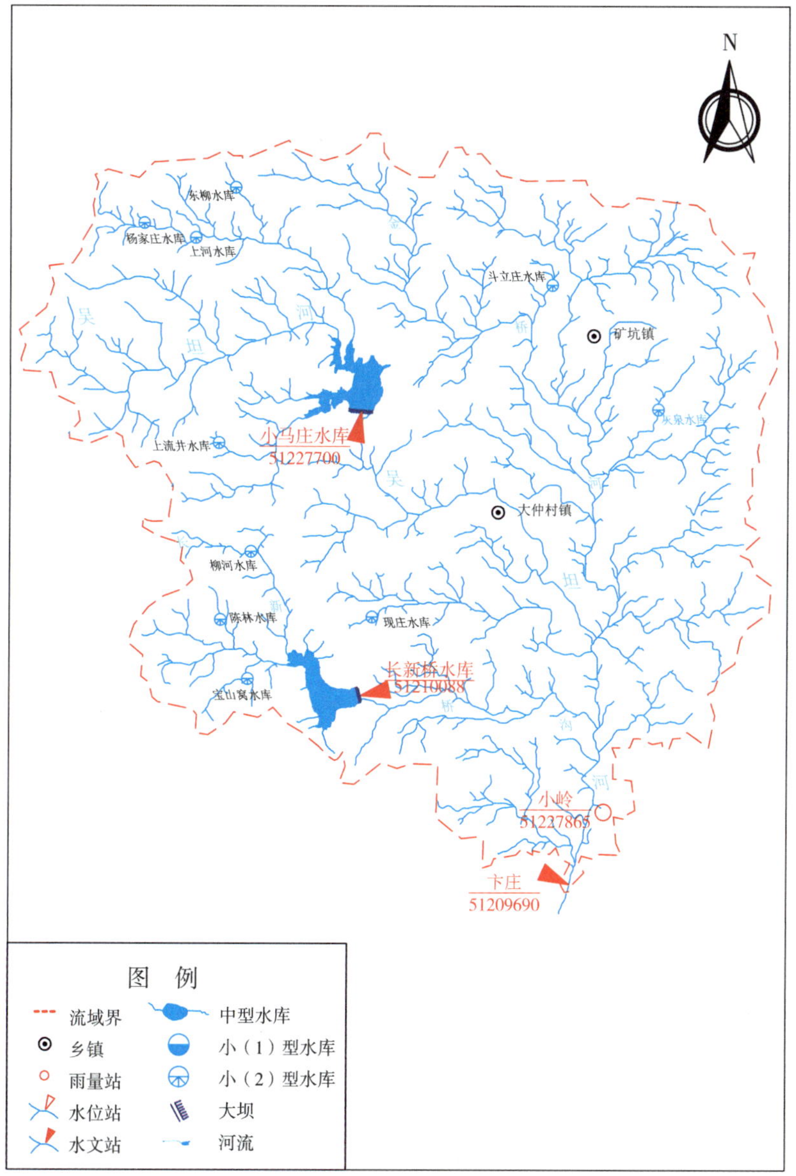

图 11-1 吴坦河卞庄站以上流域图

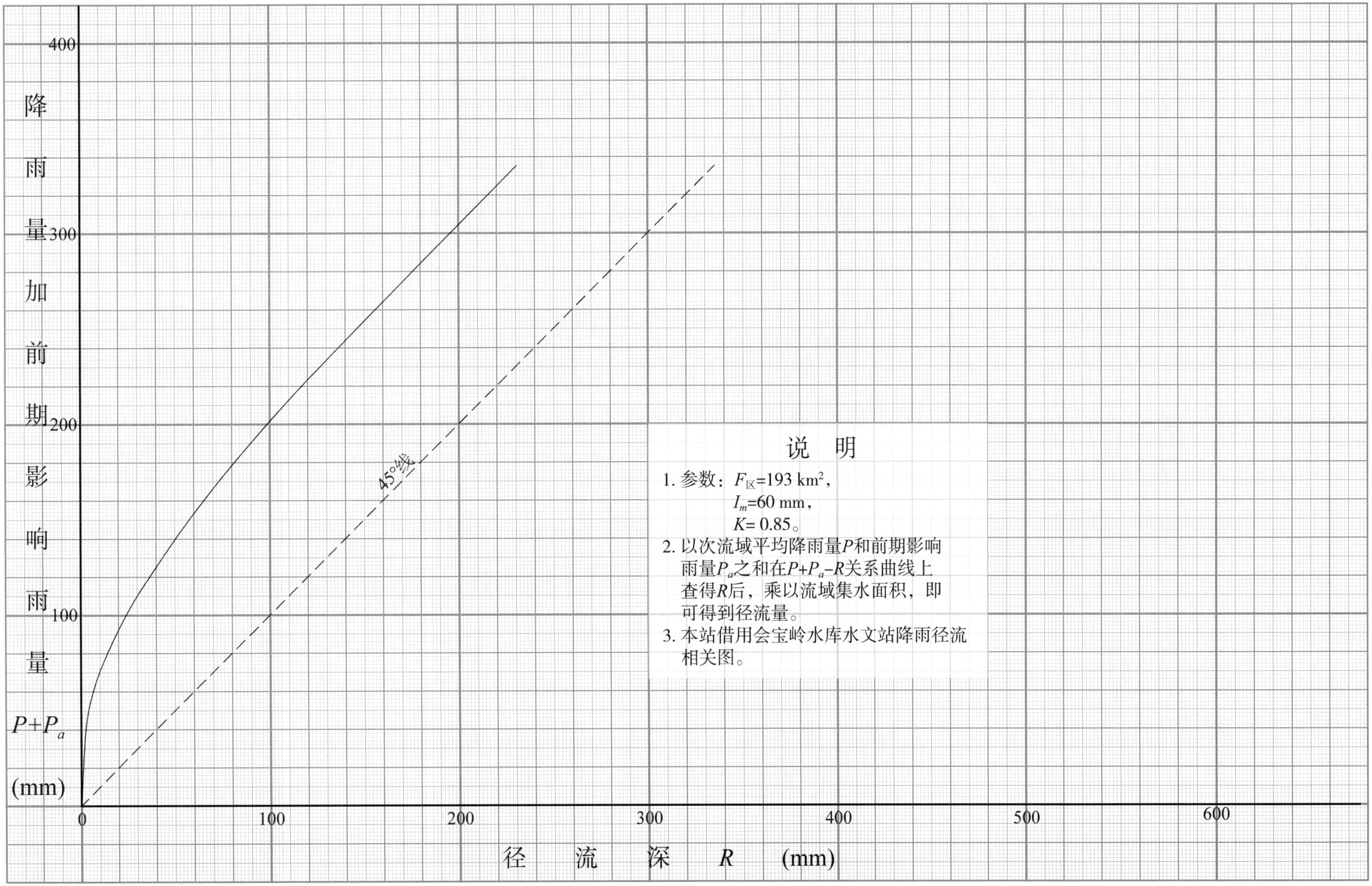

图 11–2　吴坦河卞庄站降雨径流相关图（$P+P_a$–R）

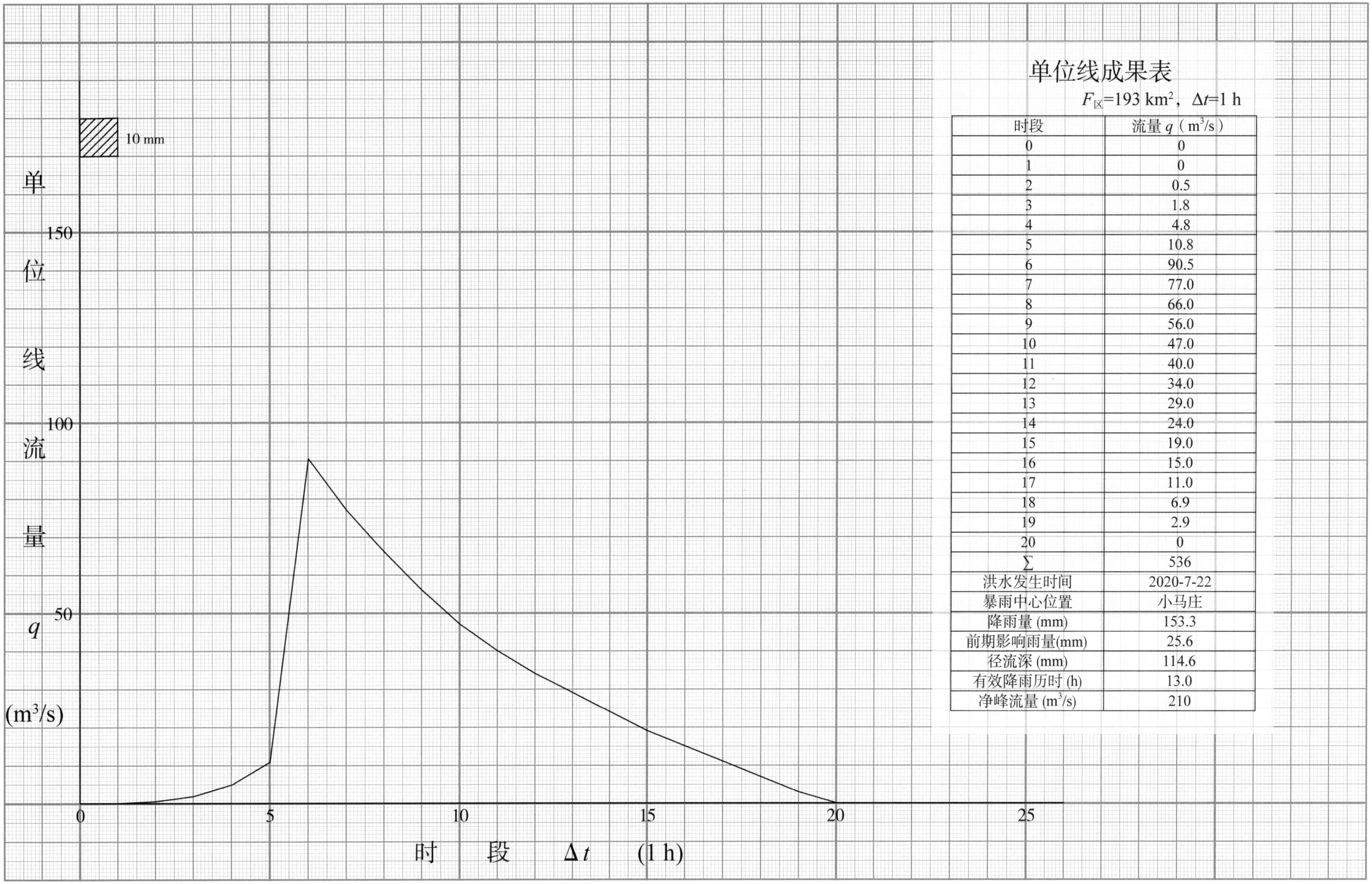

单位线成果表

$F_{区}$=193 km²，Δt=1 h

时段	流量 q（m³/s）
0	0
1	0
2	0.5
3	1.8
4	4.8
5	10.8
6	90.5
7	77.0
8	66.0
9	56.0
10	47.0
11	40.0
12	34.0
13	29.0
14	24.0
15	19.0
16	15.0
17	11.0
18	6.9
19	2.9
20	0
Σ	536
洪水发生时间	2020-7-22
暴雨中心位置	小马庄
降雨量 (mm)	153.3
前期影响雨量(mm)	25.6
径流深 (mm)	114.6
有效降雨历时 (h)	13.0
净峰流量 (m³/s)	210

图 11-3　吴坦河卞庄站单位线图

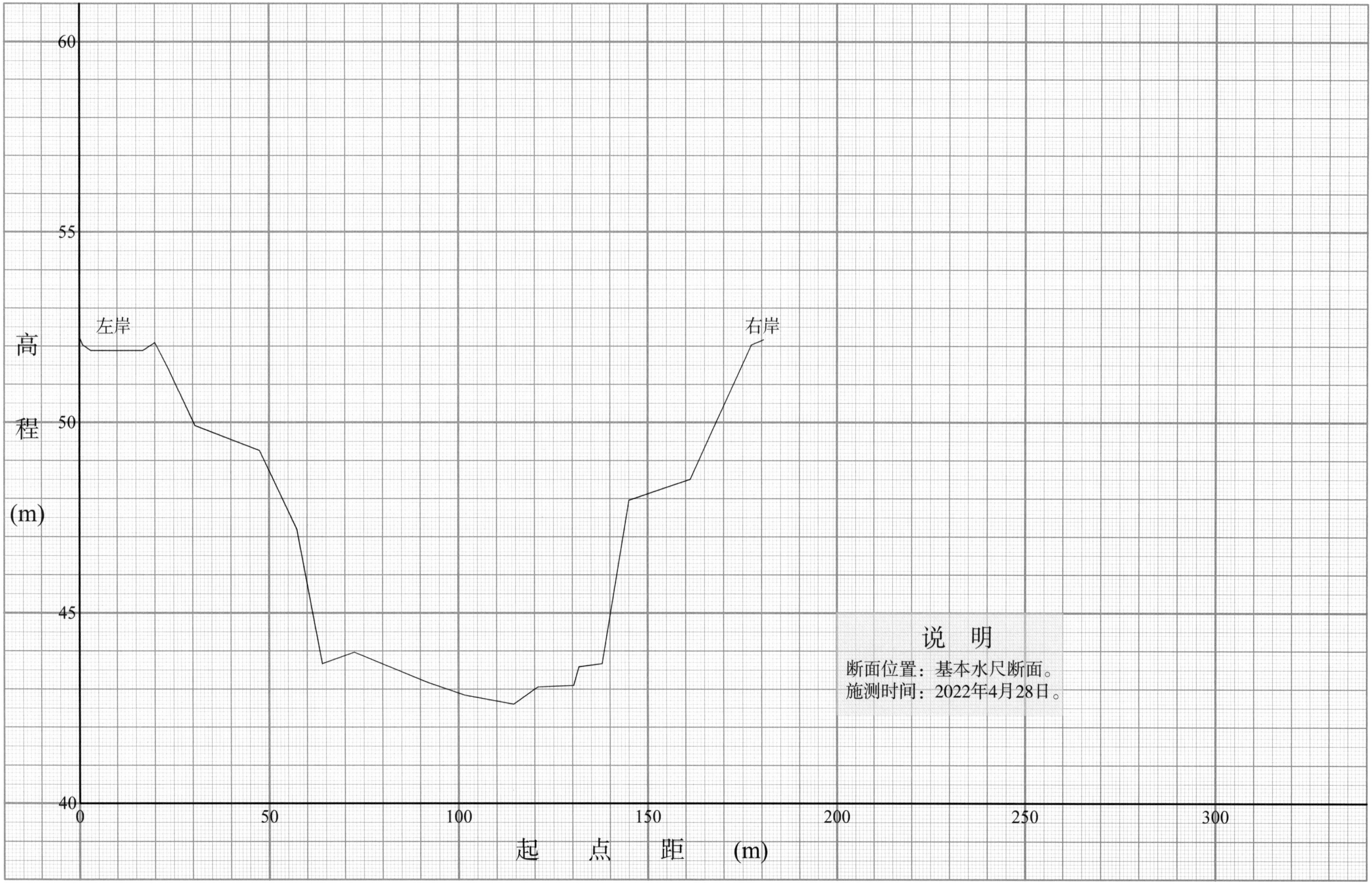

图 11-4 吴坦河卞庄站大断面图

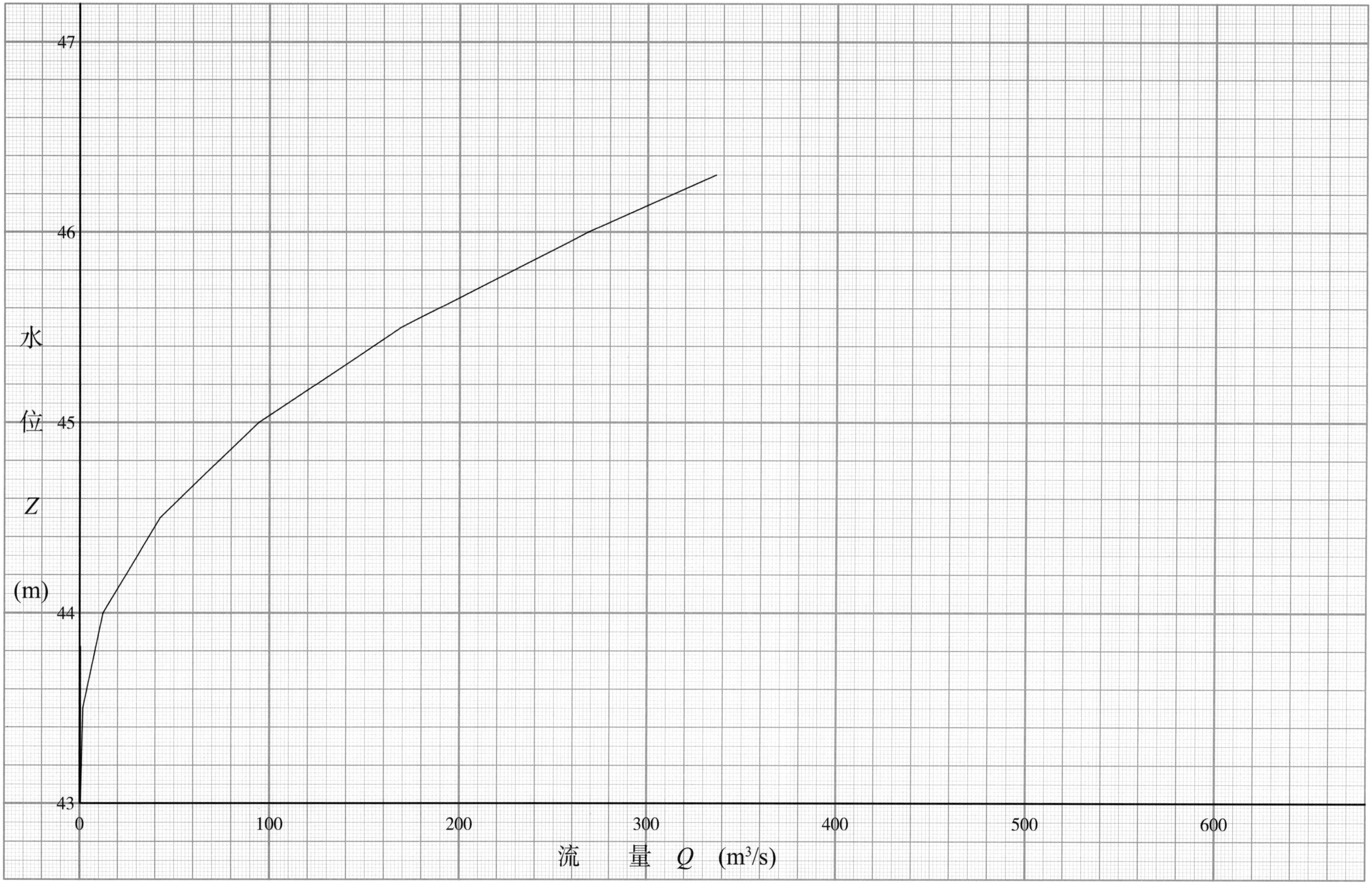

图 11-5 吴坦河卞庄站水位流量关系曲线图

第十二章　燕子河大兴屯站水文预报方案编制说明

1　流域概况

1.1　流域自然地理特征

大兴屯水文站位于临沂市罗庄区沂堂镇大兴屯村、燕子河上游。燕子河发源于临沂市高新区罗西街道涧头社区西驴脖子山东麓，全长 57 km，总流域面积 311.5 km^2。燕子河属山溪性河流，流域内径流以雨水补给为主，径流年际、年内变化较大。汛期洪水暴涨暴落，易形成水灾；枯水期径流量很小，水资源严重不足。

该流域属暖温带大陆性季风气候，具有气候适宜、四季分明、光照充足、雨量充沛、无霜期长等特点。春季干燥，多大风，易发生春旱；夏季高温高湿，雨量集中；秋季天高气爽，常有秋旱；冬季干冷，雨雪稀少。大兴屯水文站以上流域图见图 12-1。

1.2　测站概况

大兴屯水文站设立于 2018 年 1 月，集水面积 102 km^2。

通过水准测量，断面测量，观测水位、流量、降水量等水文信息，为流域防洪减灾、水利工程调度运行及规划建设提供及时准确的水文信息。

大兴屯站自建站以来，最大洪峰流量 80.1 m^3/s，出现在 2019 年 8 月 11 日；最高水位 51.86 m，出现在 2021 年 7 月 29 日。

该站高程基准面采用 1985 年国家高程基准。

2　预报方案编制

2.1　预报区间的确定

大兴屯站上游无大中型水库入流，区间面积等于其集水面积 102 km^2。

2.2　资料情况

大兴屯站降水量、水位等水文信息自 2018 年开始观测，均有整编资料。

2.3　产流方案

综合分析大兴屯水文站以上流域自然地理、下垫面条件、水文特征等情况，直接采用相似流域会宝岭水库站产流方案作为大兴屯水文站产流方案。

会宝岭水库坐落在兰陵县西部尚岩镇，分南北两库，控制流域面积 418 km^2，其中北库控制流域面积 175 km^2，南库控制流域面积 243 km^2。河道干流坡度为 2.5‰，会宝岭水库站产流方案合格率为 79.4%，属乙级方案。

2.3.1　产流分析

大兴屯站采用降雨径流经验相关的方法，降雨径流相关图见图 12-2。

2.3.2　流域平均雨量 *P* 的计算

流域平均雨量采用算术平均法计算。

2.3.3　流域平均前期影响雨量 P_a 的计算

每年自汛初开始连续计算，先计算流域平均雨量，然后计算前期影响雨量 P_a，其计算公式如下：

$$P_{a,t} = K(P_{a,t-1} + P_{t-1})$$

式中：$P_{a,t}$ 为当日的流域平均前期影响雨量（mm）；$P_{a,t-1}$ 为前一日的流域平均前期影响雨量（mm）；P_{t-1} 为前一日流域平均雨量（mm）；K 为前期影响雨量递减系数，$K = 1 - \dfrac{E_m}{I_m}$，采用 0.85；E_m 为流域蒸发能力；I_m 为流域最大损失量，采用 60 mm。

2.4　汇流方案

汇流方案主要采用经验单位线、综合瞬时单位线等方法。

2.4.1　经验单位线

大兴屯站单位线直接采用卞庄站单位线，并根据流域面积进行适当缩放，详见图 12-3。

卞庄站以上流域面积为 193 km^2，单位线采用 200722 场次洪水分析确定，暴雨中心位于小马庄，降水量为 153.3 mm，前期影响雨量为 25.6 mm，径流深为 114.6 mm，有效降雨历时为 13 h，净峰流量为 210 m^3/s。

2.4.2　综合瞬时单位线

采用地区综合单位线方程：

$$M_1 = 0.59F^{0.52}$$
$$M_2 = 0.59M_1^{-0.14}$$

式中：F 为集水面积，$F = 102\ km^2$；M_1、M_2 为瞬时单位线参数。

2.4.3　峰现时间预报

根据大兴屯站单位线推求其洪峰出现时间。

2.5 大断面图

根据大兴屯站 2022 年 4 月 28 日实测资料绘制大断面图，详见图 12-4。

2.6 水位流量关系曲线

根据大兴屯站实测资料绘制水位流量关系曲线，详见图 12-5。

3 方案使用说明

3.1 注意事项

（1）P_a 值太小时，即久旱大雨造成降雨入渗较大，可能使实际 R 值比计算值小，预报时可适当考虑。

（2）注意方案适应范围，对特大暴雨洪水要慎重。

（3）单位线预报的洪峰流量为净峰流量，须加上基流量方为该站所预报的洪峰流量。

由于影响因素太多，本方案不能完全反映客观情况，所以不能照搬，要根据实际情况，参考确定预报值。

3.2 方案适应能力

本方案产流关系曲线借用会宝岭水库站产流方案，汇流方案采用下庄站单位线进行缩放，虽然流域情况大致相似，但在实际洪水作业预报时仍要全面分析，尽量使预报值符合实际情况。

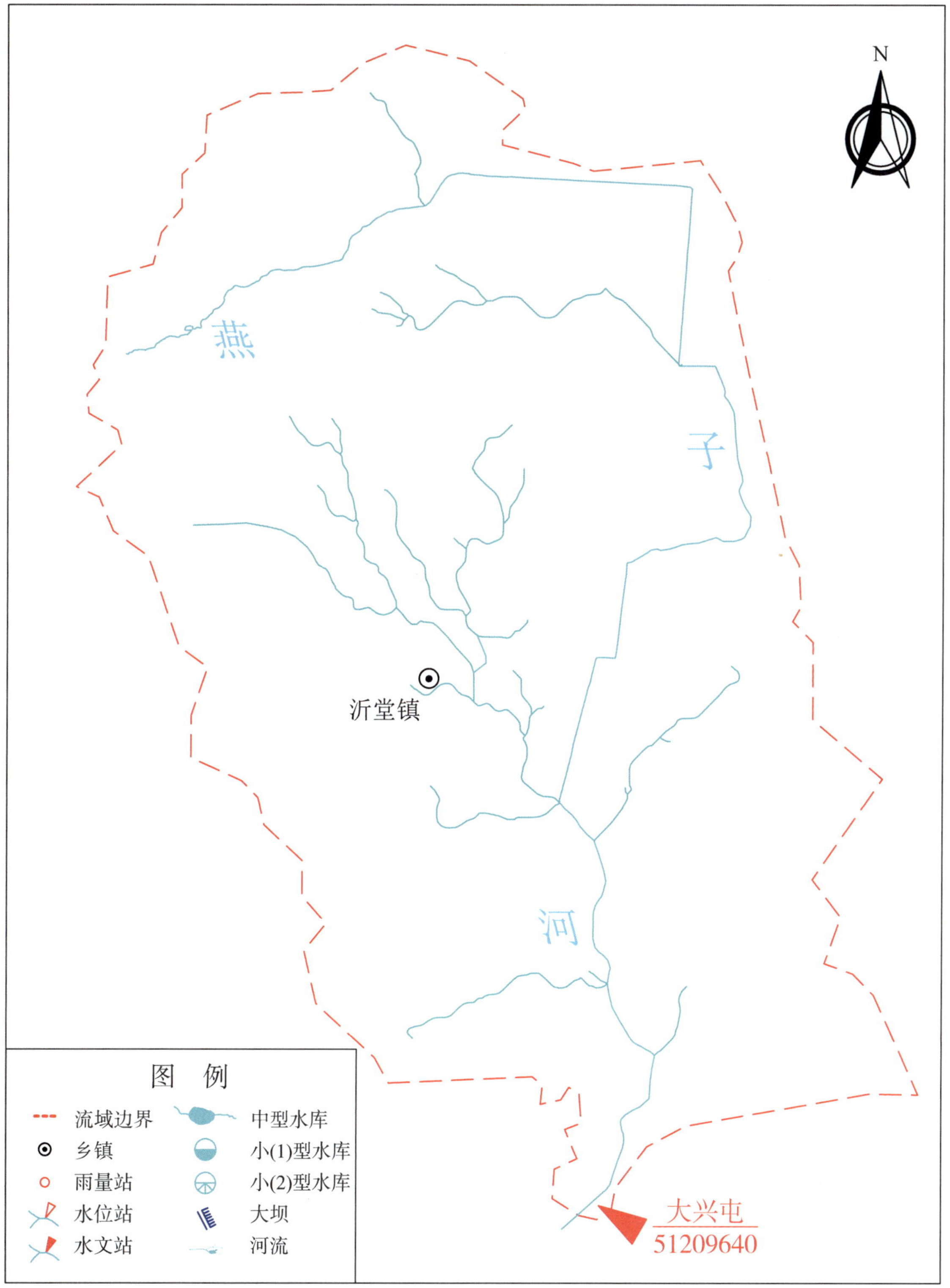

图 12-1 燕子河大兴屯站以上流域图

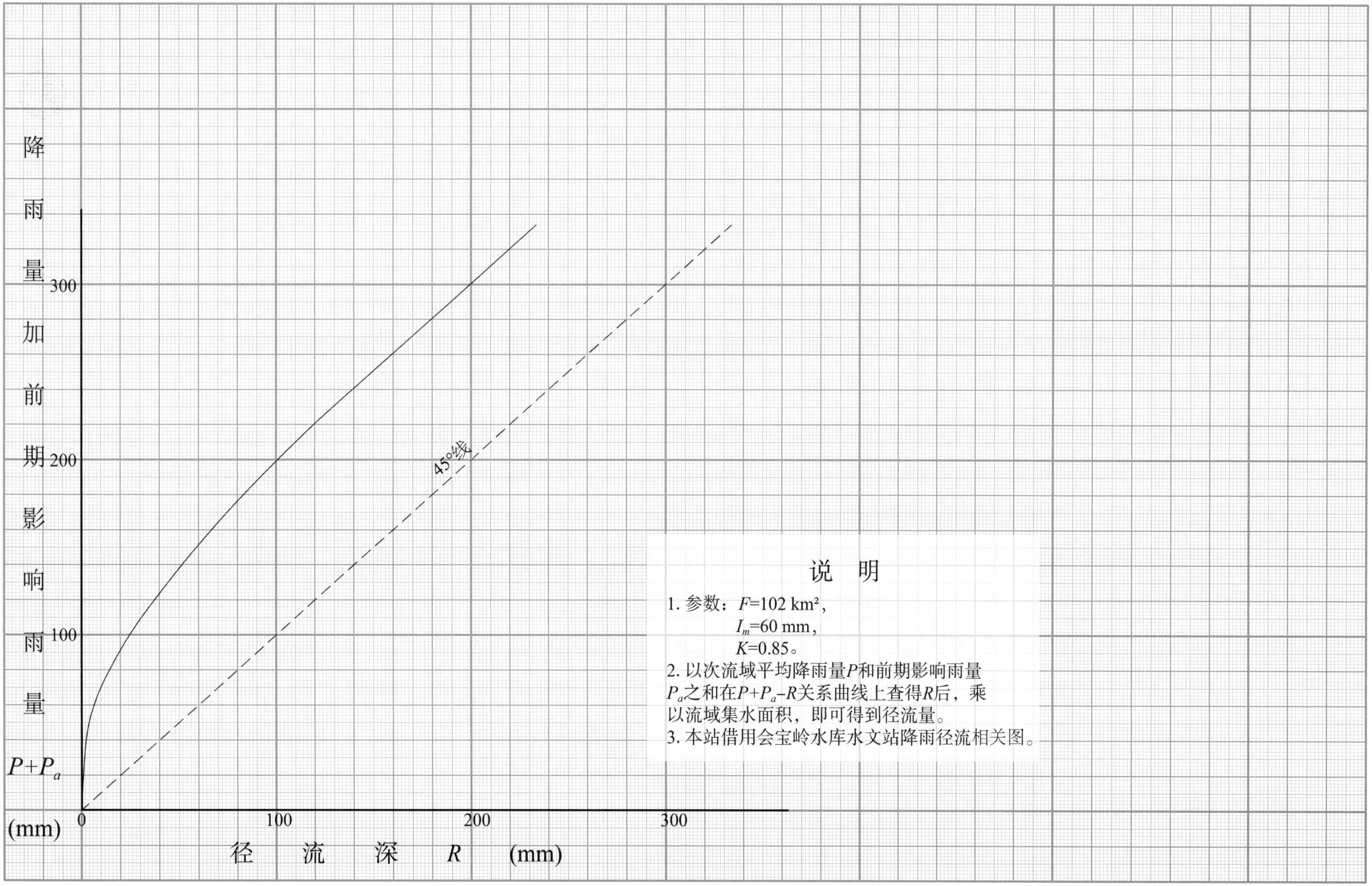

图 12-2　燕子河大兴屯站降雨径流相关图（$P+P_a$-R）

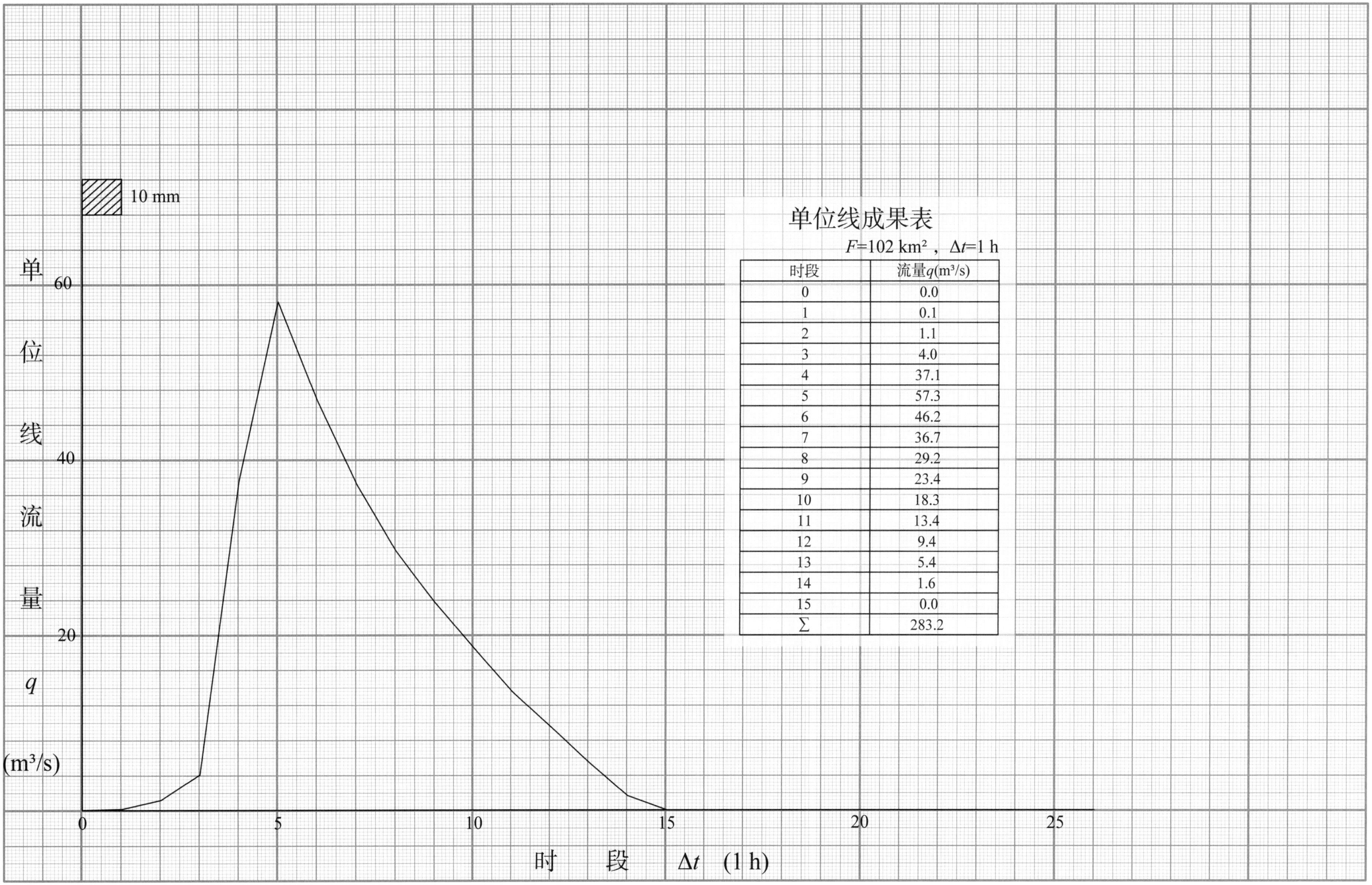

单位线成果表

F=102 km²，Δt=1 h

时段	流量q(m³/s)
0	0.0
1	0.1
2	1.1
3	4.0
4	37.1
5	57.3
6	46.2
7	36.7
8	29.2
9	23.4
10	18.3
11	13.4
12	9.4
13	5.4
14	1.6
15	0.0
∑	283.2

图 12-3　燕子河大兴屯站单位线图

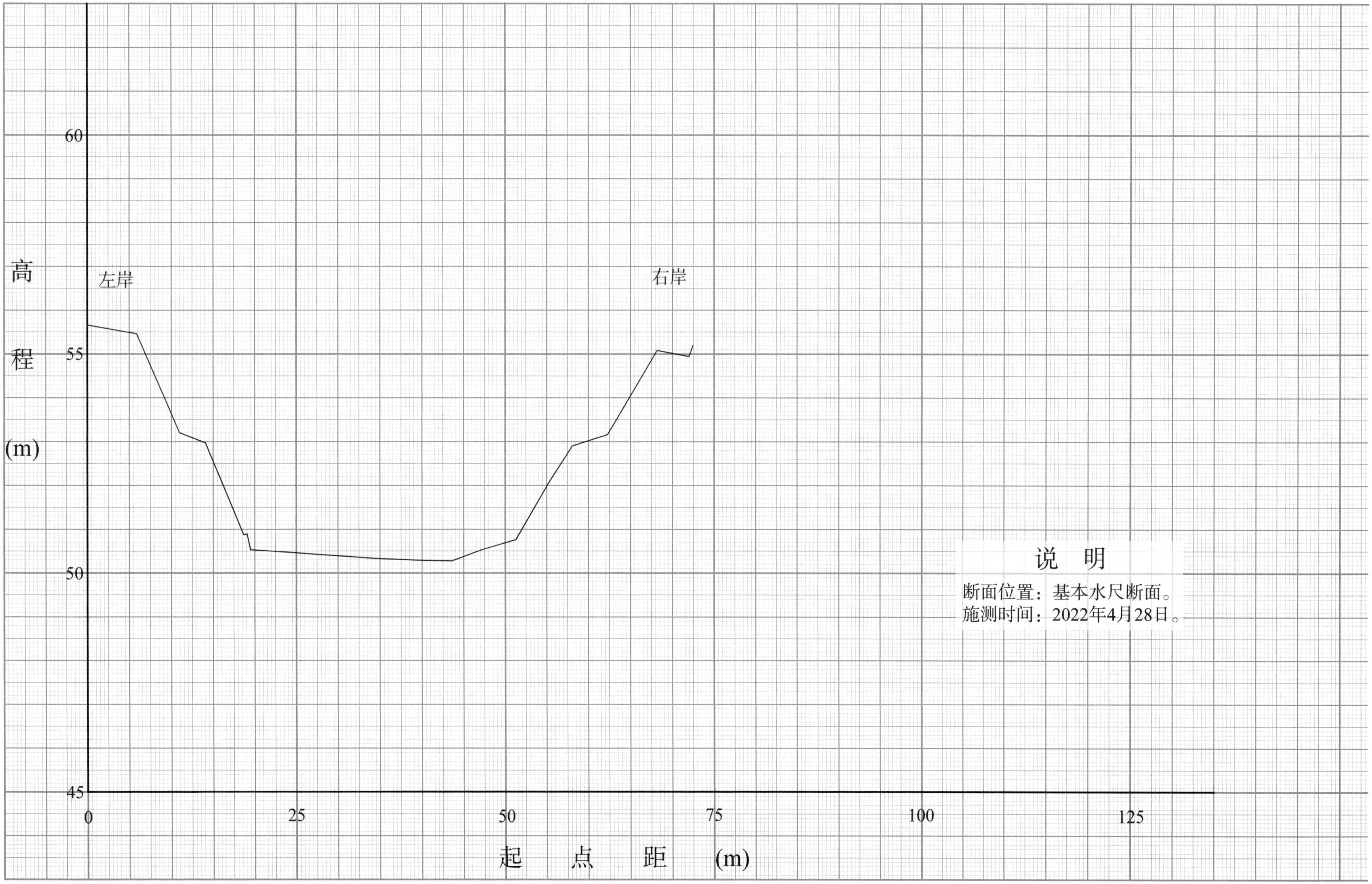

图 12-4 燕子河大兴屯站大断面图

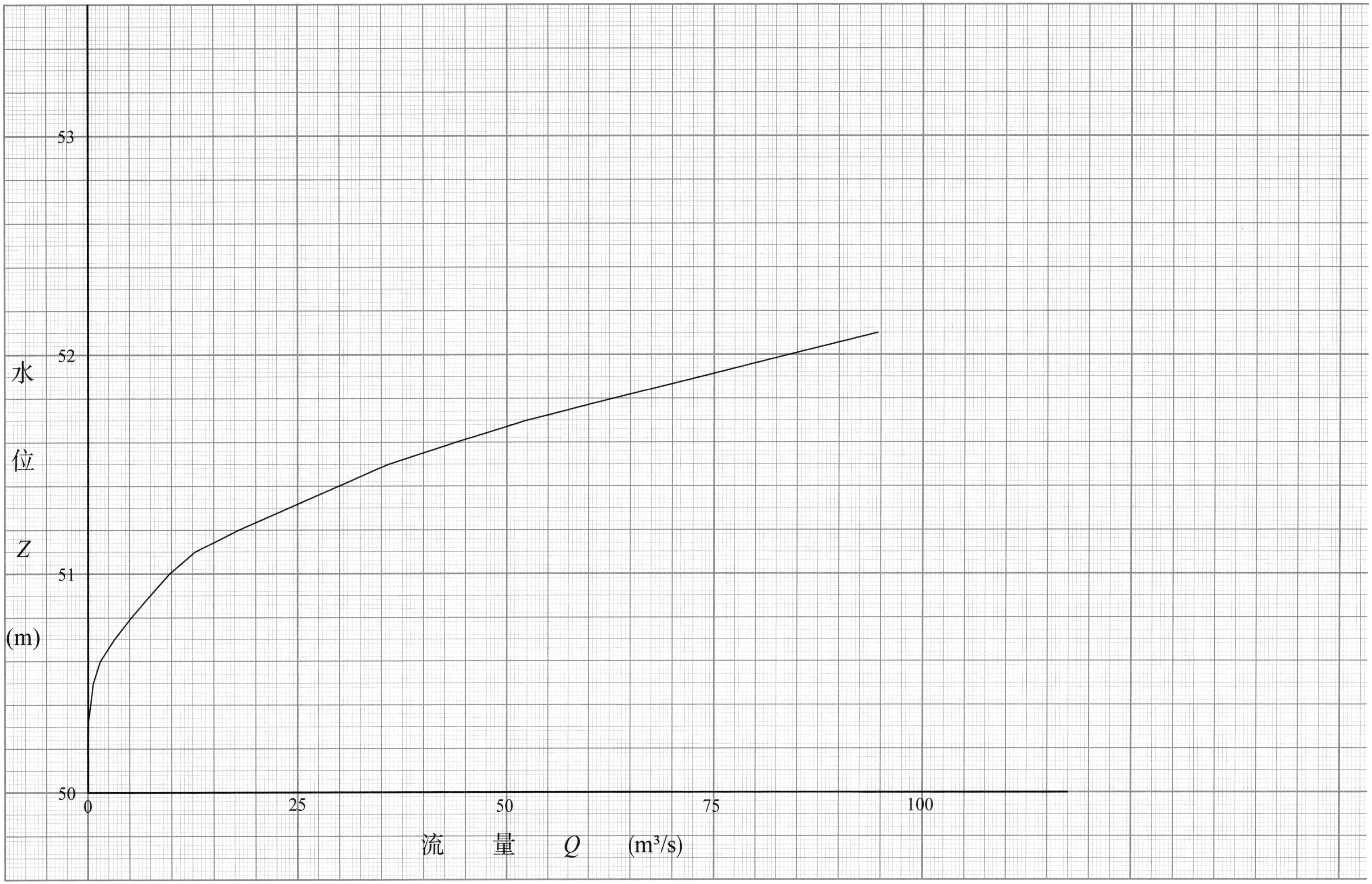

图 12-5　燕子河大兴屯站水位流量关系曲线图

第十三章　南涑河老屯站水文预报方案编制说明

1　流域概况

1.1　流域自然地理特征

老屯水文站位于临沂市罗庄区黄山镇老屯村、南涑河上。南涑河发源于临沂市兰山区义堂镇堰西村，全长 40.5 km，总流域面积 250.3 km^2。流域内多年平均年降水量 850.0 mm，最大年降水量 1 485.3 mm，最小年降水量 450.0 mm。

该流域属暖温带半湿润大陆性季风气候，光照充足、雨量充沛、气候适宜、四季分明。春季回暖迅速，少雨多风、空气干燥；夏季温高湿大、雨量集中，为全年降水最多季节；秋季与冬季多北、东北风，夏季多东、东南风。年平均风速 2.6 m/s，风力大于 8 级的大风年平均出现约 20 d。老屯水文站以上流域图见图 13-1。

1.2　测站概况

老屯水文站于 2018 年 1 月设立，集水面积 197 km^2。

通过水准测量，断面测量，观测水位、流量、降水量等水文信息，为流域防洪减灾、水利工程调度运行及规划建设提供及时准确的水文信息。

老屯站自建站以来，最大洪峰流量 155 m^3/s，出现在 2019 年 8 月 6 日，最高水位 52.08 m，出现在 2018 年 8 月 11 日。老屯站上游有 3 处雨量站，详见表 13-1。

该站高程基准面采用 1985 年国家高程基准。

表 13-1　南涑河老屯站以上流域内雨量站情况表

站名	设站年份	详细地址
罗庄	2012 年	山东省临沂市罗庄区罗庄街道矿务局家属院
罗西	2012 年	山东省临沂市高新区罗西街道张家岑石村
老屯	2016 年	山东省临沂市罗庄区黄山镇凤凰庄村

2　预报方案编制

2.1　预报区间的确定

老屯站上游无大中型水库入流，区间面积等于其集水面积 197 km^2。

2.2　资料情况

老屯站降水量、水位等水文信息自 2018 年开始观测，均有整编资料。

2.3　产流方案

综合分析老屯水文站以上流域自然地理、下垫面条件、水文特征等情况，直接采用相似流域会宝岭水库站产流方案作为老屯水文站产流方案。

会宝岭水库位于中运河支流西泇河上，坐落在兰陵县西部尚岩镇，分南北两库，中间有连通沟相接，连通沟底高程 65.50 m。其控制流域面积 418 km^2，其中北库控制流域面积 175 km^2，南库控制流域面积 243 km^2。河道干流坡度 2.5‰，产流方案合格率为 79.4%，属乙级方案。

2.3.1　产流分析

老屯站采用降雨径流经验相关的方法，降雨径流相关图见图 13-2。

2.3.2　流域平均雨量 P 的计算

流域平均雨量采用算术平均法计算。

2.3.3　流域平均前期影响雨量 P_a 的计算

每年自汛初开始连续计算，先计算流域平均雨量，然后计算前期影响雨量 P_a，其计算公式如下：

$$P_{a,t} = K(P_{a,t-1} + P_{t-1})$$

式中：$P_{a,t}$ 为当日的流域平均前期影响雨量（mm）；$P_{a,t-1}$ 为前一日的流域平均前期影响雨量（mm）；P_{t-1} 为前一日流域平均雨量（mm）；K 为前期影响雨量递减系数，$K = 1 - \frac{E_m}{I_m}$，采用 0.85；E_m 为流域蒸发能力；I_m 为流域最大损失量，采用 60 mm。

2.4　汇流方案

汇流方案主要采用经验单位线、综合瞬时单位线等方法。

2.4.1　经验单位线

老屯站单位线直接采用下庄站单位线，并根据流域面积进行适当缩放，详见图 13-3。

卞庄站以上流域面积为 193 km^2，单位线采用 200722 场次洪水分析确定，暴雨中心位于小马庄，降水量为 153.3 mm，前期影响雨量为 25.6 mm，径流深为 114.6 mm，有效降雨历时为 13 h，净峰流量为 210 m^3/s。

2.4.2 综合瞬时单位线

采用地区综合单位线方程：

$$M_1 = 0.59F^{0.52}$$

$$M_2 = 0.59M_1^{-0.14}$$

式中：F 为集水面积，$F=197$ km^2；M_1、M_2 为瞬时单位线参数。

2.4.3 峰现时间预报

根据老屯站单位线推求其洪峰出现时间。

2.5 大断面图

根据老屯站 2022 年 4 月 19 日实测资料绘制大断面图，详见图 13-4。

2.6 水位流量关系曲线

根据老屯站实测资料绘制水位流量关系曲线，详见图 13-5。

3 方案使用说明

3.1 注意事项

（1）P_a 值太小时，即久旱大雨造成降雨入渗较大，可能使实际 R 值比计算值小，预报时可适当考虑。

（2）注意方案适应范围，对特大暴雨洪水要慎重。

（3）单位线预报的洪峰流量为净峰流量，须加上基流量方为该站所预报的洪峰流量。

由于影响因素太多，本方案不能完全反映客观情况，所以不能照搬，要根据实际情况，参考确定预报值。

3.2 方案适应能力

本方案产流关系曲线借用会宝岭水库站产流方案，汇流方案采用卞庄站单位线进行缩放，虽然流域情况大致相似，但在实际洪水作业预报时仍要全面分析，尽量使预报值符合实际情况。

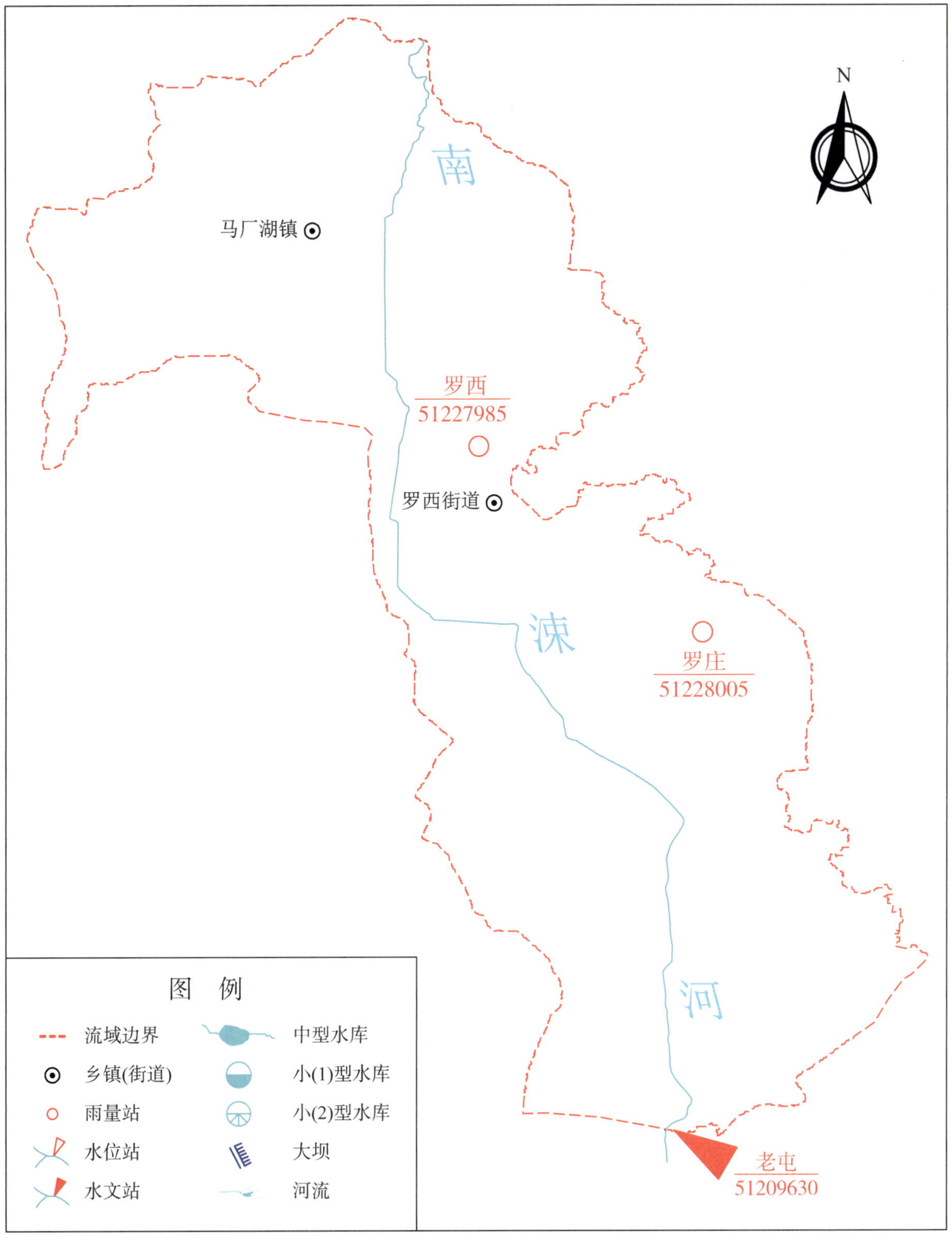

图 13-1 南涑河老屯站以上流域图

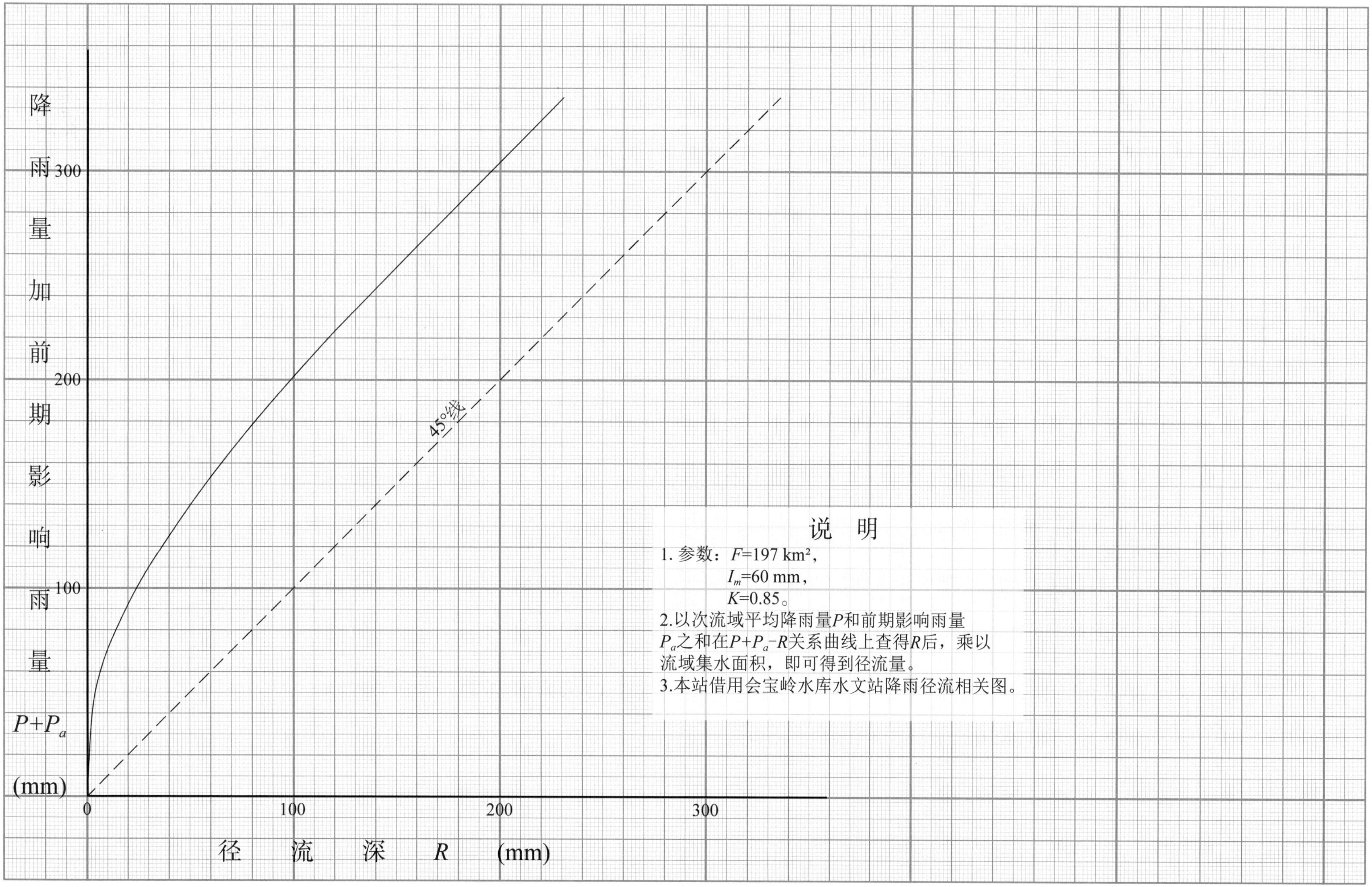

图 13-2　南涑河老屯站降雨径流相关图（$P+P_a$-R）

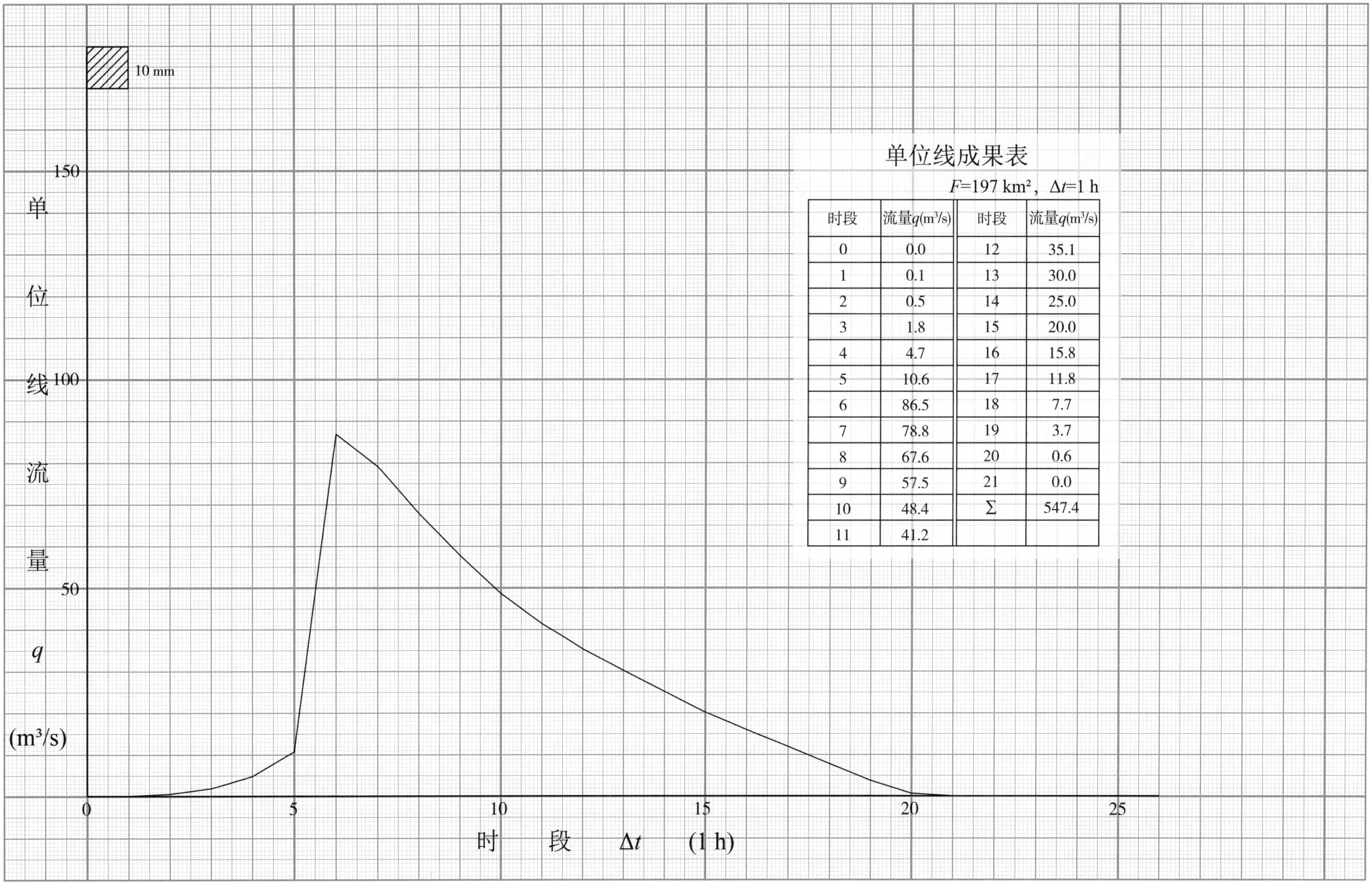

单位线成果表

F=197 km²，Δt=1 h

时段	流量q(m³/s)	时段	流量q(m³/s)
0	0.0	12	35.1
1	0.1	13	30.0
2	0.5	14	25.0
3	1.8	15	20.0
4	4.7	16	15.8
5	10.6	17	11.8
6	86.5	18	7.7
7	78.8	19	3.7
8	67.6	20	0.6
9	57.5	21	0.0
10	48.4	Σ	547.4
11	41.2		

图 13-3 南涑河老屯站单位线图

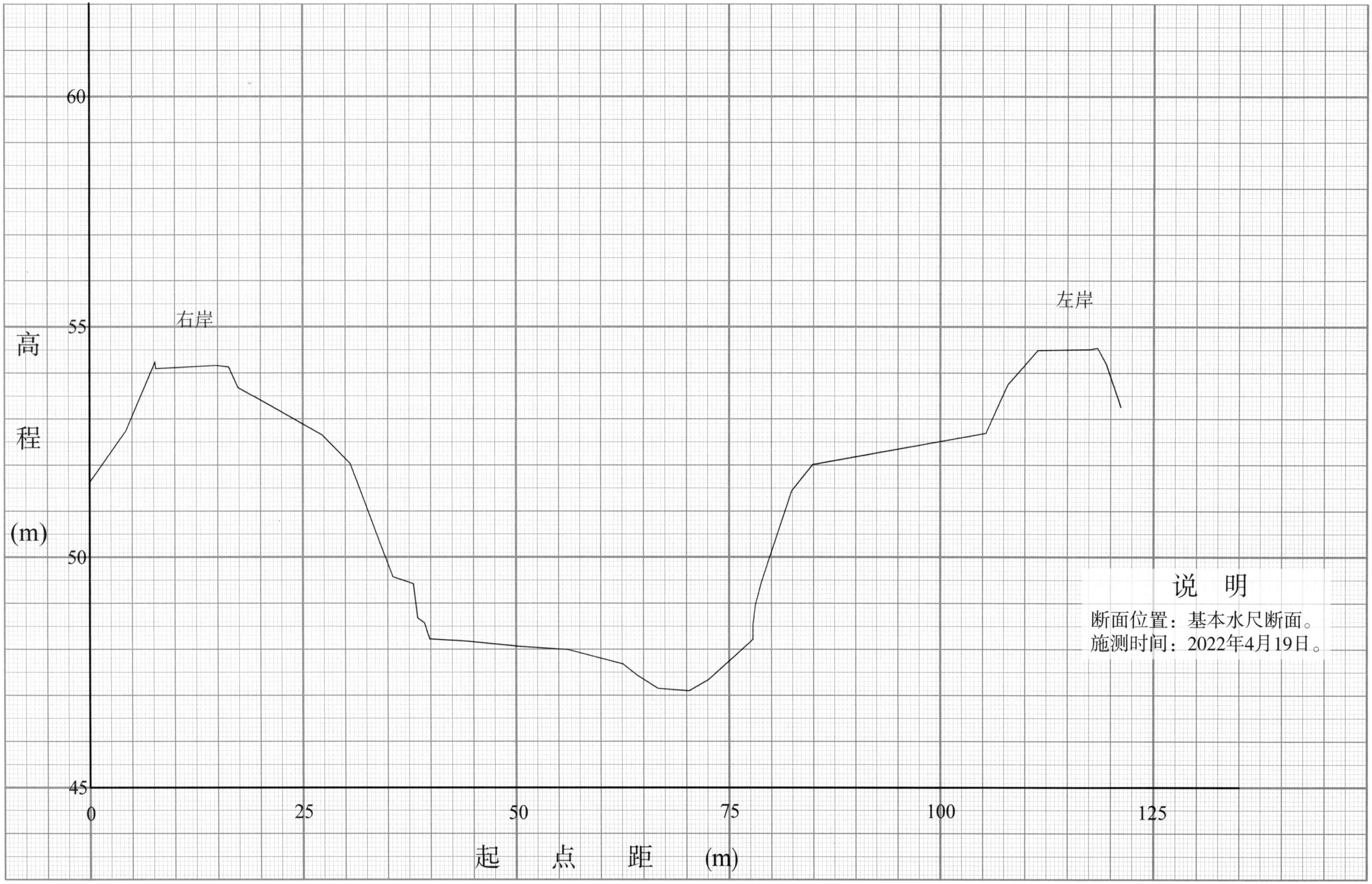

图 13-4 南涑河老屯站大断面图

图 13-5 南涑河老屯站水位流量关系曲线图

第十四章　月牙河月牙河水库站水文预报方案编制说明

1　流域概况

1.1　自然地理特征

月牙河水库位于泰安市宁阳县堽城镇后望峰村，处在淮河流域洸府河支流月牙河上，是一座以防洪和农业灌溉为主，兼顾工业供水、发电、养殖等综合利用的中型水库。流域呈扇形，地形起伏较小，河谷不发育，干流平均坡度 9.23‰，坝址以上控制流域面积 21.8 km^2，总库容 1 006 万 m^3，兴利库容 548 万 m^3。月牙河水库流域图见图 14-1。

月牙河水库保护下游宁阳县城，防洪任务艰巨。保护对象主要有山东亨达煤业有限公司、山东华宁矿业集团有限公司保安煤矿、八仙桥工业聚集区、堽城钢球园区、蒙馆公路、济兖公路等重要厂矿企业和交通设施，涉及宁阳县城区及附近村庄 50.1 万人口和 22 万亩①耕地。

1.2　水库工程情况

月牙河水库先后经过六次扩建、续建，于 1981 年形成现在规模，2013 年 11 月建成南副坝；根据 2014 年 1 月《宁阳县月牙河水库工程规模论证报告》，水库校核洪水位（P = 0.1%）87.65 m，设计洪水位（P=1%）86.95 m，兴利水位 85.39 m，死水位 78.39 m，总库容 1 189 万 m^3，兴利库容 748 万 m^3，死库容 24 万 m^3。

月牙河水库枢纽由主坝、副坝、溢洪道、放水洞、水电站、东进水闸等组成。

主坝为均质土坝，大坝长 2 543 m，坝顶高程 88.00 m，坝顶宽 5 m，最大坝高 11.0 m，大坝迎水边坡比为 1∶3.0，背水边坡比为 1∶2.5。南副坝位于水库南干渠北侧，长 583.2 m，坝顶高程 88.00 m，坝顶宽 5 m，材料采用 M10 浆砌石，坝高 4.0 m。溢洪道位于大坝桩号 0+786 处，为正槽开敞式，共 6 孔，每孔净宽 4 m，堰顶高程 85.00 m，闸门尺寸为 4 m×2.5 m，为钢筋混凝土平板闸门，采用 10 t 手动螺杆式启闭机。

水库有 2 座放水洞，南放水洞位于大坝桩号 2+180 处，为廊道衬管式，灌溉及发电两用，进水口底高程 78.50 m，出水口底高程 78.00 m，设计流量 10.0 m^3/s，闸门尺寸为 1.2 m×1.2 m，为钢筋混凝土平板闸门。西放水洞位于溢洪道北侧，为两道钢筋混凝土有压涵管，内径 0.5 m，由坝后闸阀控制，进水口底高程 80.00 m，设计流量 1.0 m^3/s。水电站位于南放水洞出口处，设两台机组，总装机 175 kW。东进水闸位于大坝与隔堤相接处，为单孔钢筋混凝土闸门，净宽 4 m，闸底高程 83.00 m。

① 1 亩≈666.7 m^2。

月牙河月牙河水库水位与库容、面积关系曲线见图 14-2。

1.3　上游水利工程概况

月牙河水库流域内自 1958 年以来先后建成小（2）型水库 4 座，总控制流域面积 2.83 km^2，总库容 63.4 万 m^3，兴利库容 37.3 m^3，详见表 14-1。

表 14-1　月牙河水库流域内主要水利工程统计表

工程类别	水库名称	所在位置	建成年份	流域面积（km^2）	库容（万 m^3）	
					总库容	兴利库容
小（2）型	得时	堽城镇得时村	1958 年	0.8	10.2	3.7
小（2）型	良村	堽城镇良村	1958 年	1.05	28.6	17.7
小（2）型	马山东山口	葛石镇宝泉村	1962 年	0.41	10.2	6.8
小（2）型	曹林	葛石镇宝泉村	1967 年	0.57	14.4	9.1
合计				2.83	63.4	37.3

1.4　测站概况

月牙河水库流域内设有水文站 1 处，即月牙河水库水文站，其观测项目有降水量、放水洞出库流量，服务于区域水量监测。

2　预报方案编制

2.1　资料情况

月牙河水库站仅有降水量和放水洞出库流量资料，无实测洪水摘录等整编系列资料。

2.2　参证站选择

月牙河水库向东邻近光明水库，由于其地形地貌和下垫面基本特征与光明水库流域相似，故以光明水库水文站作为月牙河水库站的参证站。参证站光明水库站以上流域面积 $F_{参}$ = 132 km^2，预报站月牙河水库站以上流域面积 $F_{预}$ = 21.8 km^2。

2.3　产流方案

利用光明水库站的产流方案推求月牙河水库站的产流过程，月牙河水库水文站降雨径流相关图（$P+P_a$-R）见图 14-3。

2.3.1 流域平均雨量 P 的计算

采用月牙河水库站、葛石站雨量算术平均值计算流域平均雨量。

2.3.2 流域平均前期影响雨量 P_a 的计算

采用下式计算 P_a 值：

$$P_{a,\ t+1}=K(P_{a,\ t}+P_t)$$

式中：$P_{a,t+1}$ 为第 t+1 日的前期影响雨量（mm）；$P_{a,t}$ 为第 t 日的前期影响雨量（mm）；P_t 为第 t 日的流域平均雨量（mm）；K 为前期影响雨量递减系数。

2.3.3 产流参数 I_m、K 的确定

本站采用光明水库站的参数，即 I_m=65 mm，K=0.9。

2.3.4 暴雨中心位置的确定

根据流域特性和代表站分布情况划分为上游、下游区域。

上游区：葛石站；

下游区：月牙河水库站。

2.4 汇流方案

采用参证站光明水库水文站单位线进行缩放。将光明水库水文站单位线（Δt=1 h）进行缩放后作为月牙河水库站单位线，详见图 14-4。

单位线的缩放按下列公式计算：

$$\alpha=(F_{预}/F_{参})^{0.5}$$
$$T_{预i}=\alpha T_{参i}$$
$$q_{预i}=\alpha q_{参i}$$

式中：α 为单位线缩放系数；$F_{参}$、$F_{预}$ 分别为参证站、预报站以上控制流域面积；$T_{参i}$ 为参证站单位线逐时段，$T_{参i}$=1，2，…，N；$T_{预i}$ 为预报站单位线逐时段，通常为小数，为满足实际要求，需进一步对缩放结果进行插值，从而得到整时段单位线结果；$q_{参i}$ 为参证站单位线逐时段流量；$q_{预i}$ 为预报站单位线逐时段流量。

3 方案使用说明

3.1 径流深预报

首先计算出流域平均降雨量和流域平均前期影响雨量，再根据降雨径流相关图（P+P_a-R）的查算结果进行综合分析，确定地表径流深 R 的预报值。

3.2 洪水过程预报

由次雨径流深 R、时段降雨量采用扣损法得到各时段净雨，然后根据暴雨中心位置选择相应单位线，各时段净雨错时段与 0.1 倍的单位线各时段流量相乘，同时段流量相加，再加上基流量即为入库过程流量。最大入库流量及其出现时间即可得到。

3.3 入库洪水总量预报

根据公式 W=0.1FR 得到入库洪水总量 W。

3.4 方案适应能力

本方案适用于防洪标准以下的洪水作业预报。如遇超标准洪水，则需根据当时具体情况酌情修正。

3.5 注意事项

（1）方案的制作未考虑上游塘坝的影响，作业预报时也要根据前期降雨情况进行适当修正。

（2）应随时掌握上游工程蓄水及泄洪情况，要根据实际情况对预报值进行及时修正。

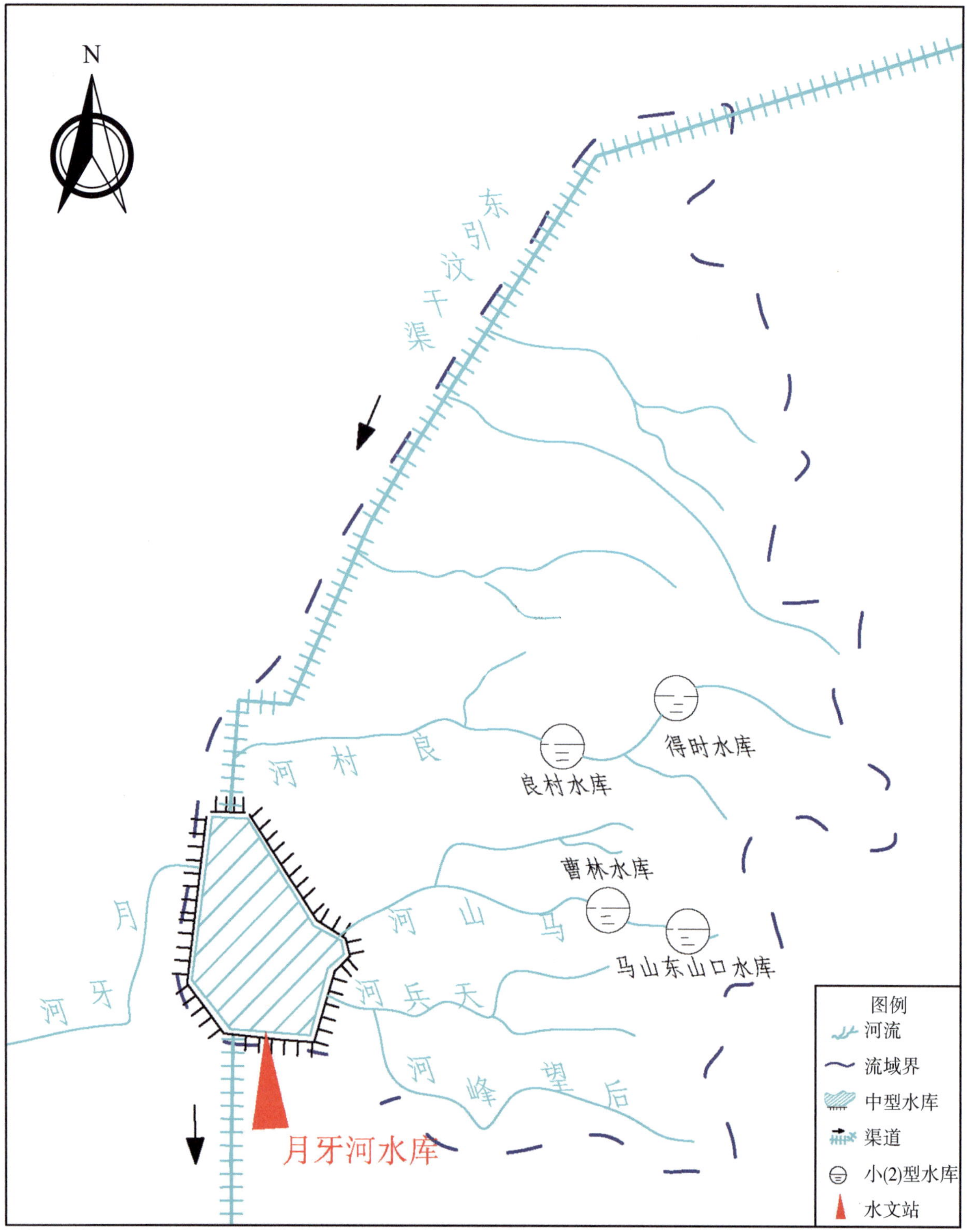

图 14-1　月牙河月牙河水库流域图

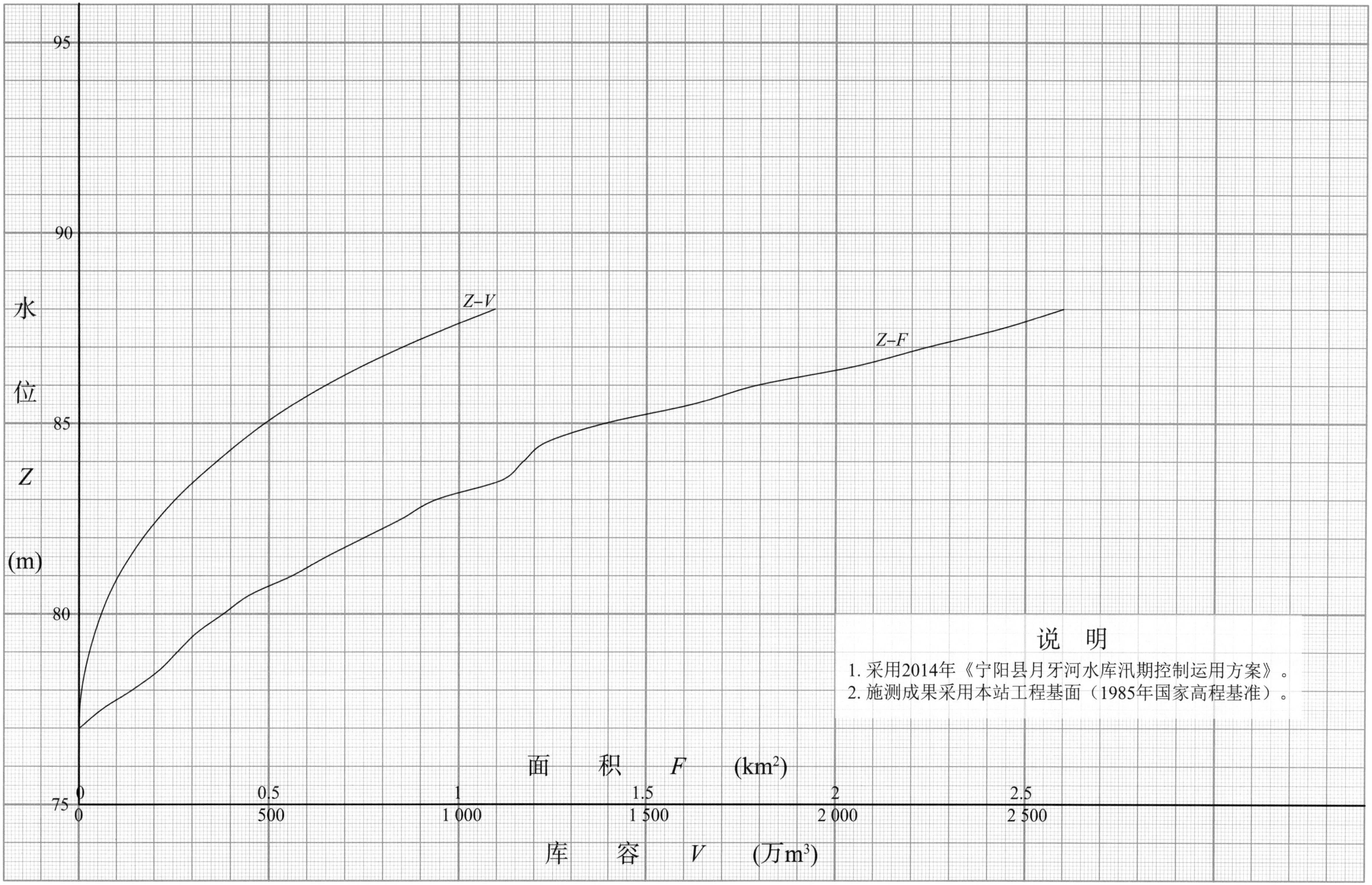

图 14–2　月牙河月牙河水库站水位与库容、面积关系曲线图

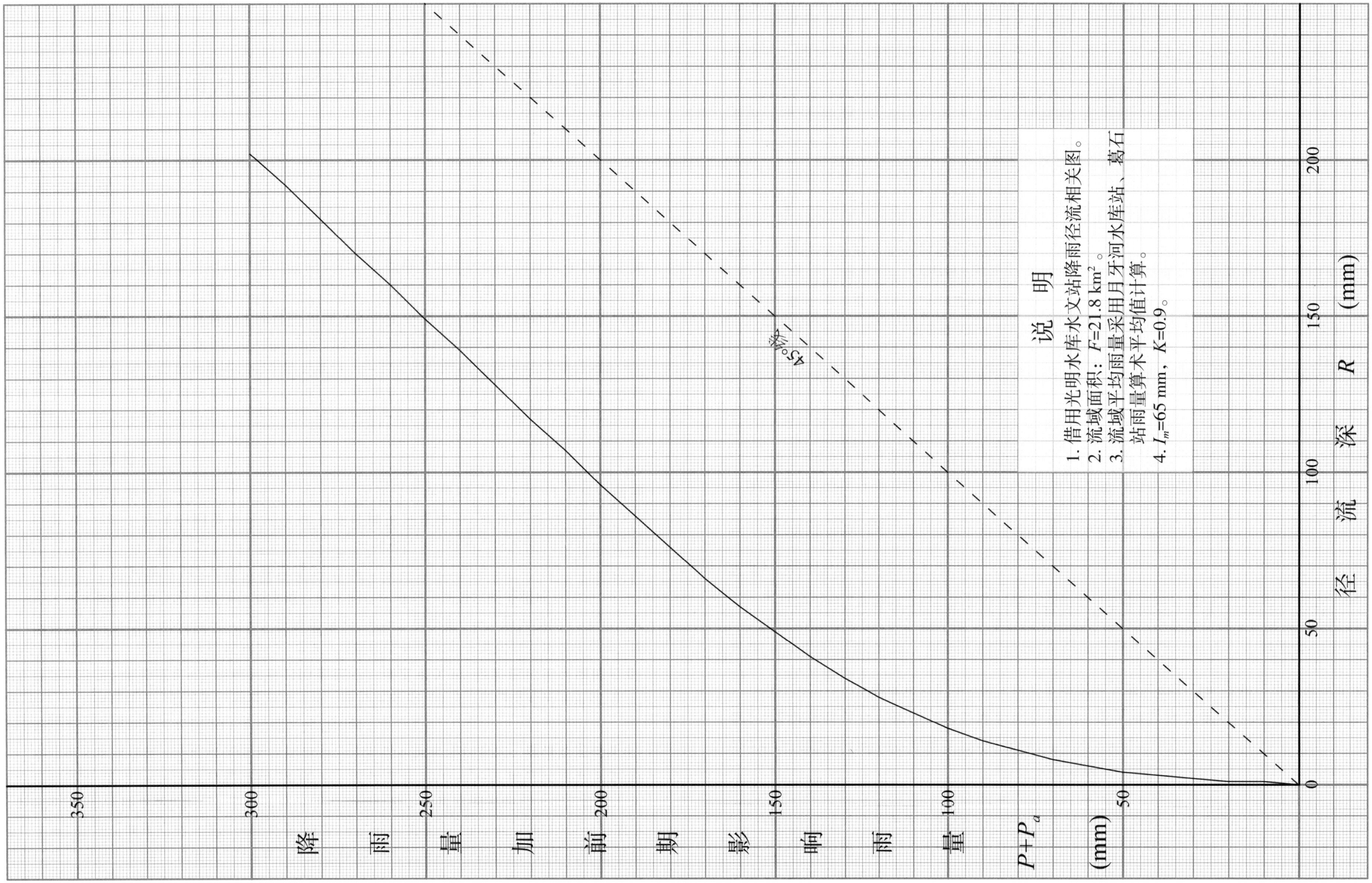

图 14-3　月牙河月牙河水库水文站降雨径流相关图（$P+P_a$-R）

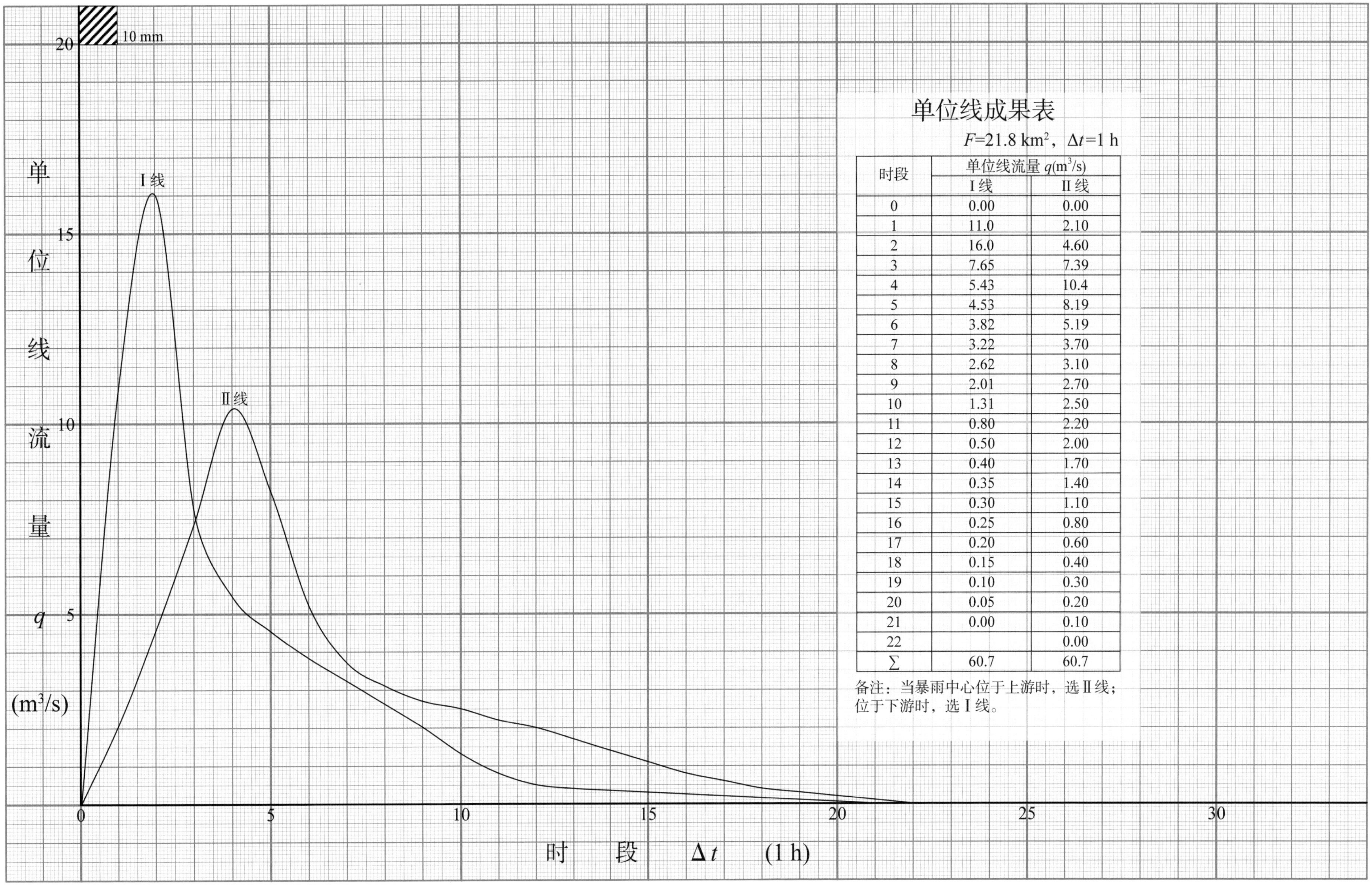

单位线成果表

F=21.8 km^2，Δt=1 h

时段	单位线流量 q(m^3/s)	
	Ⅰ线	Ⅱ线
0	0.00	0.00
1	11.0	2.10
2	16.0	4.60
3	7.65	7.39
4	5.43	10.4
5	4.53	8.19
6	3.82	5.19
7	3.22	3.70
8	2.62	3.10
9	2.01	2.70
10	1.31	2.50
11	0.80	2.20
12	0.50	2.00
13	0.40	1.70
14	0.35	1.40
15	0.30	1.10
16	0.25	0.80
17	0.20	0.60
18	0.15	0.40
19	0.10	0.30
20	0.05	0.20
21	0.00	0.10
22		0.00
∑	60.7	60.7

备注：当暴雨中心位于上游时，选Ⅱ线；位于下游时，选Ⅰ线。

图 14-4　月牙河月牙河水库水文站单位线图

第十五章　泗河贺庄水库站水文预报方案编制说明*

1　流域基本情况

1.1　流域概况

贺庄水库位于济宁市泗水县泉林镇泗河干流上，控制流域面积 172 km^2，总库容 1.06 亿 m^3，兴利库容 0.809 亿 m^3，为济宁市三座大型水库之一。整个流域为山丘区，浅山区占 70%，主要分布在水库上游及水库北部；丘陵区占 30%，主要分布在水库南部及流域下游。本流域岩石为石灰岩及砂岩，库区有溶洞、裂隙断层，漏水严重，水库下游 1.5 km 处有水泉，泉水流量约为 1.0 m^3/s。岩石出露较多，山丘虽有土层覆盖，但极薄，土壤为沙壤土。本流域形状为扇形，流域平均长度 30.1 km，干流平均坡度 5.18‰，流域内主要农作物有小麦、玉米、地瓜、花生等。贺庄水库流域图见图 15-1。

1.2　雨水情特点

贺庄水库流域多年平均（1952—2020 年）降水量 739.1 mm，1964 年降水量最大，达 1 319.7 mm。降水量年内分配多集中于 6—9 月，占年降水量的 75% 左右，详见表 15-1。

表 15-1　贺庄水库流域雨情特征值表

多年平均（mm）				汛期占全年比重	设站以来流域时段最大降水量		
1—5 月	6—9 月	10—12 月	全年		1 h（mm）/年份	6 h（mm）/年份	24 h（mm）/年份
124.7	551.5	62.9	739.1	75%	69.8/1990	206.0/2013	274.6/1991

历史最大入库流量发生在 1991 年 7 月 24 日，P = 192.9 mm，P_a = 65.9 mm，Q_m = 2 603.1 m^3/s。历史最高水位发生在 2020 年 9 月 8 日，Z_m = 148.98 m（冻结基面）。

1.3　水库工程情况

贺庄水库主坝全长 1 043 m，坝顶高程 156.00 m，最大坝高 25 m，坝顶宽 7 m。副坝分为 4 段，全长 9 500 m，最大坝高 12.7 m，坝顶宽 4 m。溢洪道位于主坝南侧，建有宽 10 m、高 7 m 的平板钢闸门 4 孔，总净宽 40 m，闸底高程 145.00 m，最大泄量 1 235 m^3/s。流域内有小型水库 9 座、塘坝 47 个，总蓄水量 925 万 m^3。贺庄水库的兴建减轻了泗河洪涝灾害，削减 100 年一遇设计洪水洪峰 33.2%，对灌溉、发电都产生了一定的经济效益。

1.4　测站概况

贺庄水库站于 1971 年 6 月设立，一直观测至今，主要观测项目有降水量、水位、水温、放水洞及溢洪道泄洪流量等。1985 年 1 月停测溢洪闸流量，改用水力学法推求；1999 年 6 月停测蒸发量。

本流域原设有放城、历山两个雨量站作为上游配套雨量站，由于水库上游山区通信条件差，历山站于 1993 年停测，现只有放城一处雨量站，但该站位置偏离流域中心，雨量代表性稍差，是影响预报精度的一个因素。

贺庄水库现在报汛基面采用冻结基面，与黄海基面的换算关系为：冻结基面（废黄河口）高程-0.041 m=1956 年黄海基面高程。

2　预报方案编制情况

2.1　资料情况及方案沿革

2.1.1　资料情况

贺庄水库站预报方案于 1999 年进行过修订。本次修订除选用之前分析的 1972—1998 年共 26 场次暴雨洪水外，另外补充了 1999—2020 年 17 场次暴雨洪水进行分析，即资料系列为 1972—2020 年，共 43 场次洪水。贺庄水库站降雨径流分析成果见表 15-2。

2.1.2　方案沿革

原方案中产流方案采用降雨径流相关图（$P+P_a$-R），汇流方案采用峰量关系曲线图、经验单位线；本次修订，在原产流方案降雨径流相关图（$P+P_a$-R）中增加了 17 个点据，新增了 1 条关系线；汇流方案中 2 条单位线均为本次修订新增。

编制的降雨径流相关图（$P+P_a$-R）、水库特性曲线图（图 15-2、图 15-3），以及时段经验单位线等，能够满足水库来水量、最高水位、最大泄量的预报要求。

2.2　产流方案

产流方案 $P+P_a$-R 关系曲线是洪水预报的基本图件，本方案在编制过程中分析了自建站以来至 2020 年共 43 场次洪水资料，其中 1972 年至 1998 年 26 场次洪水为以前分析成果，本次分析了 1999 年至 2020 年 17 场次洪水，点绘降雨径流相关图，2000 年以后点据位置显著偏左，相应径流深 R 值偏小，因此根据点据分布情况，点绘了 2000 年前后两条曲线。本方案合格率为 79.1%，属乙级方案，可用于作业预报。详见表 15-3 和图 15-4。

突出点分析：760804 和 790922 两场洪水前期影响雨量偏小，流域内小型水库及塘坝拦蓄了相当一部分水量，因此径流深偏小。910724 场次洪水暴雨中心偏向上游，上游放城站雨量比贺庄水库站偏大 90 mm，流域内小型水库及塘坝拦蓄了相当大的一部分水量，因此入库洪水总量偏小，径流深就偏小，超过允许误差。040725 及 050921 两场次洪水，可能是因为流域内小型水库及塘坝有大量放水，实测径流深明显偏大。070817、090818 两场次洪水点据落在图

15-4 的 1 号线与 2 号线中间。因此在作业预报时，为提高精度，须灵活应用。

2.3 汇流方案

根据 2000 年后暴雨洪水资料，分析得到两条单位线。1 号单位线适用于普雨情况，由 080723、130704、160720、180819 等多场次洪水综合分析而得。2 号单位线根据 990909 场次洪水分析，暴雨中心在下游。贺庄水库站单位线图详见图 15-5。

3 方案使用说明

3.1 径流深预报

采用贺庄水库、放城两站雨量算术平均值计算流域平均雨量，查 $P+P_a-R$ 关系曲线，得到径流深。

一般情况下建议查 2 号线；如流域前期蓄满且雨强较大，则酌情参考 1 号线。

3.2 入库流量预报

由时段净雨与时段经验单位线，可得到入库流量过程。

3.3 溢洪流量推求

由水位查 Z-Q 关系曲线，得到溢洪道泄流量。

3.4 最大库容、最高库水位推求

在入流期间不开闸情况下，由初始库容加上入库洪水总量即可得到最大库容。由最大库容查水位-库容关系曲线，得到最高洪水位。

入流期间如果开闸，则需要进行水库调洪演算。

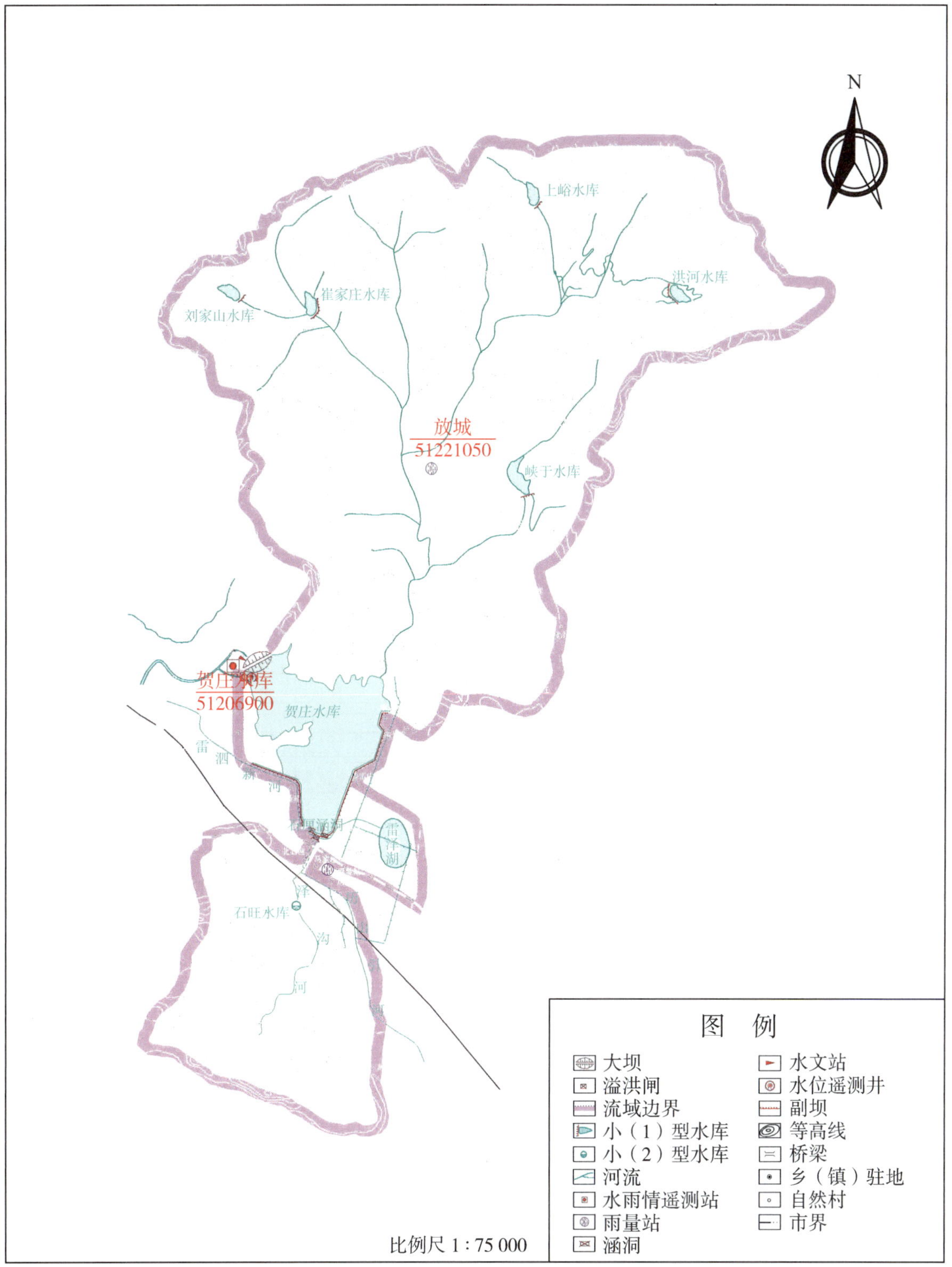

图 15-1　泗河贺庄水库流域图

表 15-2　泗河贺庄水库站降雨径流分析成果表

序号	洪号	降雨起止时间		流域平均雨量 P（mm）	前期影响雨量 P_a（mm）	全部降雨历时 T（h）	暴雨中心位置或特点	洪水起止时间			洪峰流量 Q_m（m^3/s）	净峰流量 $Q_{m净}$（m^3/s）	洪水总历时 $T_洪$（h）	涨洪历时 $T_{涨洪}$（h）	次洪径流量 W（万 m^3）	集水面积 F（km^2）	次洪径流深 R（mm）	径流系数 α
		起	止					起涨	峰顶	落平								
1	720721	7月20日 15：00	7月20日 21：00	62.6	27.0	6	—	7月20日 18：00	7月21日 20：00	—	594	—	—	26	318	200	15.9	0.25
2	720903	9月1日 10：00	9月2日 05：00	82.8	35.5	19	—	9月1日 20：00	9月3日 00：00	—	238	—	—	28	445	200	22.3	0.27
3	730730	7月28日 13：00	7月29日 01：00	76.2	24.6	12	—	7月28日 16：00	7月30日 20：00	—	68.0	—	—	52	348.8	190	18.3	0.24
4	740718	7月17日 06：00	7月17日 10：00	39.4	21.8	4	—	7月17日 08：00	7月18日 19：00	—	263.2	—	—	35	149	190	7.8	0.20
5	740725	7月23日 13：00	7月24日 16：00	101.1	52.8	27	—	7月23日 15：00	7月25日 20：00	—	572	—	—	53	945	190	49.7	0.49
6	750623	6月22日 20：00	6月23日 05：00	49.1	16.2	9	—	6月23日 00：00	6月23日 18：00	—	46.6	—	—	18	162	190	8.5	0.17
7	750710	7月9日 10：00	7月9日 20：00	76.3	19.0	10	—	7月9日 12：00	7月10日 06：00	—	69	—	—	18	202	190	10.6	0.14
8	750901	9月1日 06：00	9月1日 14：00	48.1	20.4	8	—	9月1日 08：00	9月2日 00：00	—	55	—	—	16	112.5	190	5.9	0.12
9	750902	9月1日 18：00	9月2日 08：00	58.3	20.4	14	—	9月2日 00：00	9月2日 06：00	—	125	—	—	6	207	190	10.9	0.19
10	760804	7月28日 12：00	7月28日 21：00	128.9	36.2	9	—	7月28日 14：00	8月4日 00：00	—	33.3	—	—	154	736	190	38.7	0.30
11	760815	8月11日 16：00	8月13日 19：00	103.0	39.6	51	—	8月12日 08：00	8月15日 08：00	—	586	—	—	72	693	190	36.5	0.35
12	780711	7月9日 11：00	7月11日 08：00	39.5	51.0	45	—	7月9日 11：00	7月11日 08：00	—	64.6	—	—	45	164	172	9.5	0.24
13	790713	7月12日 08：00	7月12日 14：00	59.0	50.6	6	—	7月12日 08：00	7月13日 20：00	—	205.6	—	—	36	333	172	19.4	0.33
14	790718	7月17日 20：00	7月17日 23：00	29.0	57.2	3	—	7月17日 22：00	7月18日 00：00	—	138.9	—	—	2	194	172	11.3	0.39
15	790922	9月20日 05：00	9月21日 03：00	107.1	30.0	22	—	9月20日 08：00	9月22日 08：00	—	79.9	—	—	48	337	172	19.6	0.18
16	800617	6月15日 20：00	6月16日 17：00	104.7	17.2	21	—	6月15日 20：00	6月17日 20：00	—	186.1	—	—	48	464	172	26.9	0.26
17	800701	6月29日 03：00	6月20日 05：00	94.0	38.0	26	—	6月29日 20：00	7月1日 08：00	—	243.1	—	—	36	539	172	31.3	0.33

续表

序号	洪号	降雨起止时间		流域平均雨量 P（mm）	前期影响雨量 P_a（mm）	全部降雨历时 T（h）	暴雨中心位置或特点	洪水起止时间			洪峰流量 Q_m（m^3/s）	净峰流量 $Q_{m净}$（m^3/s）	洪水总历时 $T_洪$（h）	涨洪历时 $T_{涨洪}$（h）	次洪径流量 W（万 m^3）	集水面积 F（km^2）	次洪径流深 R（mm）	径流系数 α
		起	止					起涨	峰顶	落平								
18	800708	7 月 6 日 21：00	7 月 6 日 23：00	67.0	50.9	2	—	7 月 6 日 22：00	7 月 8 日 06：00	—	878	—	—	32	486	172	28.2	0.42
19	810726	7 月 24 日 16：00	7 月 27 日 00：00	86.3	43.4	56	—	7 月 25 日 08：00	7 月 26 日 02：00	—	77.8	—	—	18	450	172	26.2	0.30
20	800801	7 月 27 日 13：00	7 月 29 日 11：00	148.4	52.6	46	—	7 月 27 日 14：00	8 月 1 日 08：00	—	430.6	—	—	114	1 385	172	80.5	0.54
21	900816	8 月 15 日 12：00	8 月 16 日 10：00	157.2	44.7	22	—	8 月 16 日 05：00	8 月 16 日 07：00	—	1 540.9	—	—	2	1 416	172	82.3	0.52
22	910724	7 月 23 日 22：00	7 月 24 日 10：00	192.9	65.9	12	—	7 月 24 日 01：00	7 月 24 日 06：00	—	2 603.1	—	—	5	1 704	172	98.3	0.51
23	930716	7 月 15 日 08：00	7 月 16 日 08：00	90.7	87.5	24	—	7 月 15 日 11：00	7 月 16 日 00：00	—	190.8	—	—	13	825	172	48.0	0.53
24	950821	8 月 21 日 18：00	8 月 22 日 12：00	79.4	65.8	18	—	8 月 21 日 20：00	8 月 21 日 11：00	—	121.3	—	—	15	567.2	172	33.0	0.42
25	980804	8 月 3 日 22：00	8 月 4 日 18：00	202.3	57.3	20	—	8 月 4 日 00：00	8 月 4 日 11：00	—	477.2	—	—	11	2 005.2	172	116.6	0.58
26	980815	8 月 13 日 08：00	8 月 15 日 10：00	109.4	98.5	50	—	8 月 14 日 14：00	8 月 15 日 06：00	—	745.6	—	—	16	1 495	172	86.9	0.79
27	990909	9 月 9 日 04：00	9 月 9 日 14：00	113.7	8.3	10	下游	9 月 9 日 06：00	9 月 9 日 08：00	9 月 10 日 10：00	409	409	28	2	766	172	44.5	0.39
28	010629	6 月 28 日 20：00	6 月 29 日 20：00	82.9	33.6	24	普雨	6 月 29 日 00：00	6 月 29 日 12：00	7 月 2 日 04：00	107	106	76	12	280	172	16.3	0.20
29	030708	7 月 8 日 06：00	7 月 8 日 18：00	62.5	9.1	12	普雨	7 月 8 日 06：00	7 月 8 日 12：00	7 月 10 日 12：00	89	89	54	6	112	172	6.5	0.10
30	040725	7 月 15 日 06：00	7 月 20 日 12：00	82.4	34.7	126	普雨	7 月 15 日 10：00	7 月 17 日 10：00	7 月 23 日 22：00	41	39	204	48	535	172	31.1	0.38
31	050921	9 月 19 日 20：00	9 月 22 日 06：00	218.3	33.9	58	普雨	9 月 20 日 00：00	9 月 21 日 02：00	9 月 22 日 22：00	243	231	70	26	2 822	172	164.1	0.75
32	070817	8 月 15 日 14：00	8 月 20 日 06：00	251.5	57.3	112	普雨	8 月 15 日 20：00	8 月 17 日 12：00	8 月 25 日 00：00	859	854	220	40	2 383	172	138.6	0.55
33	080723	7 月 23 日 00：00	7 月 23 日 22：00	71.9	66.1	22	普雨	7 月 23 日 04：00	7 月 23 日 10：00	7 月 26 日 06：00	90	85	74	6	305	172	17.7	0.25
34	090818	8 月 15 日 16：00	8 月 20 日 00：00	166.2	4.7	104	普雨	8 月 16 日 08：00	8 月 18 日 02：00	8 月 21 日 10：00	170	170	122	42	655	172	38.1	0.23

续表

序号	洪号	降雨起止时间		流域平均雨量 P（mm）	前期影响雨量 P_a（mm）	全部降雨历时 T（h）	暴雨中心位置或特点	洪水起止时间			洪峰流量 Q_m（m^3/s）	净峰流量 $Q_{m净}$（m^3/s）	洪水总历时 $T_{洪}$（h）	涨洪历时 $T_{涨洪}$（h）	次洪径流量 W（万 m^3）	集水面积 F（km^2）	次洪径流深 R（mm）	径流系数 α
		起	止					起涨	峰顶	落平								
35	100718	7月17日 12：00	7月18日 12：00	149.8	15.8	24	普雨	7月17日 16：00	7月18日 02：00	7月19日 12：00	200	200	44	10	506	172	29.4	0.20
36	110725	7月24日 06：00	7月25日 10：00	109.9	21.8	28	普雨	7月24日 06：00	7月25日 08：00	7月27日 02：00	90	90	68	26	340	172	19.8	0.18
37	120710	7月9日 04：00	7月10日 20：00	85.8	100.0	40	普雨	7月9日 10：00	7月10日 10：00	7月13日 20：00	186	184	106	24	390	172	22.7	0.26
38	130704	7月3日 08：00	7月5日 02：00	285.3	43.9	42	普雨	7月3日 10：00	7月4日 10：00	7月7日 16：00	515	515	102	24	1 533	172	89.1	0.31
39	160720	7月18日 20：00	7月21日 00：00	110.8	65.9	52	普雨	7月19日 06：00	7月20日 08：00	7月24日 08：00	138	137	122	26	525	172	30.5	0.28
40	170623	6月21日 16：00	6月24日 06：00	84.0	7.6	62	普雨	6月22日 08：00	6月23日 22：00	6月27日 14：00	37	37	126	38	194	172	11.3	0.13
41	180819	8月17日 12：00	8月22日 20：00	256.3	42.8	128	普雨	8月18日 06：00	8月19日 22：00	8月25日 00：00	223	222	162	40	1 317	172	76.6	0.30
42	190811	8月10日 00：00	8月13日 12：00	153.3	56.4	84	普雨	8月10日 08：00	8月11日 10：00	8月16日 14：00	207	207	150	26	1 415	172	82.2	0.54
43	200815	8月12日 06：00	8月15日 16：00	233.3	50.8	82	普雨	8月12日 08：00	8月15日 04：00	8月20日 00：00	133	133	184	68	2 395	172	139.3	0.60

表 15-3　泗河贺庄水库站降雨径流预报精度评定表

序号	洪号	流域平均雨量 P（mm）	前期影响雨量 P_a（mm）	$P+P_a$（mm）	实测径流深 $R_{实}$（mm）	预报径流深 $R_{预}$（mm）	预报误差（mm）	许可误差（mm）	评定结果	
									合格	不合格
1	720721	62.6	27.0	89.6	15.9	12.9	-3.0	3.2	√	
2	720903	82.8	35.5	118.3	22.3	24.0	1.7	4.5	√	
3	730730	76.2	24.6	100.8	18.3	17.0	-1.3	3.7	√	
4	740718	39.4	21.8	61.2	7.8	4.8	-3.0	3.0	√	
5	740725	101.1	52.8	153.9	49.7	42.5	-7.2	9.9	√	
6	750623	49.1	16.2	65.3	8.5	5.5	-3.0	3.0	√	
7	750710	76.3	19.0	95.3	10.6	12.2	1.6	3.0	√	
8	750901	48.1	20.4	68.5	5.9	5.9	0	3.0	√	
9	750902	58.3	20.4	78.7	10.9	9.0	-1.9	3.0	√	
10	760804	128.9	36.2	165.1	38.7	49.0	10.3	7.7		√
11	760815	103.0	39.6	142.6	36.5	36.3	-0.2	7.3	√	
12	780711	39.5	51.0	90.5	9.5	12.5	3.0	3.0	√	
13	790713	59.0	50.6	109.6	19.4	20.0	0.6	3.9	√	
14	790718	29.0	57.2	86.2	11.3	11.3	0	3.0	√	
15	790922	107.1	30.0	137.1	19.6	33.3	13.7	3.9		√
16	800617	104.7	17.2	121.9	26.9	25.6	-1.3	5.4	√	
17	800701	94.0	38.0	132.0	31.3	30.5	-0.8	6.3	√	
18	800708	67.0	50.9	28.2	117.9	24.0	-4.2	5.6	√	
19	810726	86.3	43.4	129.7	26.2	29.4	3.2	5.2	√	
20	800801	148.4	52.6	201.0	80.5	74.0	-6.5	16.1	√	
21	900816	157.2	44.7	201.9	82.3	74.7	-7.6	16.5	√	
22	910724	192.9	65.9	258.8	98.3	128.8	30.5	19.7		√
23	930716	90.7	87.5	178.2	48.0	57.0	9.0	9.6	√	
24	950821	79.4	65.8	145.2	33.0	37.5	4.5	6.6	√	
25	980804	202.3	57.3	259.6	116.6	129.6	13.0	20.0	√	
26	980815	109.4	98.5	207.9	86.9	80.0	-6.9	17.4	√	
27	990909	113.7	8.3	122.0	44.5	16.2	-28.3	8.9		√
28	010629	82.9	33.6	116.5	16.3	15.0	1.3	3.3	√	
29	030708	62.5	9.1	71.6	6.5	6.6	0.1	3.0	√	
30	040725	82.4	34.7	117.1	31.1	15.1	-16.0	6.2		√
31	050921	218.3	33.9	252.2	164.1	58.8	-105.3	20.0		√
32	070817	251.5	57.3	308.8	138.6	81.2	-57.4	20.0		√
33	080723	71.9	66.1	138.0	17.7	19.9	2.2	3.5	√	
34	090818	166.2	4.7	170.9	38.1	29.5	-8.6	7.6		√
35	100718	149.8	15.8	165.6	29.4	27.8	-1.6	5.9	√	
36	110725	109.9	21.8	131.7	19.8	18.4	-1.4	4.0	√	
37	120710	85.8	100.0	185.8	22.7	34.3	11.6	4.5		√
38	130704	285.3	43.9	329.2	89.1	89.3	0.2	17.8	√	
39	160720	110.8	65.9	176.7	30.5	31.3	0.8	6.1	√	
40	170623	84.0	7.6	91.6	11.3	10.0	-1.3	3.0	√	
41	180819	256.3	42.8	299.1	76.6	77.3	0.7	15.3	√	
42	190811	153.3	56.4	209.7	82.2	80.7	-1.5	16.4	√	
43	200815	233.3	50.8	284.1	139.3	153.1	13.8	20.0	√	

备注：1. 预报误差=预报值-实测值；2. 许可误差=实测值的 20%，以 20.0 mm 为上限，以 3.0 mm 为下限；3. 合格率=79.1%，为乙级方案。

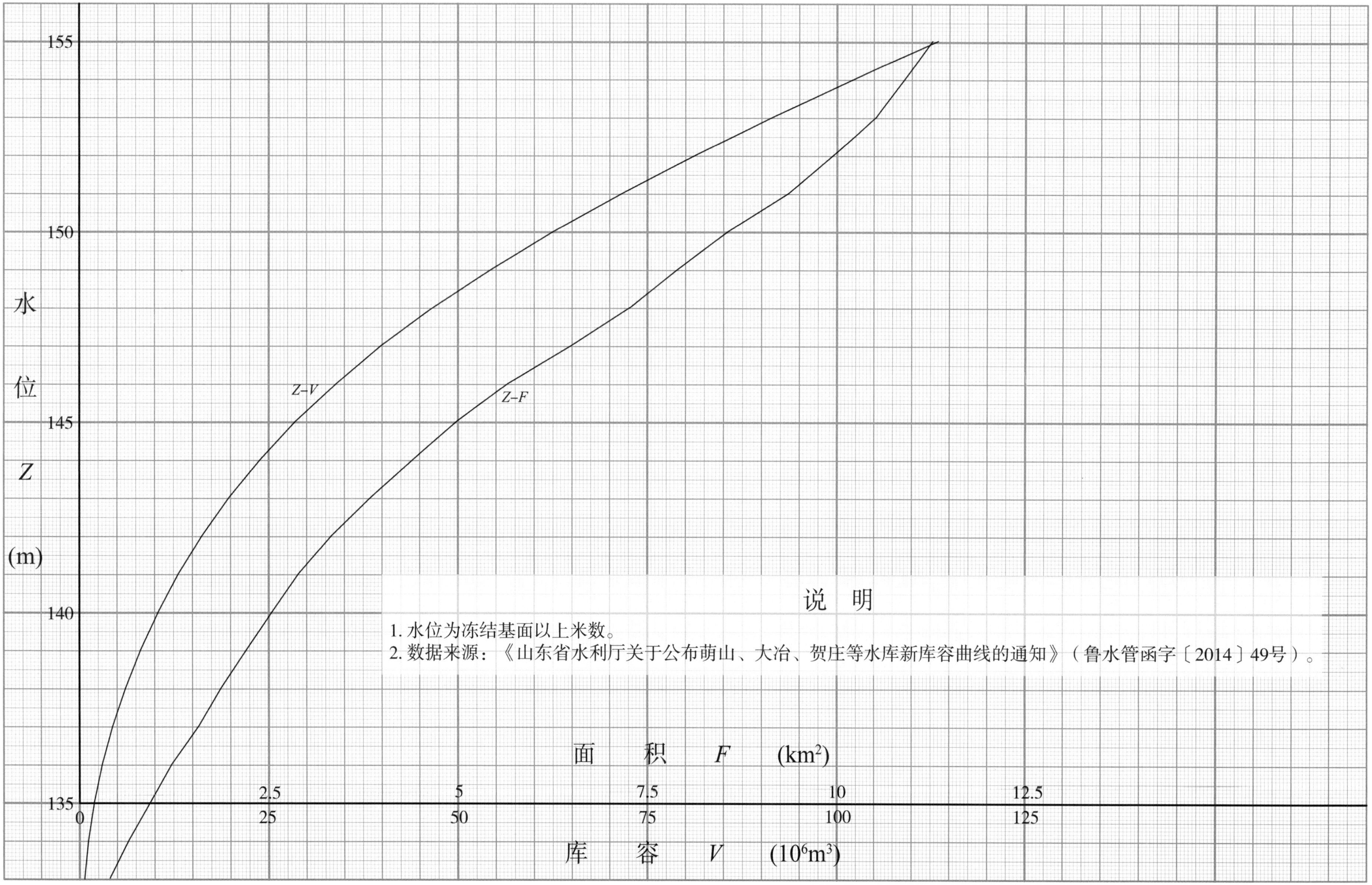

图 15-2 泗河贺庄水库水位-库容、水位-面积关系曲线图

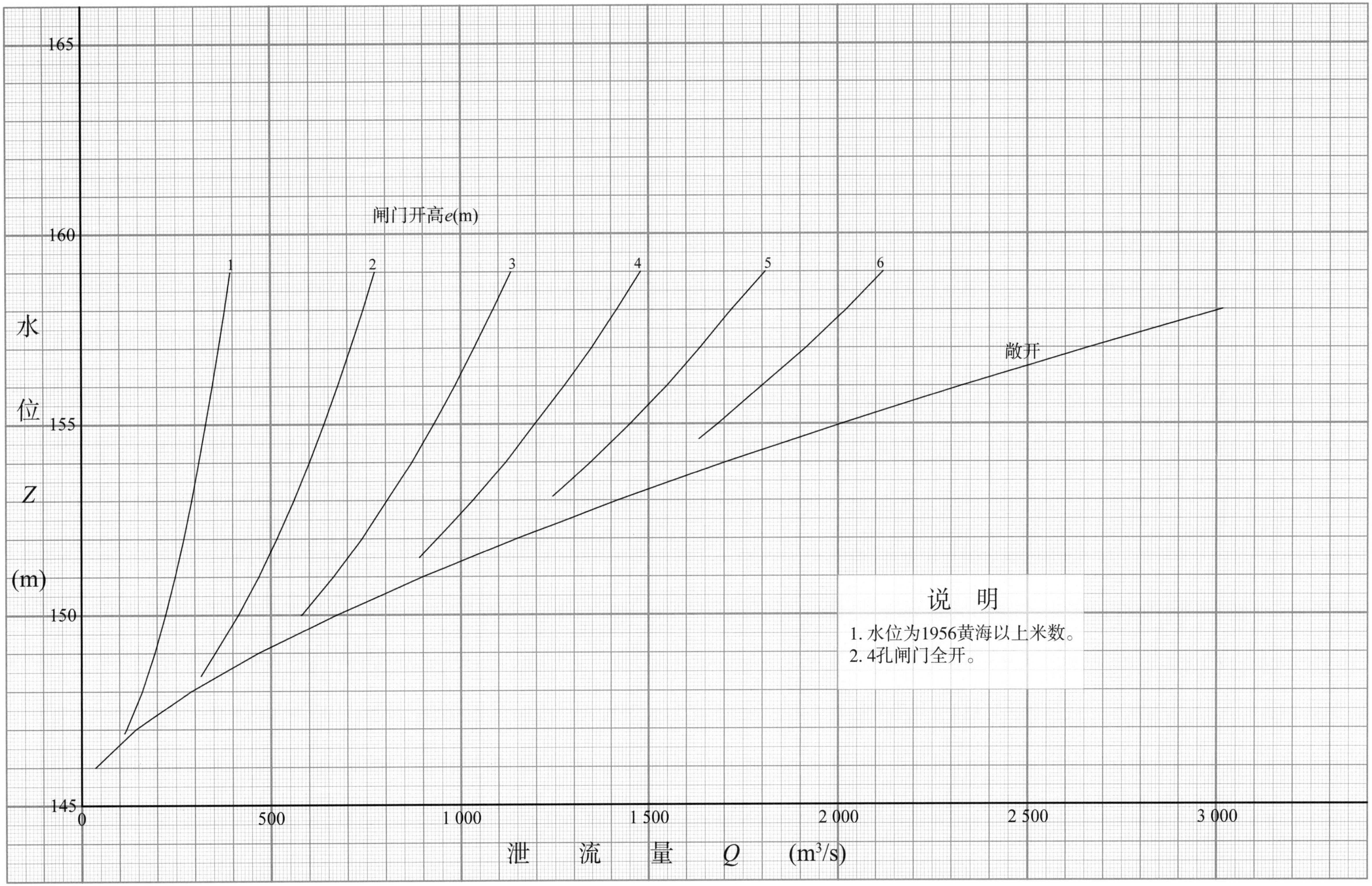

图 15-3 泗河贺庄水库泄流曲线图

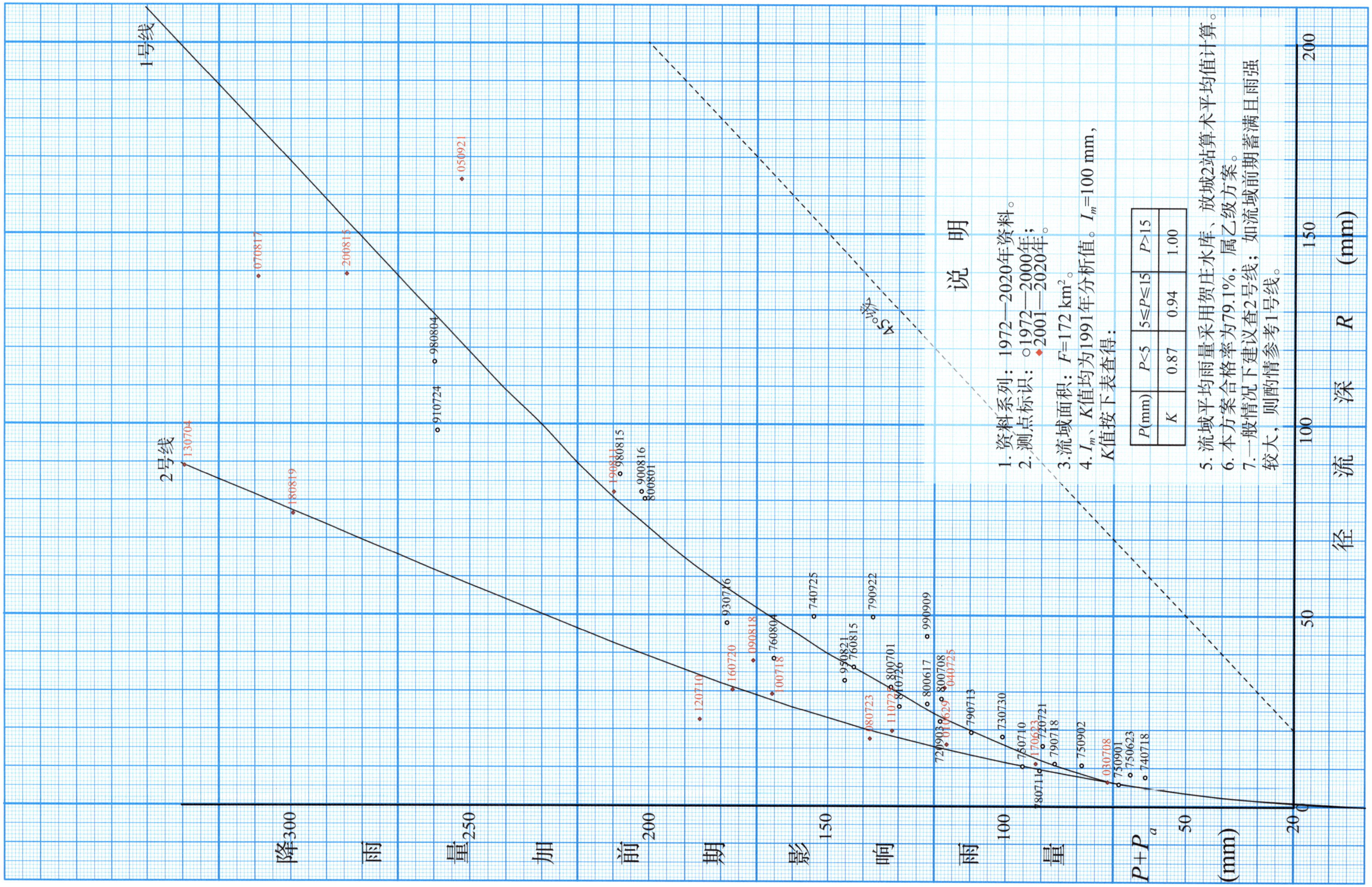

图 15-4　泗河贺庄水库站降雨径流相关图（$P+P_a$-R）

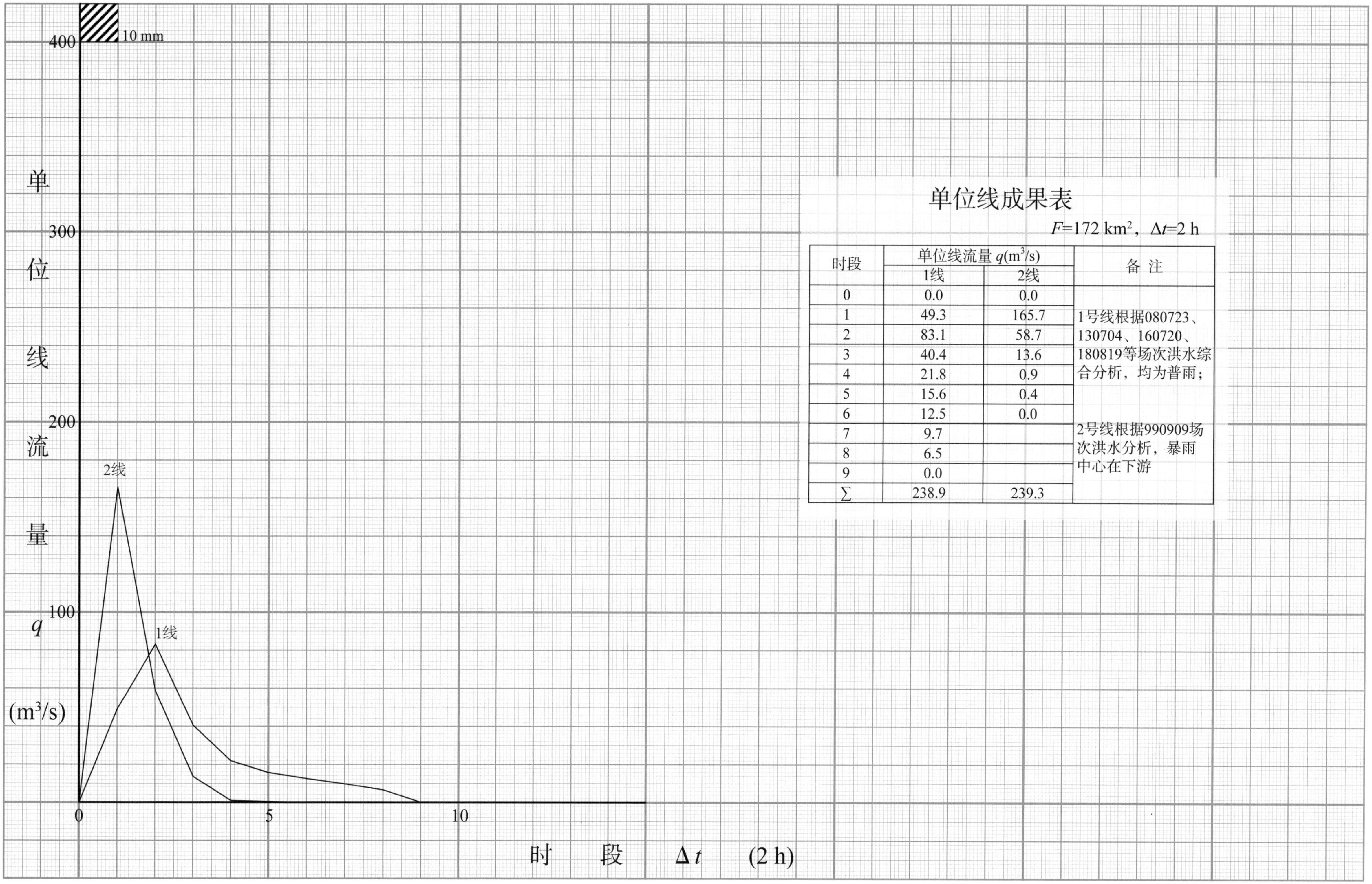

单位线成果表

F=172 km²，Δt=2 h

时段	单位线流量 q(m³/s)		备 注
	1线	2线	
0	0.0	0.0	
1	49.3	165.7	1号线根据080723、130704、160720、180819等场次洪水综合分析，均为普雨；
2	83.1	58.7	
3	40.4	13.6	
4	21.8	0.9	
5	15.6	0.4	
6	12.5	0.0	
7	9.7		2号线根据990909场次洪水分析，暴雨中心在下游
8	6.5		
9	0.0		
∑	238.9	239.3	

图 15-5　泗河贺庄水库站单位线综合图

第十六章　黄沟河华村水库站水文预报方案编制说明

1　流域概况

1.1　自然地理特征

华村水库位于济宁市泗水县华村镇百家旺村北，拦截泗河支流黄沟河的中游，属淮河流域。水库四面丛山，系泰莱山区的余脉，南临泗河北岸的带形旱地，属于丘陵平原区。水库控制流域面积 128 km^2，其中山区占 70%，丘陵占 30%，山区岩石多由花岗岩、片麻岩及石灰岩组成，流域形状为扇形，单支流分布，干流坡降 2.96%。流域内土层较薄，主要农作物为地瓜、花生、果树，植被覆盖程度一般。华村水库流域图见图 16-1。

本流域多年平均（1960—2020 年）降水量 728.0 mm，最大的 1964 年降水量达 1 279.3 mm。降水量年内分配多集中于 6—9 月，占年降水量的 74%左右，详见表 16-1。

表 16-1　华村水库流域雨情特征值表

多年平均（mm）				汛期占全年比重	设站以来流域时段最大降水量		
1—5 月	6—9 月	10—12 月	全年		1 h（mm）/年份	6 h（mm）/年份	24 h（mm）/年份
125.0	542.1	60.9	728.0	74%	66.9/1980	155.1/1990	206.6/1991

1.2　水库工程概况

华村水库于 1959 年 11 月开工，1960 年 5 月建成，水库枢纽工程由主坝、副坝、溢洪道、放水洞、水电站等组成。2009 年 10 月开始全面除险加固，2010 年 12 月除险加固工程完成。水库现状设计防洪标准为 100 年一遇，校核防洪标准为 2 000 年一遇。水库兴利库容 3 450 万 m^3，总库容 5 786 万 m^3。

主坝为土砂组合坝，坝顶高程 158.60 m，坝顶长 327 m，最大坝高 26.30 m。副坝 3 座，总长度 420 m，最大坝高 7.80 m。

放水洞型式为浆砌石廊道内衬钢筋混凝土有压圆管，内径 1.4 m，进口底高程 137.88 m，设计流量 4.55 m^3/s。

溢洪道属宽顶堰内子槽型式，堰顶净宽 75 m，子槽净宽 15 m，堰顶高程 151.00 m，子槽底高程 149.00 m，均为开敞式无闸控制，最大泄量 1 072 m^3/s。

1.3　上游水利工程概况

华村水库流域内有小型水库 18 座，集水面积 26.4 km^2，总兴利库容 312 万 m^3。

1.4　测站情况

华村水库流域内有两处雨量站——华村水库站及石莱站。华村水库站设立于 1960 年 6 月，观测项目有水位、流量、降水量等，1986 年起停测水位、流量（不再刊印），该站有设站以来长系列雨量资料。石莱雨量站位于泰安新泰市境内，有设站以来长系列雨量资料。

华村水库站现在报汛基面采用冻结基面，与黄海基面的换算关系为：冻结基面（废黄河口）以上米数-0.01 m=1956 年黄海基面以上米数。

2　预报方案编制

2.1　资料情况

华村水库站自 1986 年起无实测年鉴径流摘录资料，考虑到下垫面一致性，本方案不选用 1985 年及以前资料。

2.2　参证站选择

华村水库站地形地貌和下垫面基本特征与泗河贺庄水库站相似，故以泗河贺庄水库站作为华村水库站的参证站。参证站贺庄水库站以上流域面积 $F_{参}=172\ km^2$；设计站华村水库站以上流域面积 $F_{设}=128\ km^2$。

2.3　产流方案

华村水库站降雨径流相关图 1 号线根据华村水库站 1986 年以前资料分析，2 号线借用贺庄水库站降雨径流相关图（$P+P_a-R$）2 号线，详见图 16-2。一般情况查 2 号线，前期流域蓄满则查 1 号线。

2.3.1　流域平均雨量 *P* 的计算

采用华村水库、石莱两站雨量的算术平均值计算流域平均雨量。

2.3.2　流域平均前期影响雨量 P_a 的计算

采用下式计算 P_a 值：

$$P_{a,\ t+1}=K(P_{a,\ t}+P_t)$$

式中：$P_{a,t+1}$ 为第 t+1 日的前期影响雨量（mm）；$P_{a,t}$ 为第 t 日的前期影响雨量（mm）；P_t 为第 t 日的流域平均雨量（mm）；K 为前期影响雨量递减系数。

2.3.3 产流参数 I_m、K 的确定

华村水库站采用贺庄水库站的参数，即 $I_m=100$ mm，$K=0.87\sim1.0$。

2.4 汇流方案

采用泗河贺庄水库站单位线进行缩放。将泗河贺庄水库站单位线（$\Delta t=2$ h）进行缩放后作为华村水库站单位线，详见图 16-3。

单位线的缩放按下列公式计算：

$$\alpha=(F_{设}/F_{参})^{0.5}$$

$$T_{设i}=\alpha T_{参i}$$

$$q_{设i}=\alpha q_{参i}$$

式中：α 为单位线缩放系数；$F_{参}$、$F_{设}$ 分别为参证站、设计站以上控制流域面积；$T_{参i}$ 为参证站单位线逐时段，$T_{参i}=1，2，\cdots，N$；$T_{设i}$ 为设计站单位线逐时段，通常为小数，为满足实际要求，可进一步对缩放结果进行插值，从而得到整时段单位线结果；$q_{参i}$ 为参证站单位线逐时段流量；$q_{设i}$ 为设计站单位线逐时段流量。

2.5 水位与库容、面积、泄量关系曲线

根据华村水库站 1980 年实测资料绘制水位与库容、面积关系曲线；根据华村水库除险加固后的泄洪槽计算出泄量，再绘制出水位与泄量关系曲线，详见图 16-4。

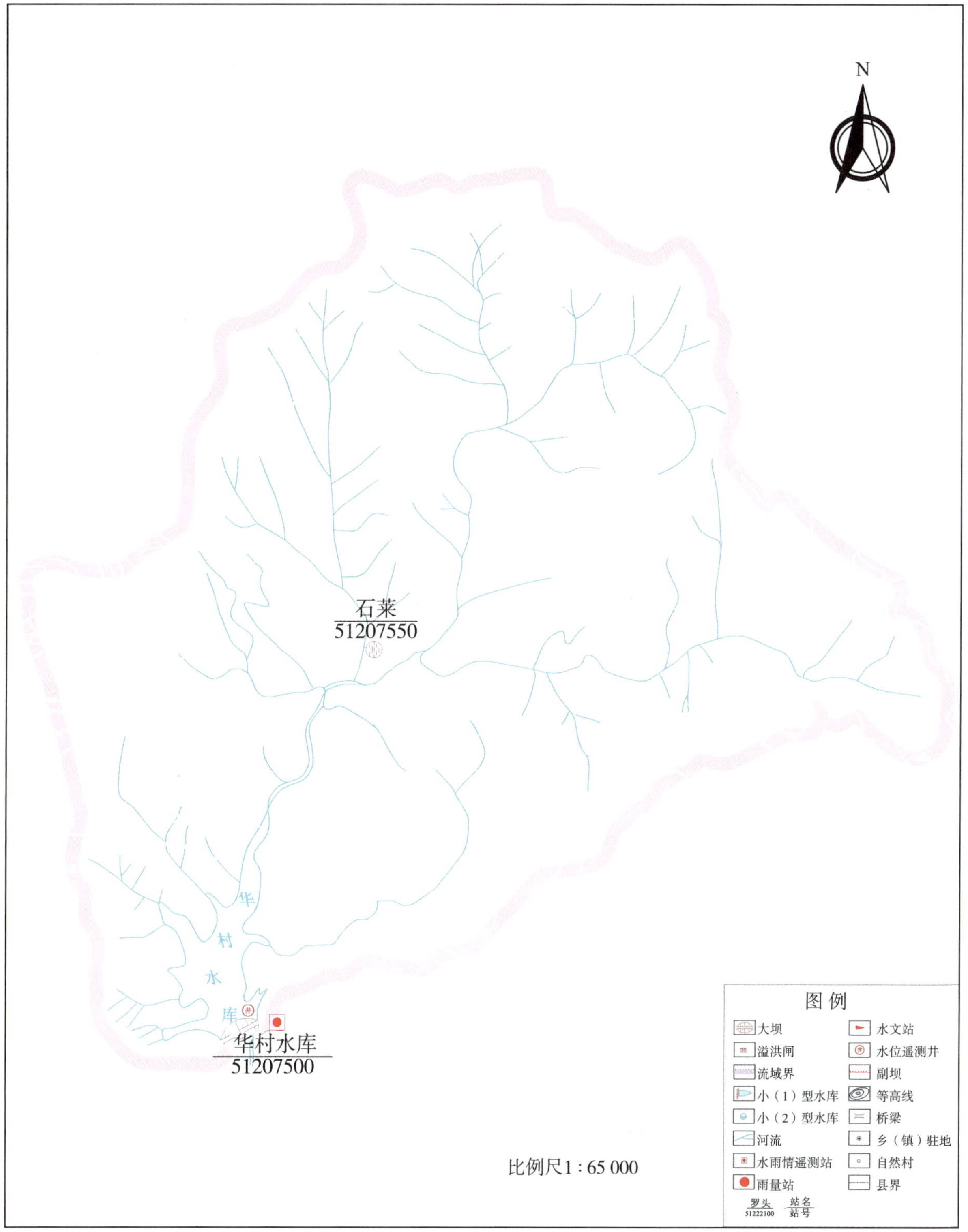

图 16-1 黄沟河华村水库流域图

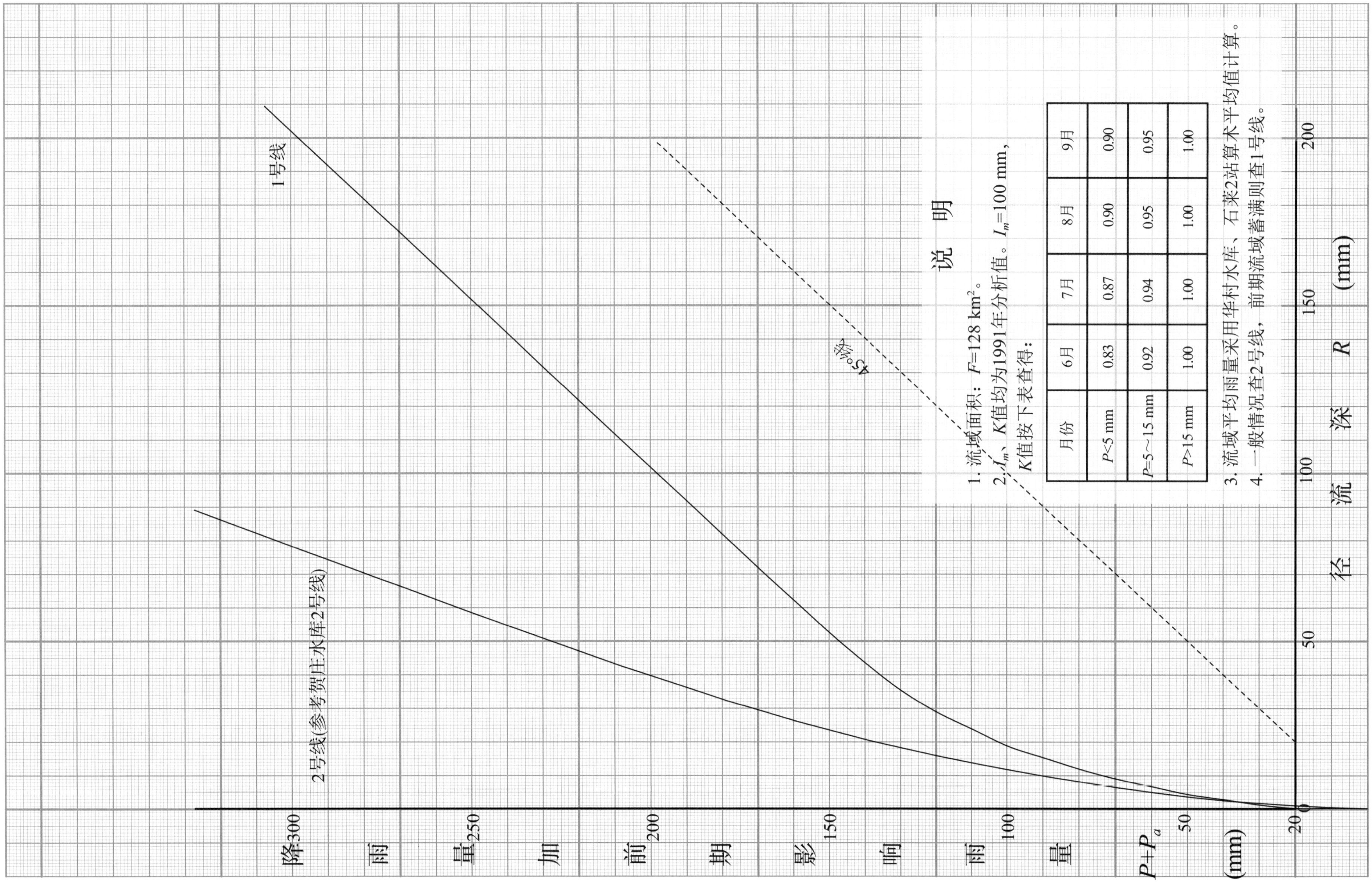

月份	6月	7月	8月	9月
P<5 mm	0.83	0.87	0.90	0.90
P=5～15 mm	0.92	0.94	0.95	0.95
P>15 mm	1.00	1.00	1.00	1.00

图 16-2　黄沟河华村水库站降雨径流相关图（$P+P_a$-R）

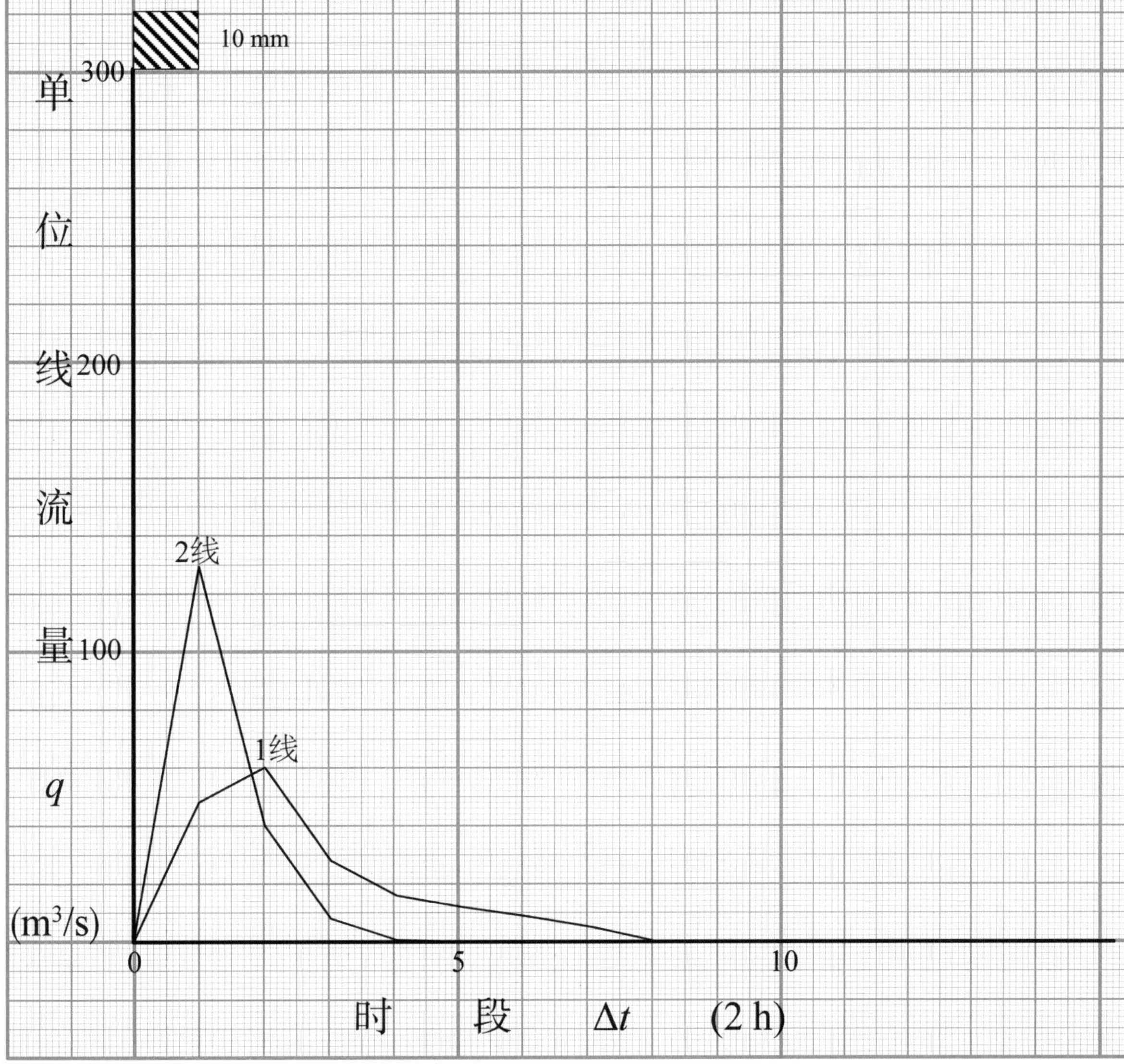

单位线成果表

F=128 km²，Δt=2 h

时段	流量q(m³/s)		备 注
	1线	2线	
0	0.0	0.0	
1	48.0	129.0	1号线根据贺庄水库站1号单位线缩放而得，普雨
2	60.0	40.0	
3	28.0	8.0	
4	16.0	0.7	
5	12.0	0.1	2号线根据贺庄水库站2号单位线缩放而得，暴雨中心在下游
6	8.8	0.0	
7	5.0		
8	0.0		
Σ	177.8	177.8	

图 16-3　黄沟河华村水库站单位线图

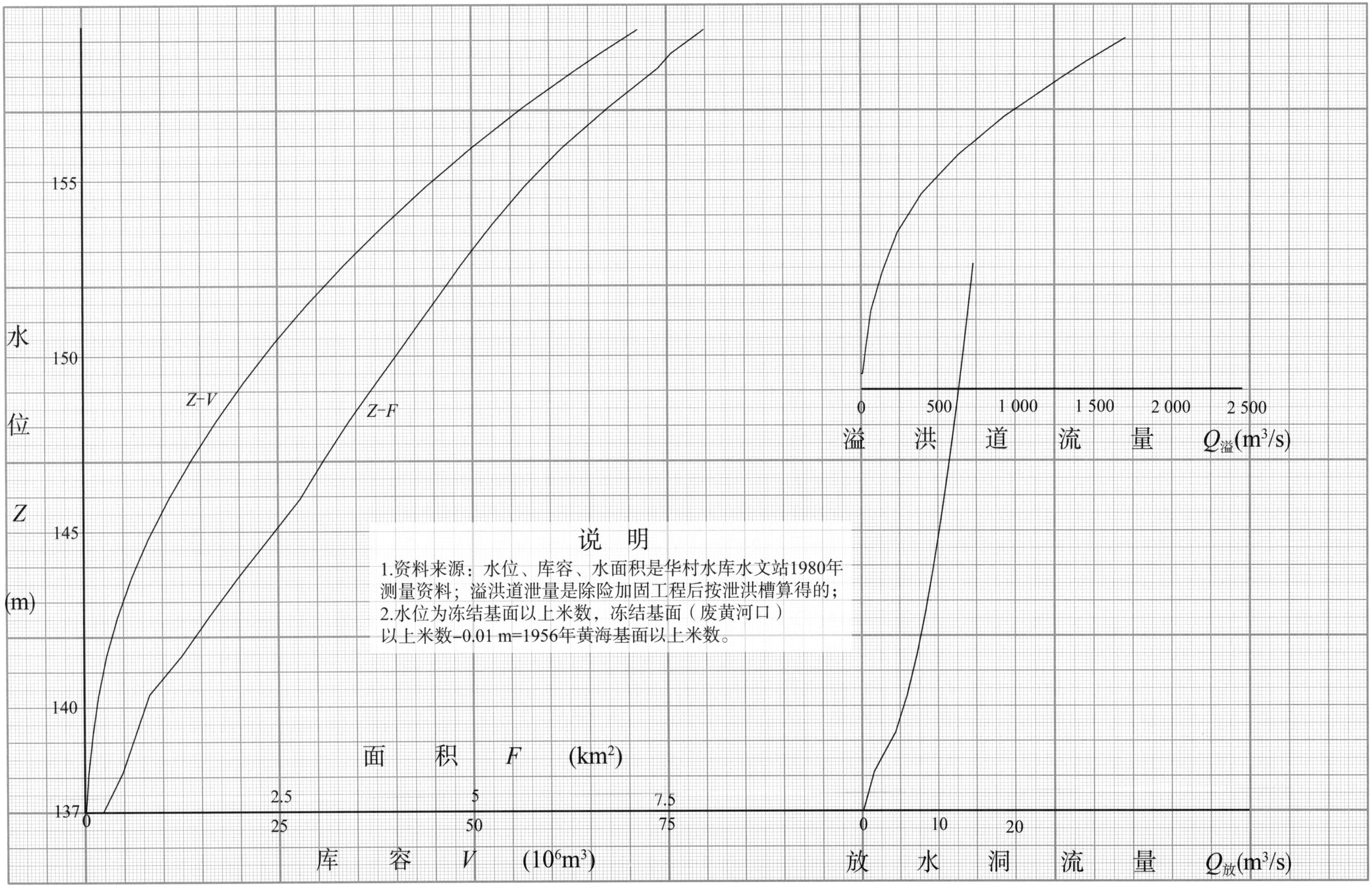

图 16-4　黄沟河华村水库水位与库容、面积、泄量关系曲线图

第十七章　济河龙湾套水库站水文预报方案编制说明

1　流域概况

1.1　自然地理特征

龙湾套水库位于泗河支流济河上游、泗水县济河街道境内，属于淮河流域南四湖水系，距泗水县城南 6 km，控制流域面积 144 km^2。下游济河、泗河为宽潜式河道，河道弯弯曲曲，无堤防，防洪标准低，险工险段不断增加。水库流域呈长方形，流域平均宽度 6.68 km，干流坡度 3.96‰，干流分布为双支流，流域属于青石山区，土层较薄，主要农作物为地瓜、花生、果树，植被覆盖程度一般。龙湾套水库流域图见图 17-1。

本流域多年平均（1960—2020 年）降水量为 725.9 mm，1964 年降水量最大，达 1 106.3 mm。降水量年内分配多集中于 6—9 月，占年降水量的 74%左右，详见表 17-1。

表 17-1　龙湾套水库流域雨情特征值表

多年平均（mm）				汛期占全年比重	设站以来流域时段最大降水量		
1—5 月	6—9 月	10—12 月	全年		1 h（mm）/年份	6 h（mm）/年份	24 h（mm）/年份
122.1	540.0	63.8	725.9	74%	52.8/1997	136.7/1997	205.7/1995

1.2　水库工程概况

龙湾套水库于 1958 年 11 月开工，1960 年 2 月竣工，是一座以防洪、灌溉为主，兼顾工业供水、水产养殖综合利用的水利枢纽。水库总库容 5 200 万 m^3，兴利库容 3 530 万 m^3，死库容 190 万 m^3，属于国家防洪重点中型水库。设计洪水标准为 100 年一遇，削减洪峰 66.7%，现状防洪标准为 300 年一遇，设计灌溉面积为 8.45 万亩，有效灌溉面积为 6 万亩，历年实际灌溉面积 4.5 万亩，宜养鱼水面面积 4 109 亩。工程等别为Ⅲ级，主要建筑物有大坝、溢洪闸、放水洞、水电站等。

主坝为均质土坝，坝顶高程 154.86 m，坝顶长 850 m，最大坝高 24.70 m。防浪墙顶高程 155.86 m，主坝呈东北西南 S 形状。

溢洪道为宽顶堰型式，堰顶高程 142.86 m，建有 6 孔 10 m×7.5 m 溢洪闸，闸门为钢制平板直升门，最大泄洪量 3 420 m^3/s。

放水洞型式为廊道内衬钢筋混凝土压力管，内径 1.4 m，进口底高程 136.00 m，最大泄量 12.9 m^3/s。

坝后水电站装有 125 kW 水轮机组 2 台，总装机容量 250 kW。

1.3　上游水利工程概况

龙湾套水库流域内有小（1）型水库 1 座、小（2）型水库 5 座、塘坝 28 座，集水面积 73 km^2，总兴利库容 555 万 m^3。

1.4　测站情况

龙湾套水库流域内有 2 处雨量站——龙湾套水库站及青界岭站。龙湾套水库站设立于 1960 年 6 月，观测项目有水位、流量、降水量等，1986 年起停测水位、流量（不再刊印），有设站以来长系列雨量资料。青界岭雨量站设立于 1961 年 1 月，有设站以来长系列雨量资料。

龙湾套水库站现在报汛基面采用冻结基面，与黄海基面的换算关系为：冻结基面（废黄河口）以上米数-0.14 m=1956 年黄海基面以上米数。

2　预报方案编制

2.1　资料情况

龙湾套水库站自 1986 年起无实测年鉴径流摘录资料，考虑到下垫面发生变化，本方案不选用 1986 年及以前资料。

2.2　参证站选择

龙湾套水库站地形地貌和下垫面基本特征与泗河贺庄水库站相似，故以泗河贺庄水库站作为龙湾套水库站的参证站。参证站贺庄水库站以上流域面积 $F_{参}=172$ km^2；设计站龙湾套水库站以上流域面积 $F_{设}=144$ km^2。

2.3　产流方案

龙湾套水库站降雨径流相关图 1 号线根据龙湾套水库站 1986 年以前资料分析，2 号线借用贺庄水库站降雨径流相关图（$P+P_a-R$）2 号线，详见图 17-2。一般情况查 2 号线，前期流域蓄满则查 1 号线。

2.3.1　流域平均雨量 P 的计算

采用龙湾套水库、青界岭两站雨量的算术平均值计算流域平均雨量。

2.3.2　流域平均前期影响雨量 P_a 的计算

采用下式计算 P_a 值：

$$P_{a,\ t+1}=K(P_{a,\ t}+P_t)$$

式中：$P_{a,t+1}$ 为第 t+1 日的前期影响雨量（mm）；$P_{a,t}$ 为第 t 日的前期影响雨量（mm）；P_t 为

第 t 日的流域平均雨量（mm）；K 为前期影响雨量递减系数。

2.3.3 产流参数 I_m、K 的确定

龙湾套水库站采用贺庄水库站的参数，即 I_m =100 mm，K=0.87~1.0。

2.4 汇流方案

采用泗河贺庄水库站单位线进行缩放。将泗河贺庄水库站单位线（Δt=2 h）进行缩放后作为龙湾套水库站单位线，详见图 17-3。

单位线的缩放按下列公式计算：

$$\alpha = (F_{设} / F_{参})^{0.5}$$

$$T_{设i} = \alpha T_{参i}$$

$$q_{设i} = \alpha q_{参i}$$

式中：α 为单位线缩放系数；$F_{参}$、$F_{设}$ 分别为参证站、设计站以上控制流域面积；$T_{参i}$ 为参证站单位线逐时段，$T_{参i}$=1，2，…，N；$T_{设i}$ 为设计站单位线逐时段，通常为小数，为满足实际要求，可进一步对缩放结果进行插值，从而得到整时段单位线结果；$q_{参i}$ 为参证站单位线逐时段流量；$q_{设i}$ 为设计站单位线逐时段流量。

2.5 水位与库容、面积、泄量关系曲线

龙湾套水库水位与库容、面积、泄量关系曲线见图 17-4。

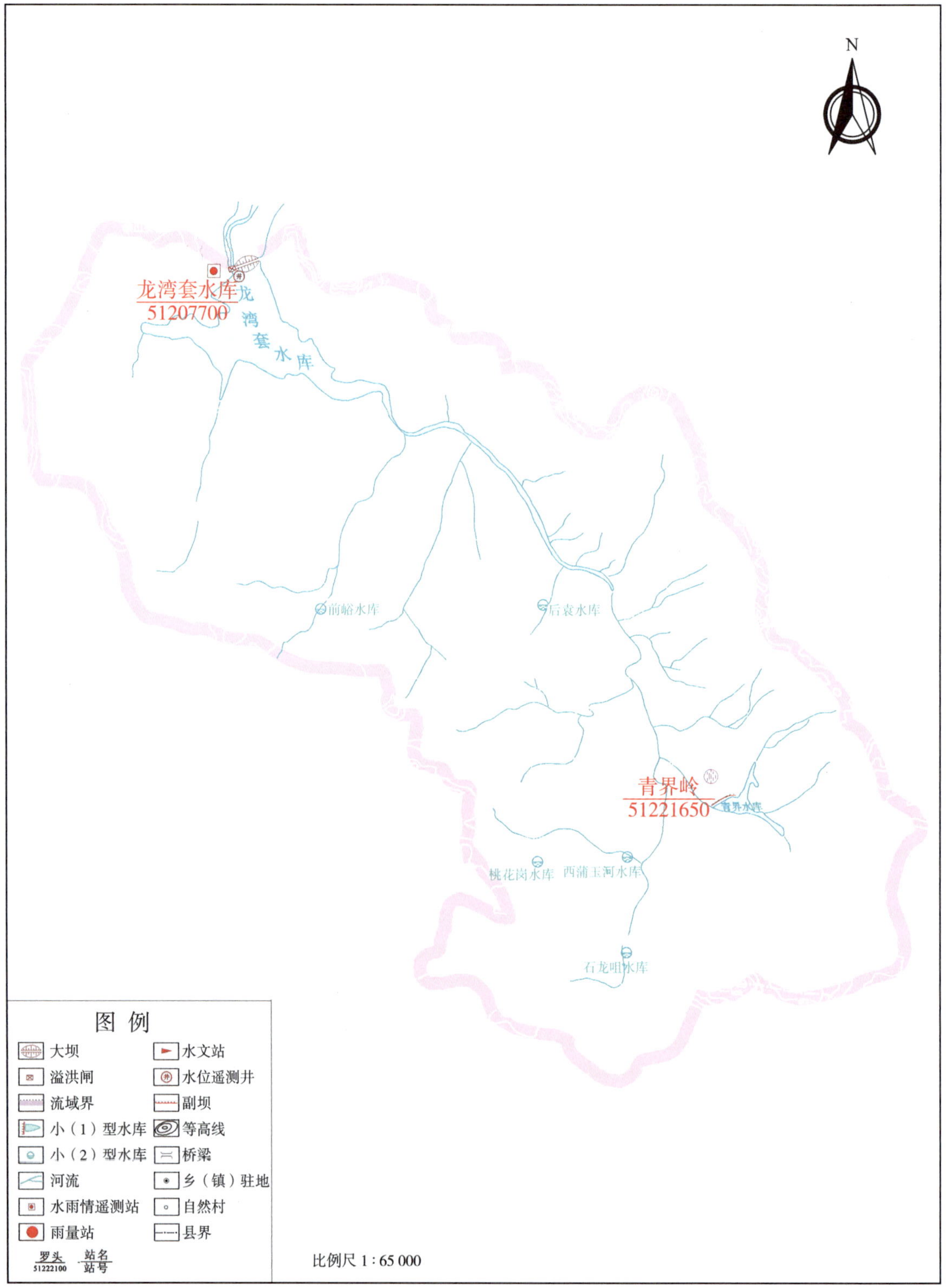

图 17-1 济河龙湾套水库流域图

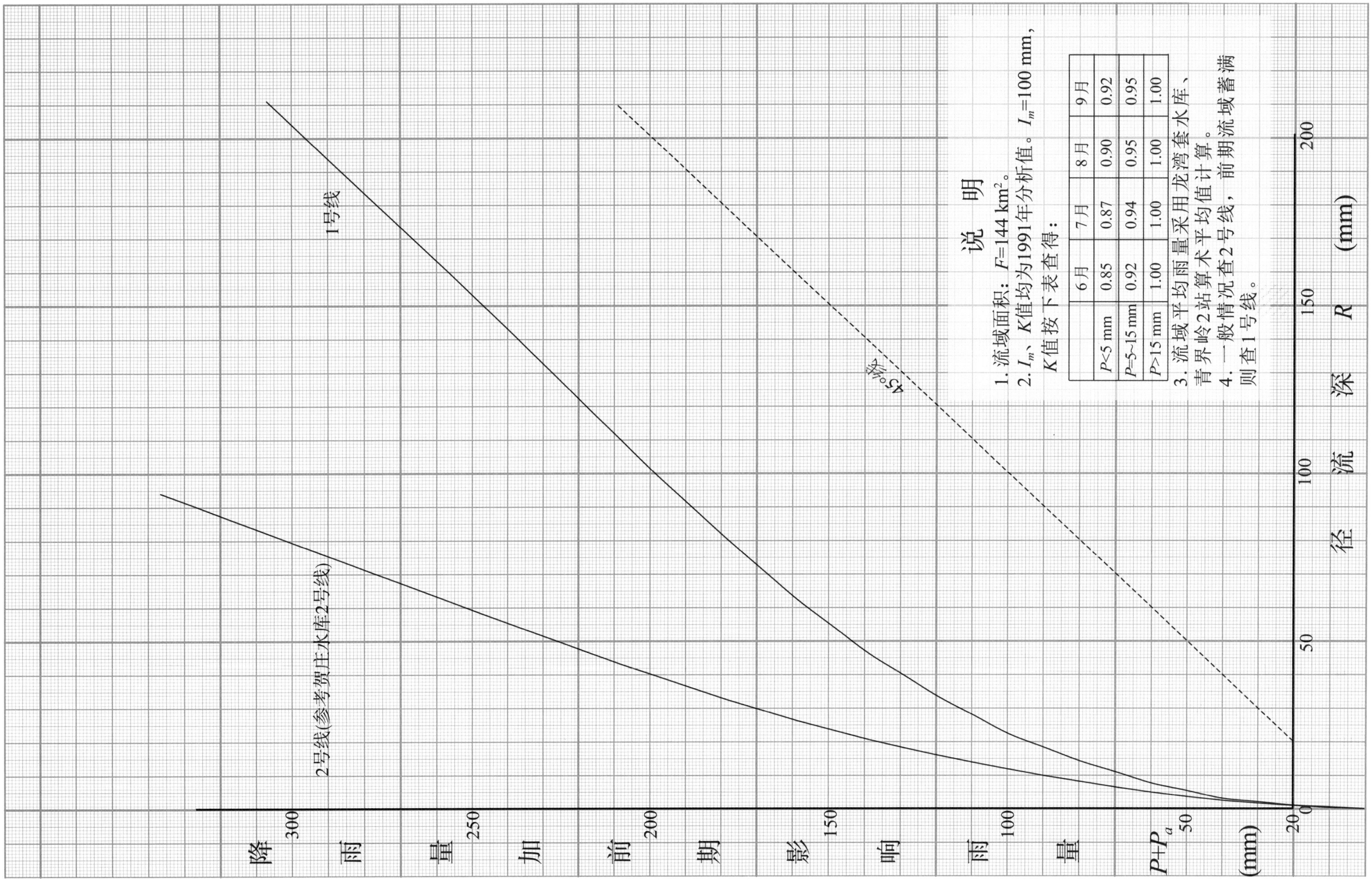

图 17-2　济河龙湾套水库站降雨径流相关图（P+P_a-R）

单位线成果表

F=144 km^2，Δt=2 h

时段	流量q(m^3/s) 1线	流量q(m^3/s) 2线	备注
0	0.0	0.0	
1	48.0	143.0	
2	69.0	46.0	
3	33.0	10.0	1号线根据贺庄水库站1号单位线缩放而得，普雨
4	18.0	0.7	
5	13.5	0.3	
6	10.0	0.0	2号线根据贺庄水库站2号单位线缩放而得，暴雨中心在下游
7	7.0		
8	1.5		
9	0.0		
Σ	200	200	

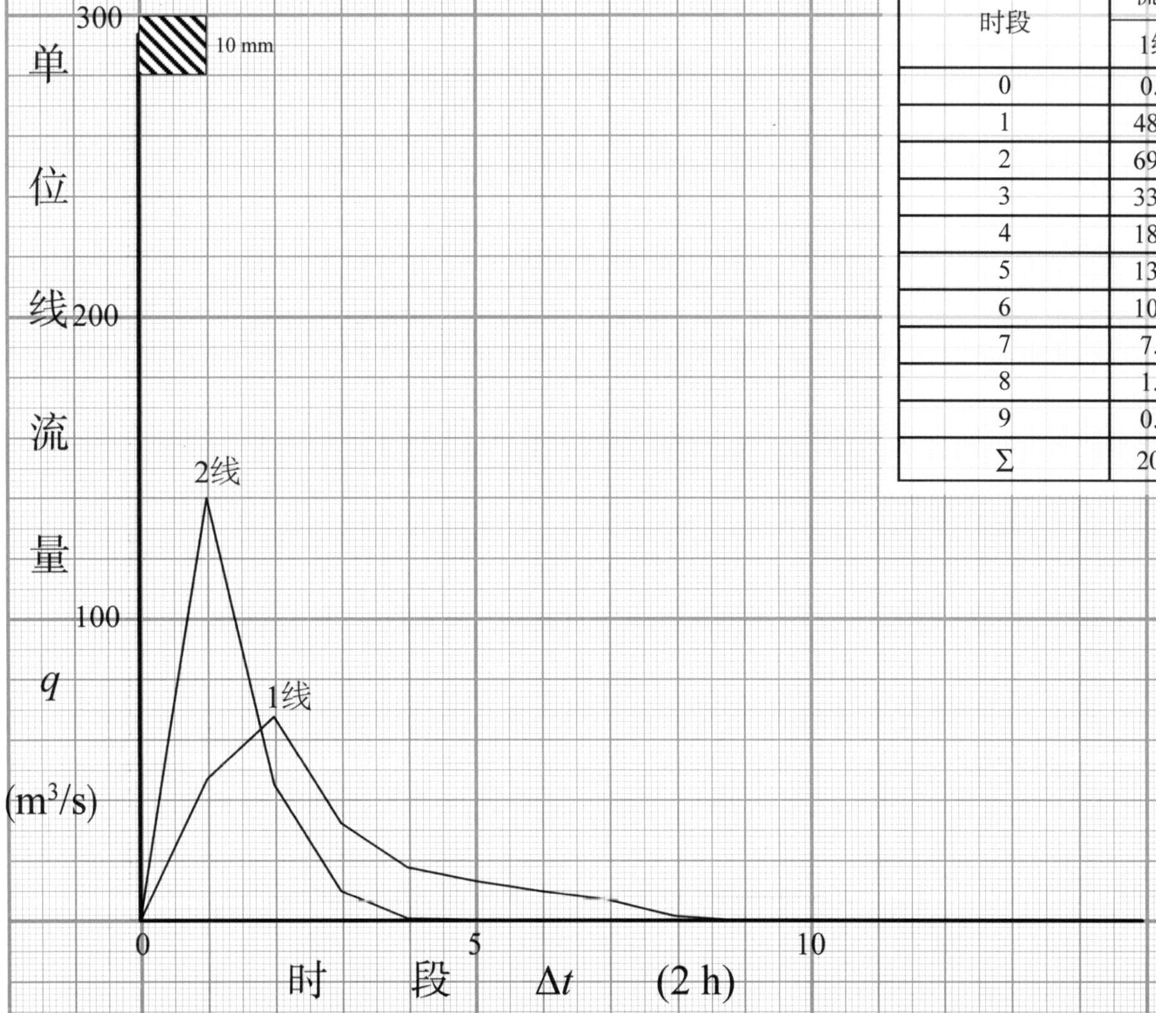

图 17-3 济河龙湾套水库站单位线图

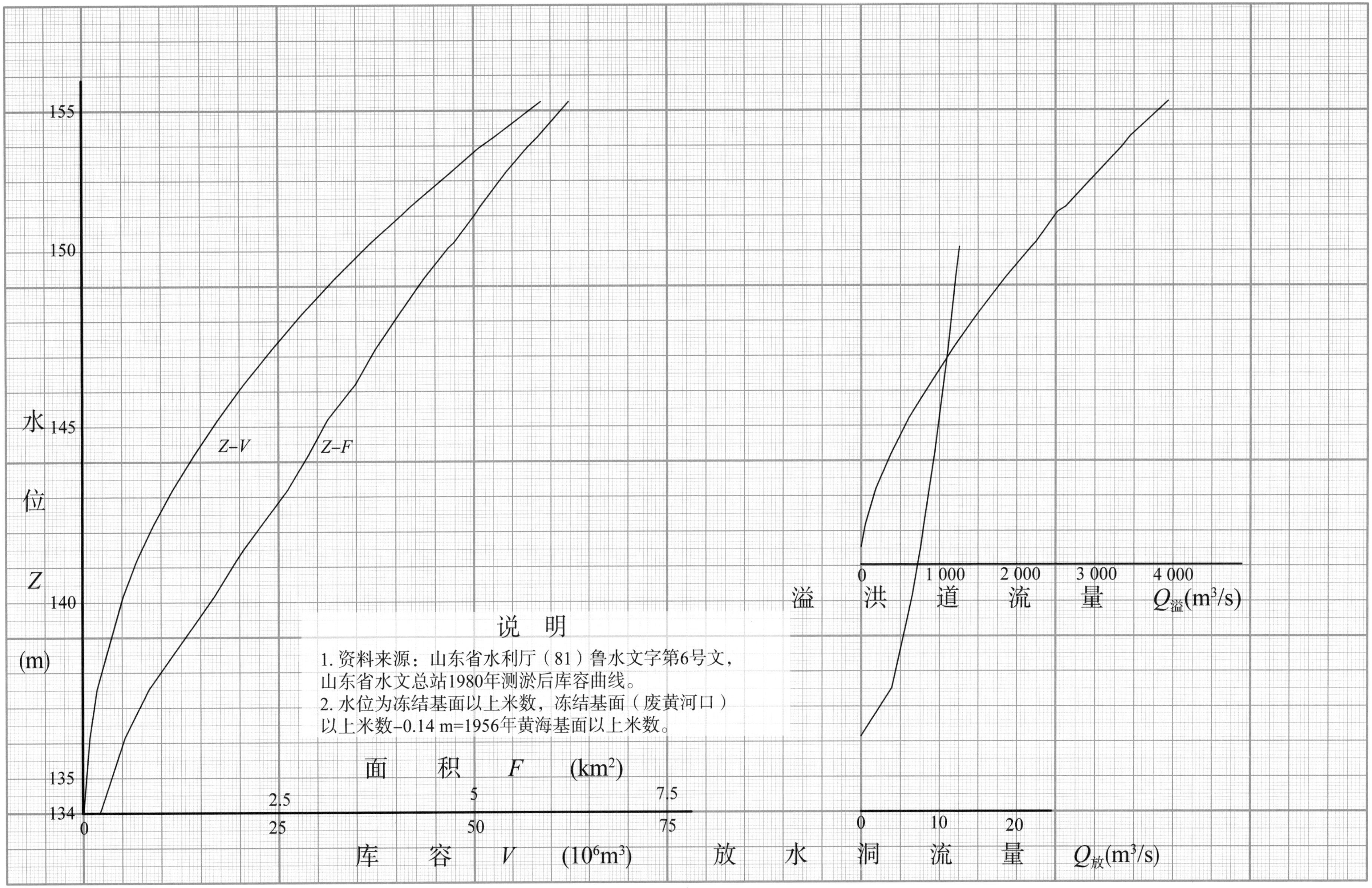

图 17–4　济河龙湾套水库水位与库容、面积、泄量关系曲线图

第十八章　芦城河尹城水库站水文预报方案编制说明

1　流域概况

1.1　自然地理特征

尹城水库位于淮河流域泗河支流芦城河上、泗水县金庄镇境内。水库东距泗水县城10 km，大坝在黑砚滩村南300 m处，水库控制流域面积34.6 km^2，总库容1 137万 m^3。流域基本呈扇形，平均宽度3.65 km，流域内90%为青石山区，土层瘠薄，容易干旱。尹城水库坝址以上干流长度10.48 km，干流平均坡度2.90‰，地势南高北低，地面高程103~484.6 m。流域内多山岭沟河，旱季沟河干枯，雨季洪水暴涨爆落，河道源短流急。尹城水库流域图见图18-1。

本流域多年平均（1964—1992年）汛期降水量473.5 mm，最大的1964年降水量达747.8 mm。降水量年内分配多集中于6—9月，详见表18-1。

表18-1　尹城水库流域雨情特征值表

多年平均6—9月（mm）	设站以来流域时段最大降水量		
	1 h（mm）/年份	6 h（mm）/年份	24 h（mm）/年份
473.5	38.7/1967	132.2/1991	145.9/1991

1.2　水库工程概况

尹城水库于1958年冬季开工，1959年春建成；1968年冬扩建为中型水库，1973年冬竣工；2008年对水库进行除险加固，水库现状防洪标准为100年一遇设计、1 000年一遇校核。水库枢纽工程包括大坝，溢洪道，东、西放水洞，主要建筑物等级为3级。

大坝为折线形均质坝，全长1 045 m，最大坝高21.3 m，坝顶高程124.48 m，坝顶宽5 m。

东放水洞全长98 m，为钢筋混凝土压力管，内径0.6 m，进口底高程109.86 m，出口底高程109.37 m，采用平板钢闸门、手摇螺杆启闭机启闭。西放水洞全长88 m，进口底高程111.36 m，出口底高程110.92 m。

溢洪道为开敞式溢洪道，设计底高程120.39 m，宽度60 m。

1.3　上游水利工程概况

尹城水库上游有小（2）水库4座，控制流域面积13 km^2，总兴利库容101万 m^3。

1.4　测站情况

尹城水库流域有1处雨量站——尹城水库站。尹城水库站设立于1964年6月，1992年10月停测。2020年5月尹城水库水文站恢复观测至今，观测项目有降水量、水位等（不刊印水位）。

尹城水库站现在采用1985年国家高程基准，本站报汛基面=工程基面。

2　预报方案编制

2.1　资料情况

尹城水库站无实测年鉴径流摘录资料。

2.2　参证站选择

尹城水库站地形地貌和下垫面基本特征与泗河贺庄水库站相似，故以泗河贺庄水库站作为尹城水库站的参证站。参证站贺庄水库站以上流域面积 $F_{参}=172\ km^2$；设计站尹城水库站以上流域面积 $F_{设}=34.6\ km^2$。

2.3　产流方案

利用贺庄水库站的产流方案推求尹城水库站的产流过程，尹城水库站降雨径流相关图（$P+P_a-R$）见图18-2。一般情况查2号线，前期流域蓄满则查1号线。

2.3.1　流域平均雨量 P 的计算

流域平均雨量采用尹城水库站雨量。

2.3.2　流域平均前期影响雨量 P_a 的计算

采用下式计算 P_a 值：

$$P_{a,\ t+1}=K(P_{a,\ t}+P_t)$$

式中：$P_{a,t+1}$ 为第 $t+1$ 日的前期影响雨量（mm）；$P_{a,t}$ 为第 t 日的前期影响雨量（mm）；P_t 为第 t 日的流域平均雨量（mm）；K 为前期影响雨量递减系数。

2.3.3　产流参数 I_m、K 的确定

尹城水库站采用贺庄水库站的参数，即 $I_m=100$ mm，$K=0.87\sim1.0$。

2.4　汇流方案

采用泗河贺庄水库站单位线进行缩放。将泗河贺庄水库站单位线（$\Delta t=2$ h）进行缩放后作为尹城水库站单位线，详见图18-3。

单位线的缩放按下列公式计算：

$$\alpha = (F_{设}/F_{参})^{0.5}$$
$$T_{设i} = \alpha T_{参i}$$
$$q_{设i} = \alpha q_{参i}$$

式中：α 为单位线缩放系数；$F_{参}$、$F_{设}$ 分别为参证站、设计站以上控制流域面积；$T_{参i}$ 为参证站单位线逐时段，$T_{参i}=1, 2, \cdots, N$；$T_{设i}$ 为设计站单位线逐时段，通常为小数，为满足实际要求，可进一步对缩放结果进行插值，从而得到整时段单位线结果；$q_{参i}$ 为参证站单位线逐时段流量；$q_{设i}$ 为设计站单位线逐时段流量。

2.5 水位与库容、面积、泄量关系曲线

尹城水库水位与库容、面积、泄量关系曲线见图 18-4。

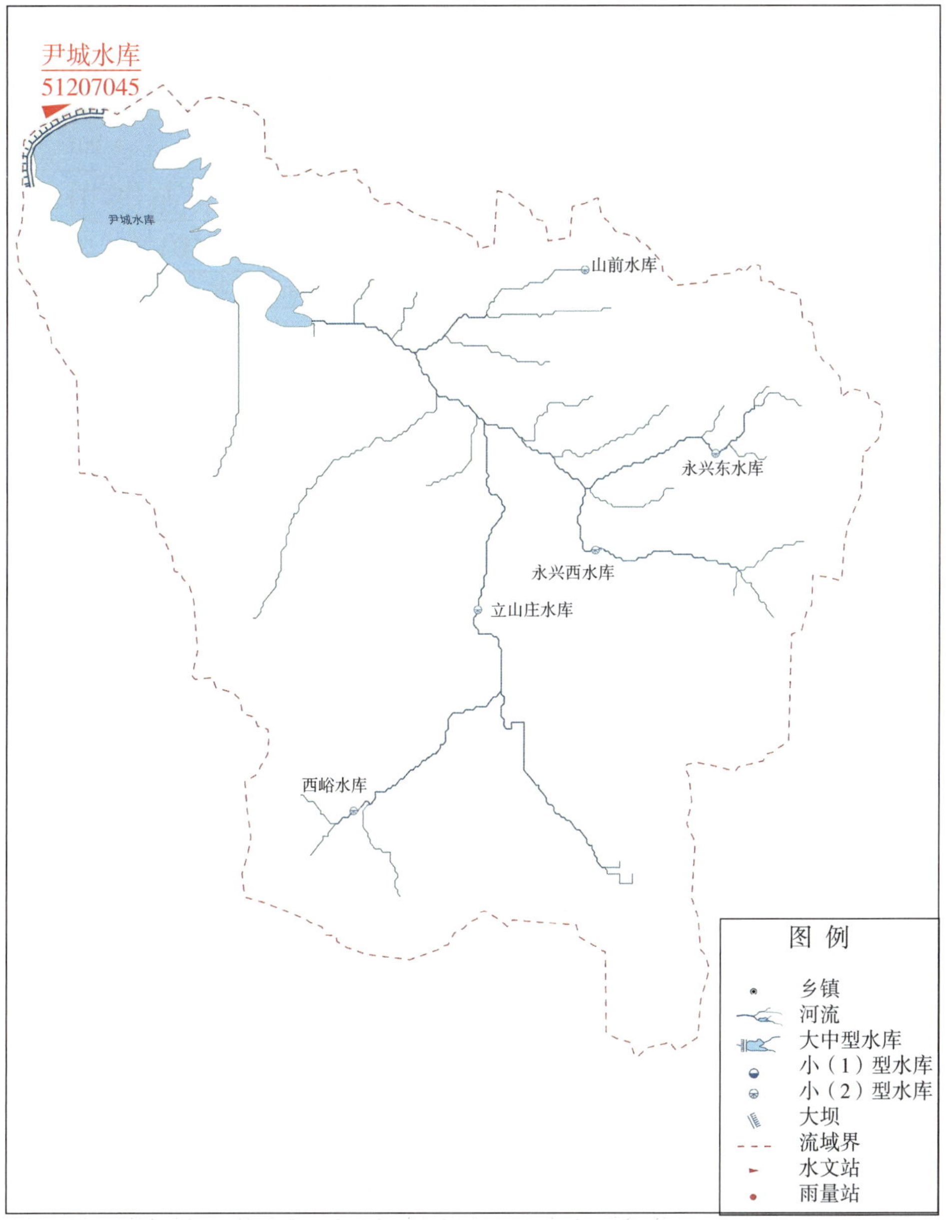

图 18-1　芦城河尹城水库流域图

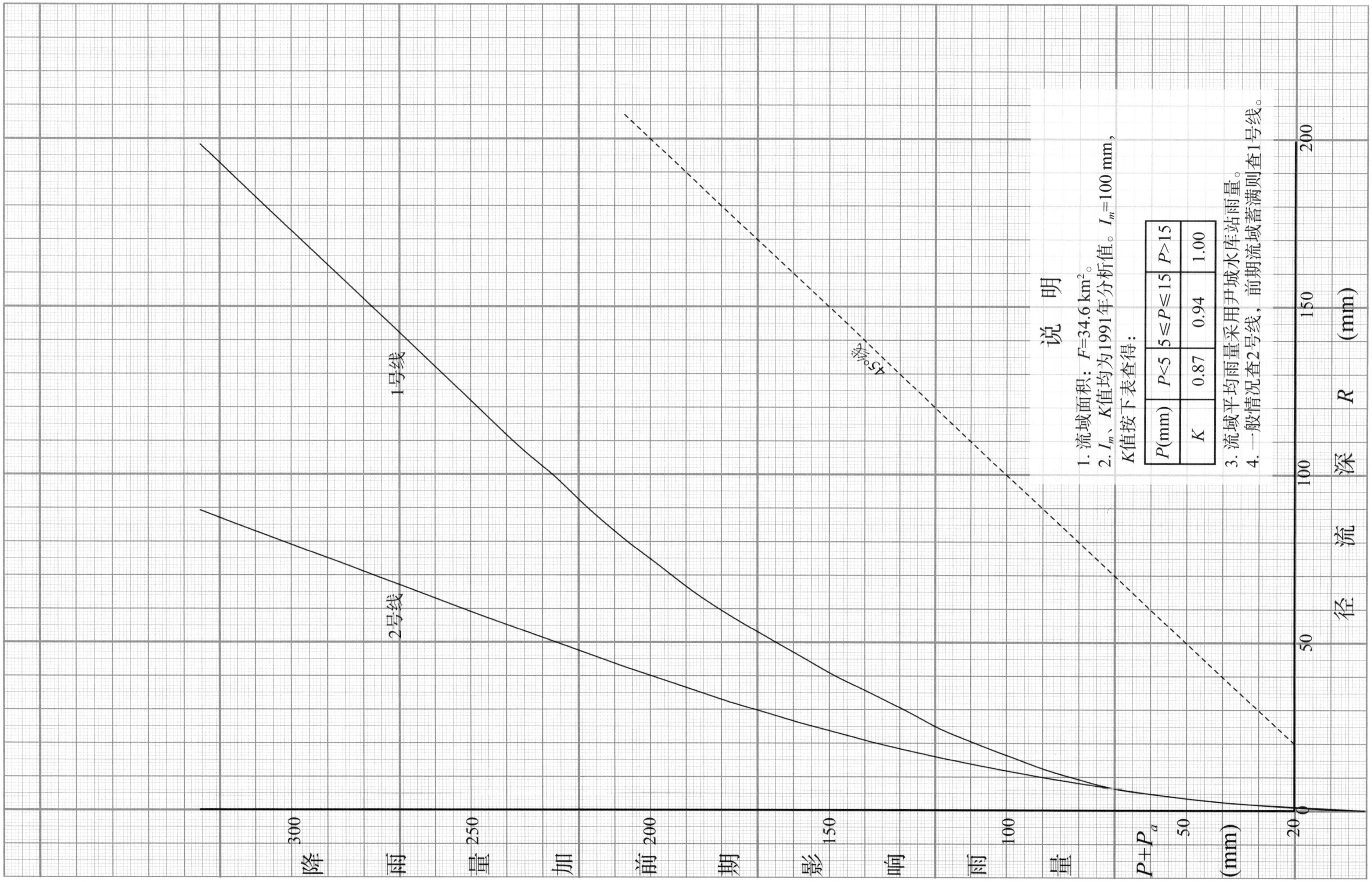

图 18-2　芦城河尹城水库站降雨径流相关图（P+P_a-R）

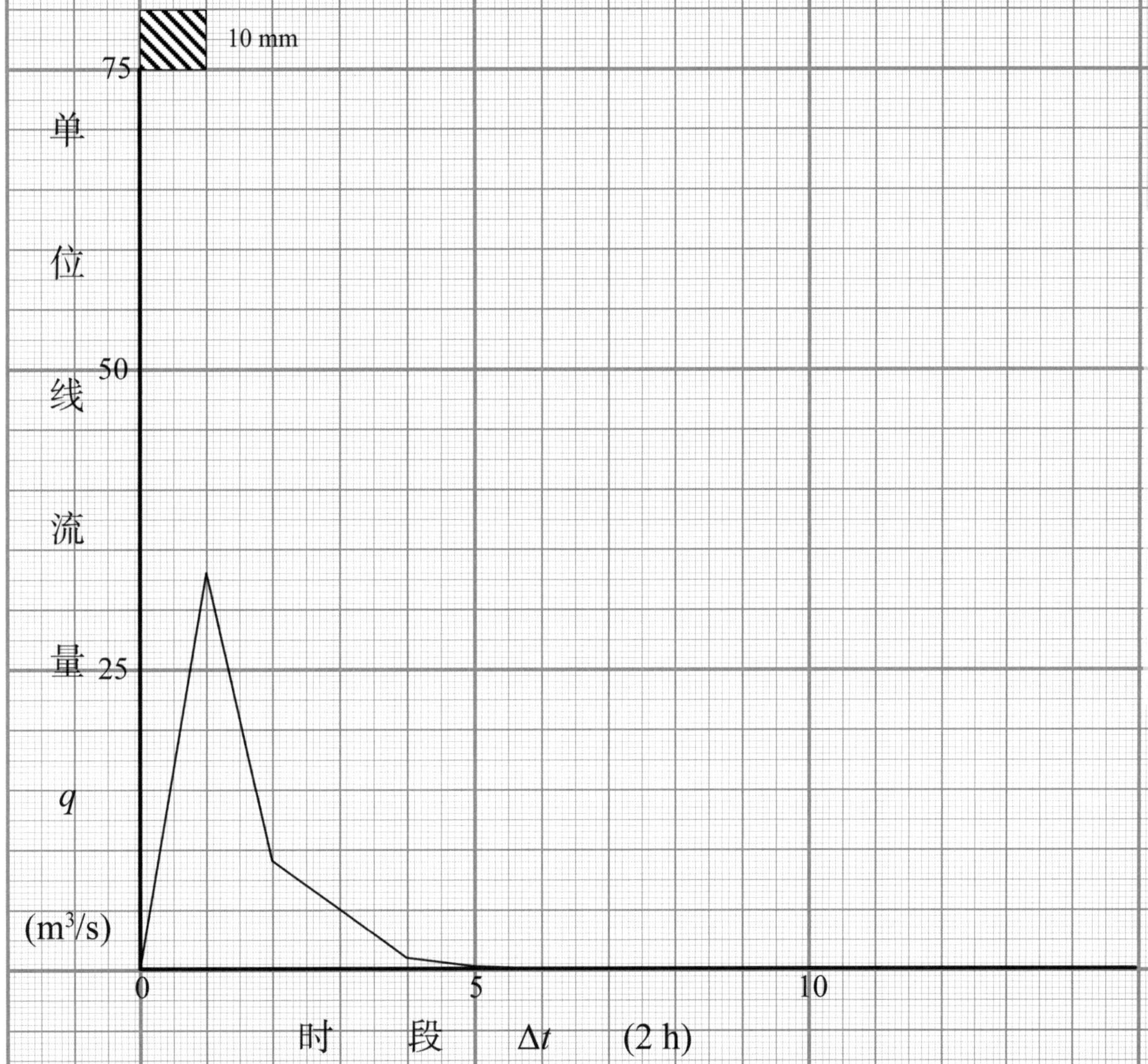

单位线成果表

F=34.6 km²，Δ*t*=2 h

时段	流量 q(m³/s)	备 注
0	0.0	根据贺庄水库站2号单位线缩放而得，暴雨中心在下游
1	33.0	
2	9.0	
3	5.0	
4	0.9	
5	0.2	
6	0.0	

图 18-3　芦城河尹城水库站单位线图

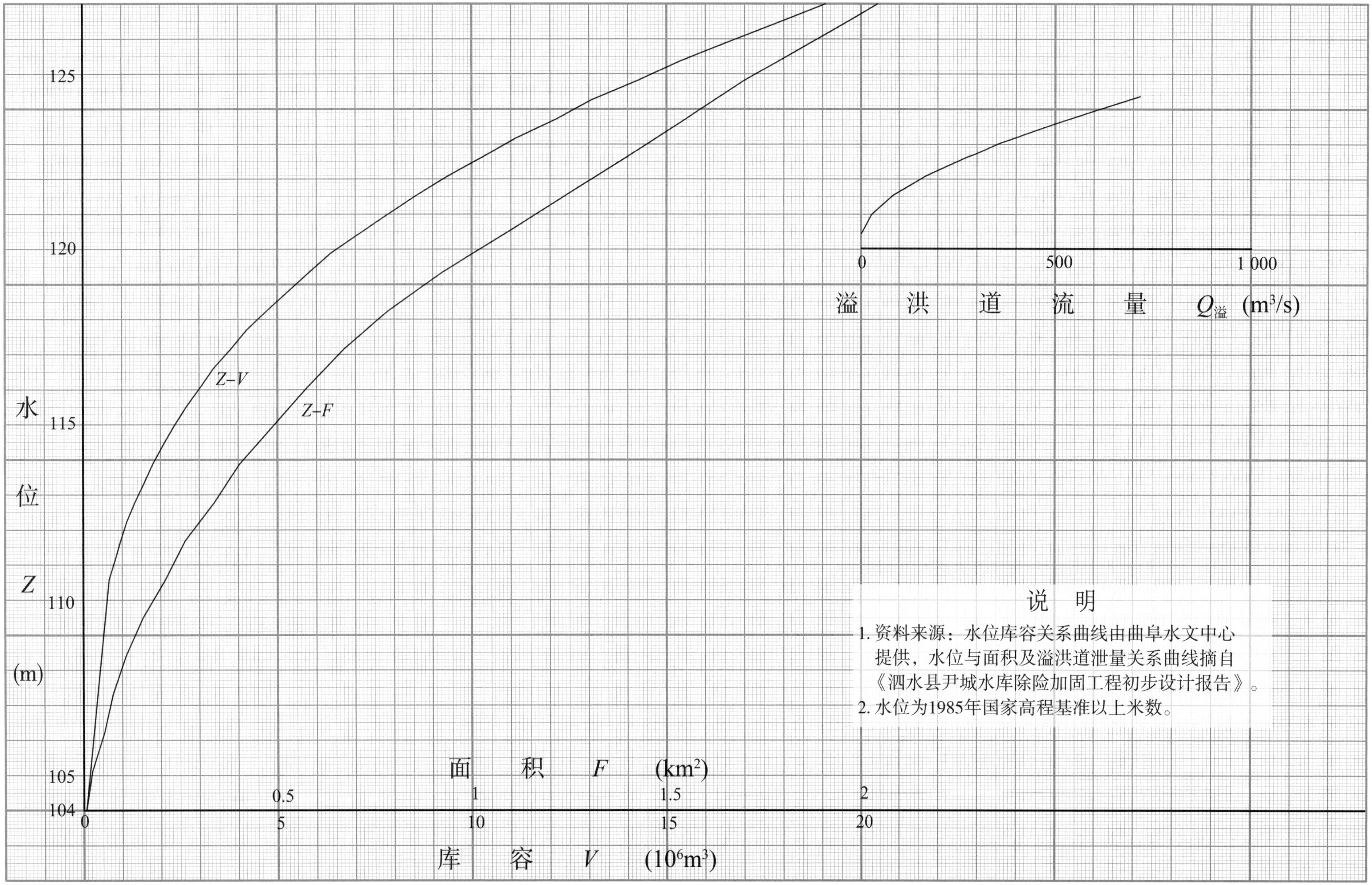

图 18-4　芦城河尹城水库水位与库容、面积、泄量关系曲线图

第十九章　城河户主水库站水文预报方案编制说明

1　流域概况

1.1　自然地理特征

户主水库位于滕州市城区东北 17 km、城河支流幸福河上游，属淮河流域南四湖水系，控制流域面积 44 km^2。幸福河为城河支流，发源于邹城市香城镇崔家口村北部山区，经滕州市东郭镇瓦峪东村入滕州市，于小坞沟村东注入城河。幸福河总流域面积 71.7 km^2，全长 22 km，其中滕州境内长 20 km。

户主水库站以上流域呈扇形，流域平均宽 4.63 km，干流平均坡降 5.76‰，干流长度约 9 km。流域内地质多为泰山杂岩，风化严重，沿河两岸有大量的薄层第四纪沉积物覆盖。户主水库站以上流域图见图 19-1。

1.2　水库工程概况

户主水库控制流域面积 44 km^2，是一座以防洪为主，兼顾农业灌溉、工业供水等综合利用的全国防洪重点中型水库，现状防洪标准为 100 年一遇设计、2 000 年一遇校核。水库于 1959 年 9 月 10 日开工，1960 年 7 月 25 日建成蓄水。水库总库容 2 019 万 m^3，兴利库容 998 万 m^3（2019 年库容曲线），正常蓄水位 122.78 m，校核洪水位 125.83 m。水库枢纽工程由主坝，副坝，溢洪道，东、西两个放水洞等五个主要部分组成。户主水库主要工程技术指标详见表 19-1。

表 19-1　城河户主水库主要工程技术指标表

	项目	主坝	副坝
大坝	坝长（m）	1 087	20
	坝高（m）	16.0	—
	坝顶高程（m）	127.00	127.99
	坝顶宽（m）	7.0	7.0
溢洪道	型式	平板钢闸门	
	堰顶高程（m）	120.00	
	孔数	3	
	闸门尺寸（m×m）	3.5×6.0	
	最大泄量（m^3/s）	432	

续表

放水洞	位置	东、西相同
	型式	闸前明渠，闸后方涵
	断面尺寸（m×m）	1.0×1.5
	进口底高程（m）	115.78
	设计流量（m^3/s）	9.43

备注：资料摘自《滕州市户主水库 2020 年汛期调度运用计划》，采用基面为 1985 年国家高程基准。

1.3　上游水利工程概况

户主水库站以上流域内共建有小（2）型水库 5 座，总控制流域面积 9.15 km^2，总库容 201.43 万 m^3，总兴利库容 108.24 万 m^3。各小型水库基本情况详见表 19-2。

表 19-2　城河户主水库站以上小型水库统计表

水库名称	类型	建成时间	流域面积（km^2）	总库容（万 m^3）	兴利库容（万 m^3）
崔口水库	小（2）型	1965 年 11 月	0.8	28.0	17.39
石湾水库	小（2）型	1966 年 05 月	3.9	70.69	35.0
瓦峪东水库	小（2）型	1967 年 03 月	2.09	32.72	14.8
黄庄水库	小（2）型	1965 年 01 月	2.0	59.79	35.8
夏庄水库	小（2）型	1967 年 04 月	0.36	10.23	5.25

1.4　测站概况

户主水库设有户主水库辅助站，于 1961 年 7 月设站，主要监测项目有水位、流量、降水量。

流域内现设有 1 处国家基本雨量站户主站以及 1 处水库上游专用雨量站瓦峪站。

2　预报方案编制

2.1　资料情况

户主水库站无实测年鉴水文摘录资料。

2.2　参证站选择

户主水库距马河水库仅 4 km，其地形地貌和下垫面基本特征与马河水库相似，故以马河水库站作为户主水库站的参证站。参证站马河水库站以上流域面积 $F_{参}=242\ km^2$；设计站户主水库站以上流域面积 $F_{设}=44\ km^2$。

2.3 产流方案

利用马河水库站的产流方案推求户主水库站的产流过程，户主水库站降雨径流相关图（$P+P_a-R$）见图 19-2。

2.3.1 流域平均雨量 *P* 的计算

采用户主和瓦峪两站雨量的算术平均值计算流域平均雨量。

2.3.2 流域平均前期影响雨量 P_a 的计算

采用下式计算 P_a 值：

$$P_{a,t+1}=K(P_{a,t}+P_t)$$

式中：$P_{a,t+1}$ 为第 $t+1$ 日的前期影响雨量（mm）；$P_{a,t}$ 为第 t 日的前期影响雨量（mm）；P_t 为第 t 日的流域平均雨量（mm）；K 为前期影响雨量递减系数。

2.3.3 产流参数 I_m、K 的确定

自汛初开始连续计算，产流参数 I_m、K 借用马河水库站的参数，即 I_m 取 80 mm，作为 P_a 值的上限；6 月份 K 值取 0.88，7 月份取 0.90，8 月份取 0.91，9 月份取 0.92。

2.4 汇流方案

采用参证站马河水库站单位线进行缩放。将马河水库站单位线（$\Delta t=2$ h）进行缩放后作为户主水库站单位线，详见图 19-3。

单位线的缩放按下列公式计算：

$$\alpha=(F_{设}/F_{参})^{0.5}$$

$$T_{设i}=\alpha T_{参i}$$

$$q_{设i}=\alpha q_{参i}$$

式中：α 为单位线缩放系数；$F_{参}$、$F_{设}$ 分别为参证站、设计站以上控制流域面积；$T_{参i}$ 为参证站单位线逐时段，$T_{参i}=1, 2, \cdots, N$；$T_{设i}$ 为设计站单位线逐时段，通常为小数，为满足实际要求，需进一步对缩放结果进行插值，从而得到整时段单位线结果；$q_{参i}$ 为参证站单位线逐时段流量；$q_{设i}$ 为设计站单位线逐时段流量。

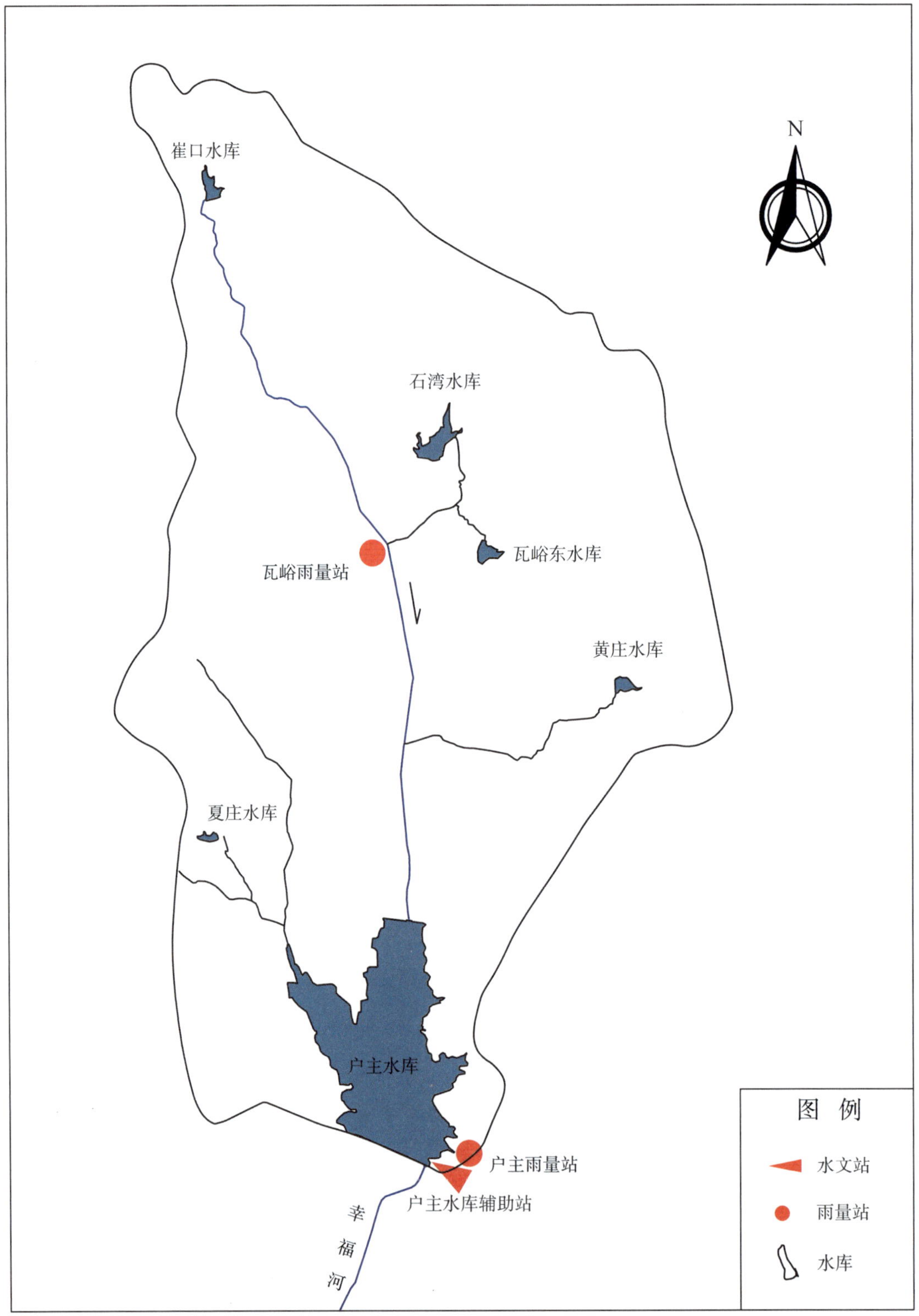

图 19-1　城河户主水库站以上流域图

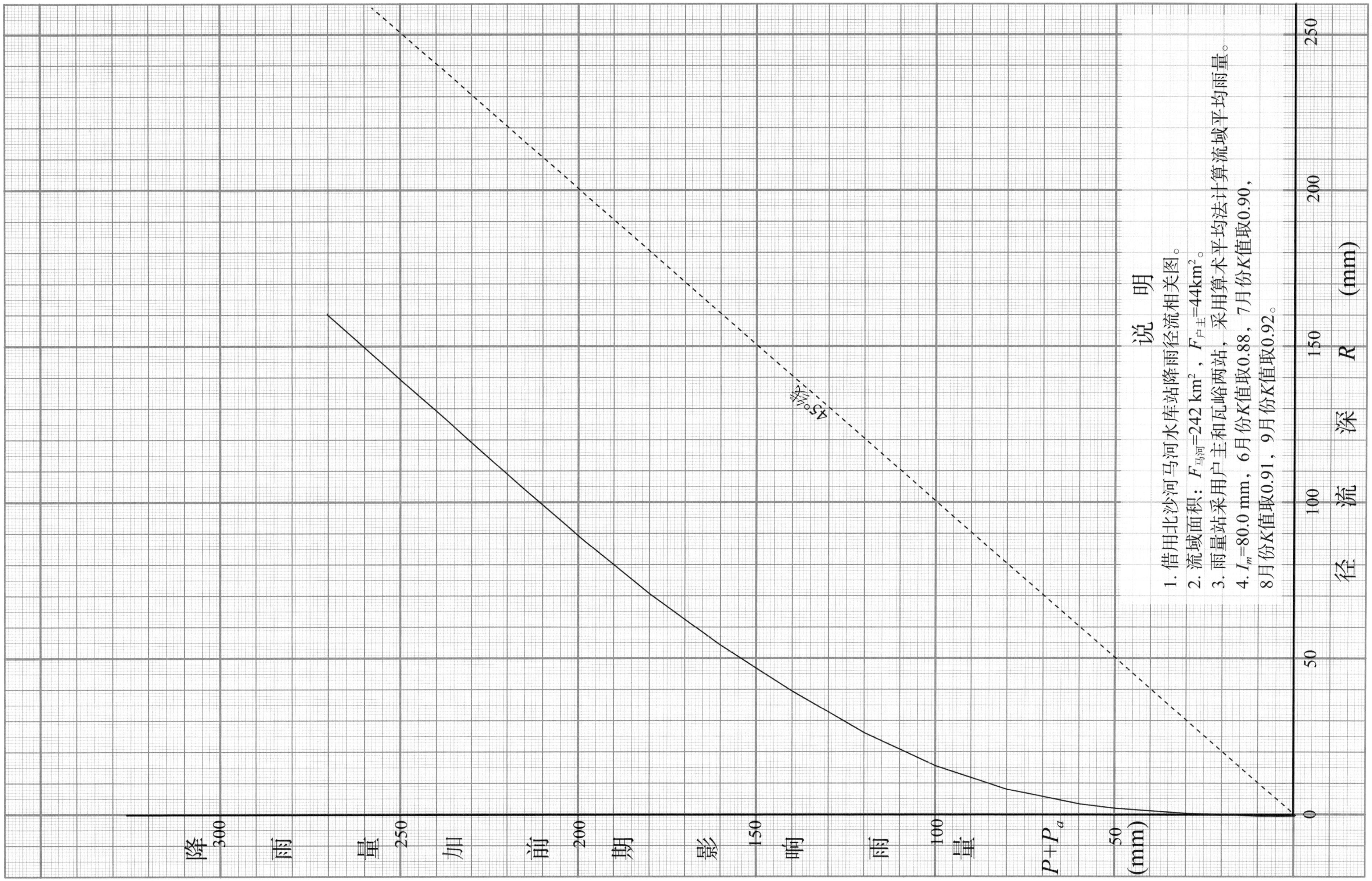

图 19-2　城河户主水库站降雨径流相关图（$P+P_a$-R）

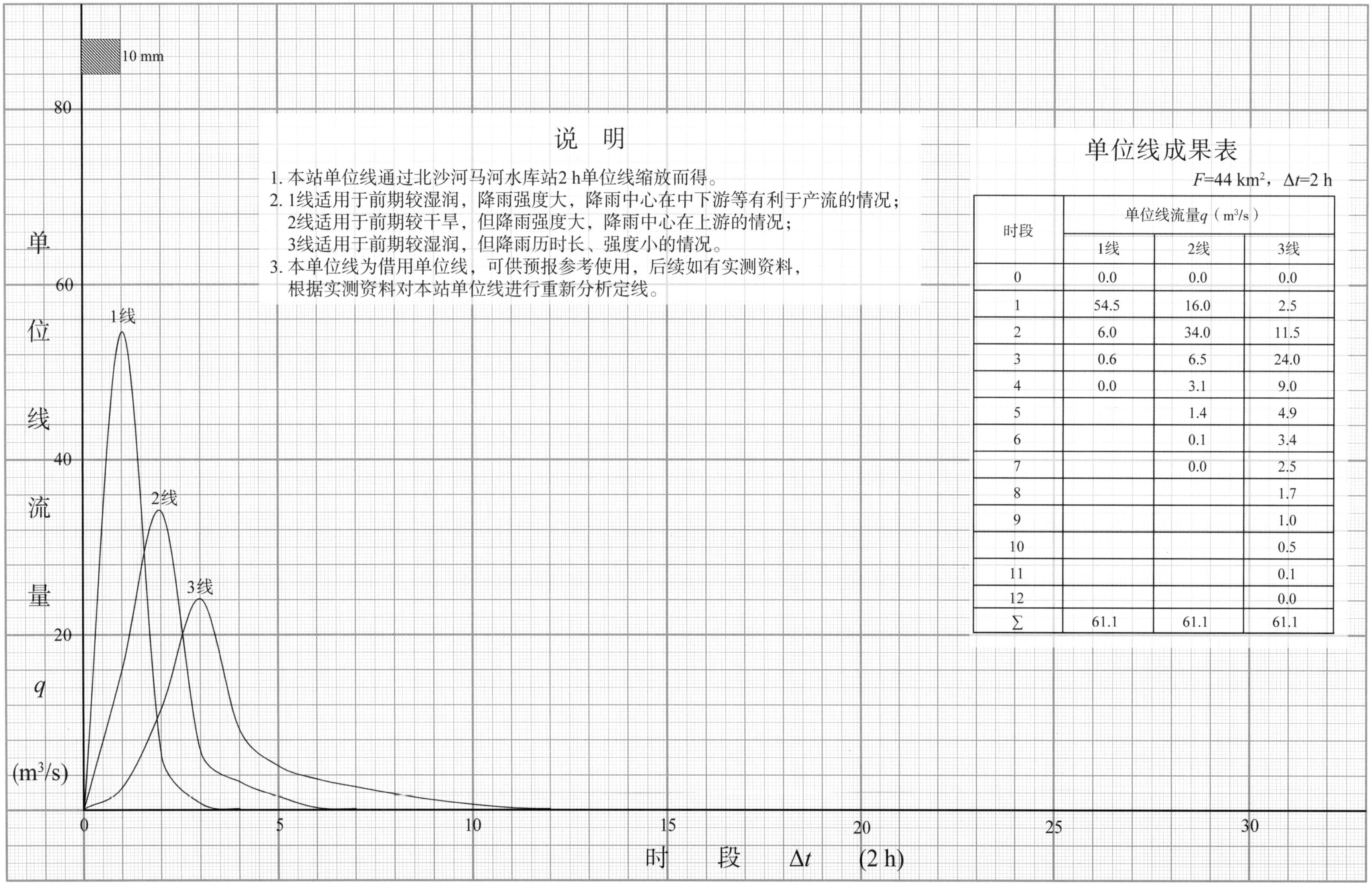

说明

1. 本站单位线通过北沙河马河水库站2 h单位线缩放而得。
2. 1线适用于前期较湿润，降雨强度大，降雨中心在中下游等有利于产流的情况；
   2线适用于前期较干旱，但降雨强度大，降雨中心在上游的情况；
   3线适用于前期较湿润，但降雨历时长、强度小的情况。
3. 本单位线为借用单位线，可供预报参考使用，后续如有实测资料，
   根据实测资料对本站单位线进行重新分析定线。

单位线成果表

F=44 km²，Δt=2 h

时段	单位线流量q（m³/s）		
	1线	2线	3线
0	0.0	0.0	0.0
1	54.5	16.0	2.5
2	6.0	34.0	11.5
3	0.6	6.5	24.0
4	0.0	3.1	9.0
5		1.4	4.9
6		0.1	3.4
7		0.0	2.5
8			1.7
9			1.0
10			0.5
11			0.1
12			0.0
∑	61.1	61.1	61.1

图 19-3　城河户主水库站单位线图

第二十章　十字河石嘴子水库站水文预报方案编制说明

1　流域概况

1.1　自然地理特征

1.1.1　河流水系

石嘴子水库位于枣庄市山亭区徐庄镇石嘴子村、十字河上游北支，属淮河流域南四湖水系，控制流域面积 49.5 km^2。流域平均宽度 4.09 km，干流平均坡降 4.64‰，干流长 12.1 km，流域特征系数 0.338。该流域降雨量较多，径流条件好，非汛期亦有较大数量的泉水补给。石嘴子水库流域图见图 20-1。

1.1.2　地形、地质、地貌

石嘴子水库流域内主要为青石山，少部分砂石山，三面环山，地势北高南低。

1.1.3　植被

该流域主要植被为农田植被和山坡植被，农田植被以农作物为主，生长季节一般覆盖度较大，叶面多。山坡植被比较好，该流域是黄梨产区，主要树种有刺槐、杨树等，部分山顶有松树。

1.1.4　泥沙

该流域泥沙有悬移质、推移质、河床质三类，侵蚀模数为 2 780 t/km^2。

1.1.5　气象水文特征

石嘴子水库流域属半湿润大陆性气候，四季分明，冷热、干湿季节变化明显，春季少雨多风易旱，夏季炎热多雨，秋季凉爽，晚秋易旱，冬季干旱寒冷，雨雪稀少。多年平均降水量 850 mm，最大年降水量 1 261 mm，最小年降水量 468 mm，76% 的降水集中在 6—9 月。多年平均径流量 0.173 3 亿 m^3，多年平均最大 24 h 降雨量 118 mm，汛期多年平均降水量 560.4 mm，多年平均入库流量 569 万 m^3，多年平均水面蒸发量 1 221 mm。多年平均气温 13.5℃，最高气温 40℃，发生在 1966 年 7 月 19 日；最低气温-20℃，出现在 1969 年 1 月 31 日，其年际变化在 20℃左右，日平均气温以 1 月份-1.7℃为最低，7 月份 26.7℃为最高。风力平均 3~4 级，最大 8 级，风向以西北和东南为主，根据《山东省滕州市气候》，历年 6—9 月份最大风速 18 m/s。由库区 1∶10 000 地形图量得土坝吹程 3 km、砌石坝吹程 1.8 km。冰冻平均厚度 180 mm。

1.2　水库工程概况

1.2.1　水库概述

石嘴子水库是一座以防洪为主，兼顾发电、灌溉等效益的综合利用水利枢纽工程，流域面积 49.5 km^2。该水库于 1970 年 11 月动工兴建，1976 年蓄水运行，总库容 2 617 万 m^3，兴利库容 1 604 万 m^3，死库容 155 万 m^3。现水库防洪标准为百年一遇设计、千年一遇校核。设计洪水位 209.59 m，泄量 810 m^3/s；校核洪水位 211.20 m，最大泄量 1 180 m^3/s。

1.2.2　水库工程主体

石嘴子水库枢纽工程包括大坝、闸门式溢洪道、放水洞和水电站四部分。

水库大坝全长 588.8 m，包括主坝（浆砌石重力坝）和副坝（均质土坝）。

主坝全长 288.4 m，最大坝高 32.18 m，坝顶宽 5.9 m，坝顶高程 213.20 m；防渗形式采用坝基帷幕灌浆及按照原坝前坡降浇筑钢筋混凝土面板，面板厚 1.5 m。

副坝全长 300.4 m，最大坝高 23.4 m，坝顶宽 6.0~7.6 m，坝顶高程 213.30 m；坝体防渗采用混凝土防渗墙，防渗墙墙体宽 0.45 m。

闸门式溢洪道位于大坝左端，闸门净宽 40.0 m，闸门为 5 孔，单孔宽 8 m，总宽 49.0 m，闸底高程 204.00 m，最大泄量 1 180 m^3/s。

放水洞位于大坝桩号 0+166.5 m 处，为无廊道钢筋混凝土管（有竖井），闸前开敞，闸后 ϕ1.0 m，进口底高程 192.00 m，设计最大流量 9.00 m^3/s。

水电站装机容量 325 kW，共两台机组（200 kW+125 kW）。

水库设计灌溉面积 4.15 万亩，有东西干渠两条，总长度 24.45 km，其中东干渠长 4.05 km，西干渠长 20.4 km。

1.2.3　历次重大改建、扩建、加固情况

1987 年对大坝进行了坝坡翻修。水电站于 1978 年 6 月兴建，1979 年 8 月完工，发电并入徐州电网，1991 年 12 月由西北电业职工大学派人员对水电站进行了技术改造。溢洪道于 1977 年开挖，1978 年完工。闸门工程于 1991 年 3 月 20 日动工兴建，1992 年 5 月 30 日全部完成。灌区于 1971 年兴建，1986 年完工。除险加固工程于 2009 年 8 月 1 日开工，2010 年 11 月完成竣工验收。

1.2.4　主要控制运用指标（2022 年）

石嘴子水库主要控制运用指标见表 20-1。

表 20-1　石嘴子水库主要控制运用指标表（2022 年）

控制运用指标名称	水位 Z（m）	相应库容 V（万 m^3）
溢洪道堰顶高程	204.00	1 149
汛中限制水位	206.50	1 506

续表

控制运用指标名称	水位 Z（m）	相应库容 V（万 m^3）
汛中允许超蓄水位	207.00	1 585
汛末蓄水位	208.00	1 759
警戒水位	208.32	1 820
允许最高水位	209.47	2 048

1.3 上游水利工程概况

上游有小（1）型水库1座（柴胡水库），控制流域面积10.6 km^2，总库容311万 m^3；小（2）型水库3座，即高山顶水库、青莲水库、上湾水库。

1.4 测站概况

石嘴子水库水文站建于2018年1月，位于枣庄市山亭区徐庄镇石嘴子水库，为辅助水文站。其测验方式为巡测，主要测验项目有水位、降水量、出库流量、水文调查等。

本站水位采用冻结基面（1956年黄海基面），1985年国家高程基准高程与冻结基面高程换算关系为 $Z_{85}=Z_{冻结}$。

2 预报方案编制

2.1 资料情况

石嘴子水库站无实测年鉴水文摘录资料。

2.2 参证站选择

石嘴子水库水文站和柴胡店水文站均位于十字河上，柴胡店水文站在石嘴子水库水文站下游，其所控制的流域面积包含石嘴子水库水文站控制流域面积，二者地形地貌和下垫面基本特征相似，故以柴胡店水文站作为石嘴子水库水文站的参证站。参证柴胡店水文站以上流域面积 $F_{参}=681$ km^2；设计站石嘴子水库水文站以上流域面积 $F_{设}=49.5$ km^2。虽然二者流域面积相差略大，考虑到地形地貌、下垫面条件等流域相似性，认为以柴胡店水文站为参证站较为合适。

2.3 产流方案

利用柴胡店水文站的产流方案推求石嘴子水库水文站的产流过程，石嘴子水库水文站降雨径流相关图（$P+P_a-R$）见图20-2。

2.3.1 流域平均雨量 P 的计算

根据石嘴子水库、柴胡、高山顶3站雨量采用算术平均法计算流域平均雨量。

2.3.2 流域平均前期影响雨量 P_a 的计算

采用下式计算 P_a 值：

$$P_{a,\ t+1}=K(P_{a,\ t}+P_t)$$

式中：$P_{a,t+1}$ 为第 $t+1$ 日的前期影响雨量（mm）；$P_{a,t}$ 为第 t 日的前期影响雨量（mm）；P_t 为第 t 日的流域平均雨量（mm）；K 为前期影响雨量递减系数。

K 值的计算公式如下：

$$K=1-E_m/I_m$$

式中：E_m 为最大蒸发能力（借用岩马水库历年平均各月最大日蒸发量）；I_m 为最大损失量，采用80 mm，并作为 P_a 值的上限控制数。各月 K 值见表20-2。

表20-2 各月 K 值表

月份	6月	7月	8月	9月
K 值	0.88	0.90	0.91	0.92

2.4 汇流方案

采用参证站柴胡店站单位线进行缩放。将柴胡店站单位线（$\Delta t=2$ h）进行缩放后作为石嘴子水库站单位线，详见图20-3。

单位线的缩放按下列公式计算：

$$\alpha=(F_{设}/F_{参})^{0.5}$$
$$T_{设i}=\alpha T_{参i}$$
$$q_{设i}=\alpha q_{参i}$$

式中：α 为单位线缩放系数；$F_{参}$ 为参证站以上控制流域面积；$F_{设}$ 为设计站以上控制流域面积；$T_{参i}$ 为参证站单位线逐时段，$T_{参i}=1,\ 2,\ \cdots,\ N$；$T_{设i}$ 为设计站单位线逐时段，通常为小数，为满足实际要求，需进一步对缩放结果进行插值，从而得到整时段单位线结果；$q_{参i}$ 为参证站单位线逐时段流量；$q_{设i}$ 为设计站单位线逐时段流量。

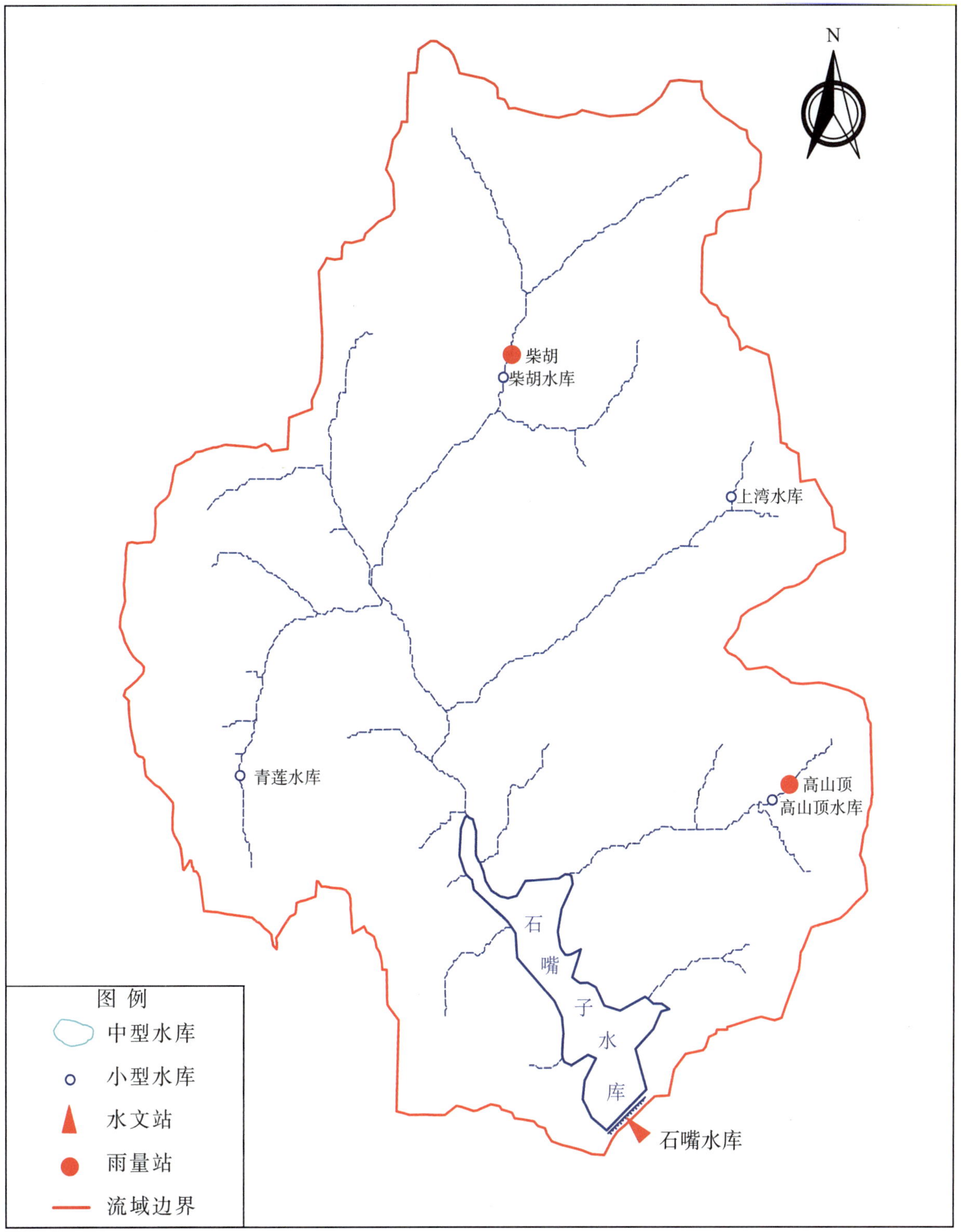

图 20-1　十字河石嘴子水库流域图

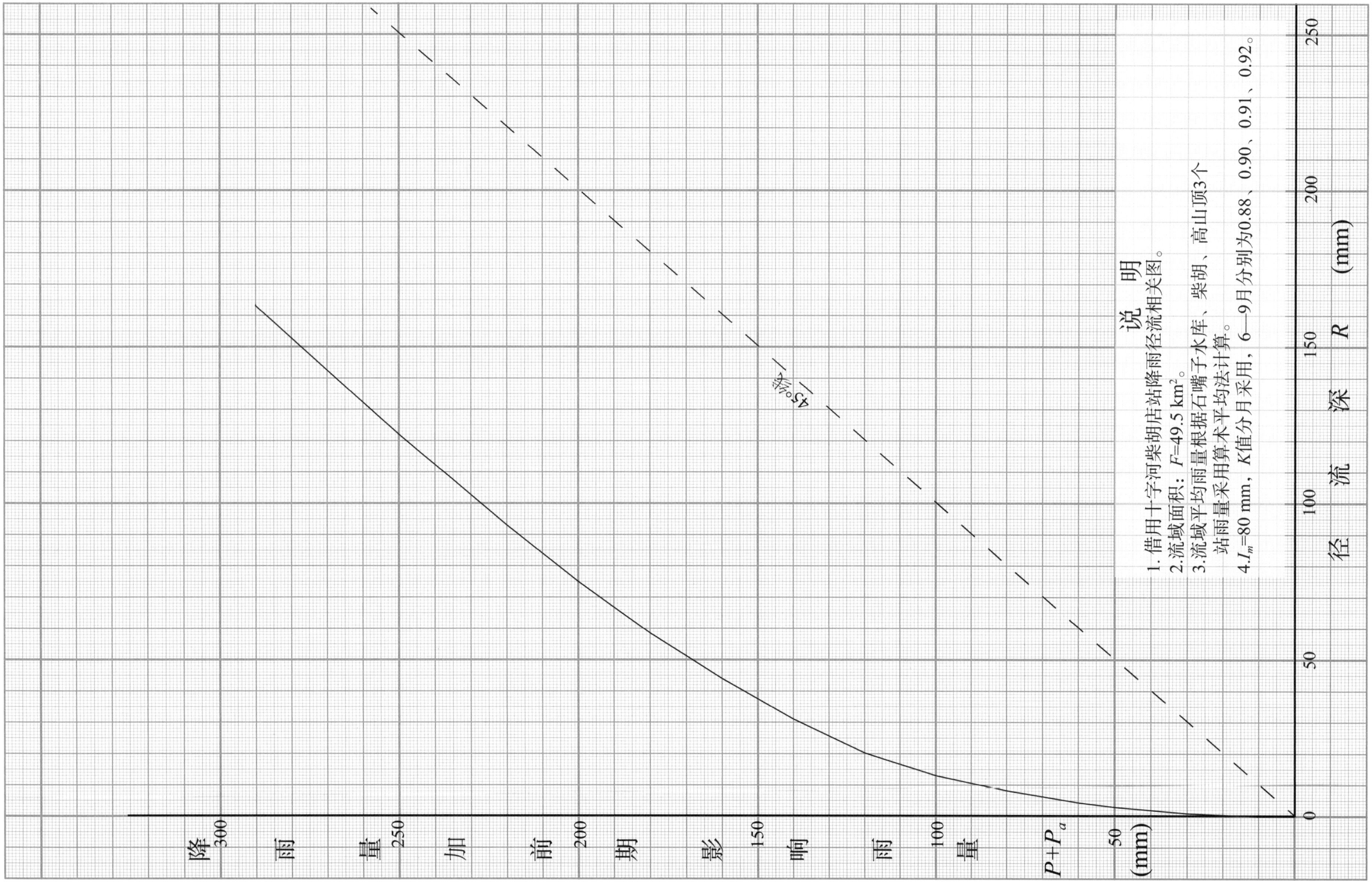

图 20-2 十字河石嘴子水库站降雨径流相关图（P+P_a-R）

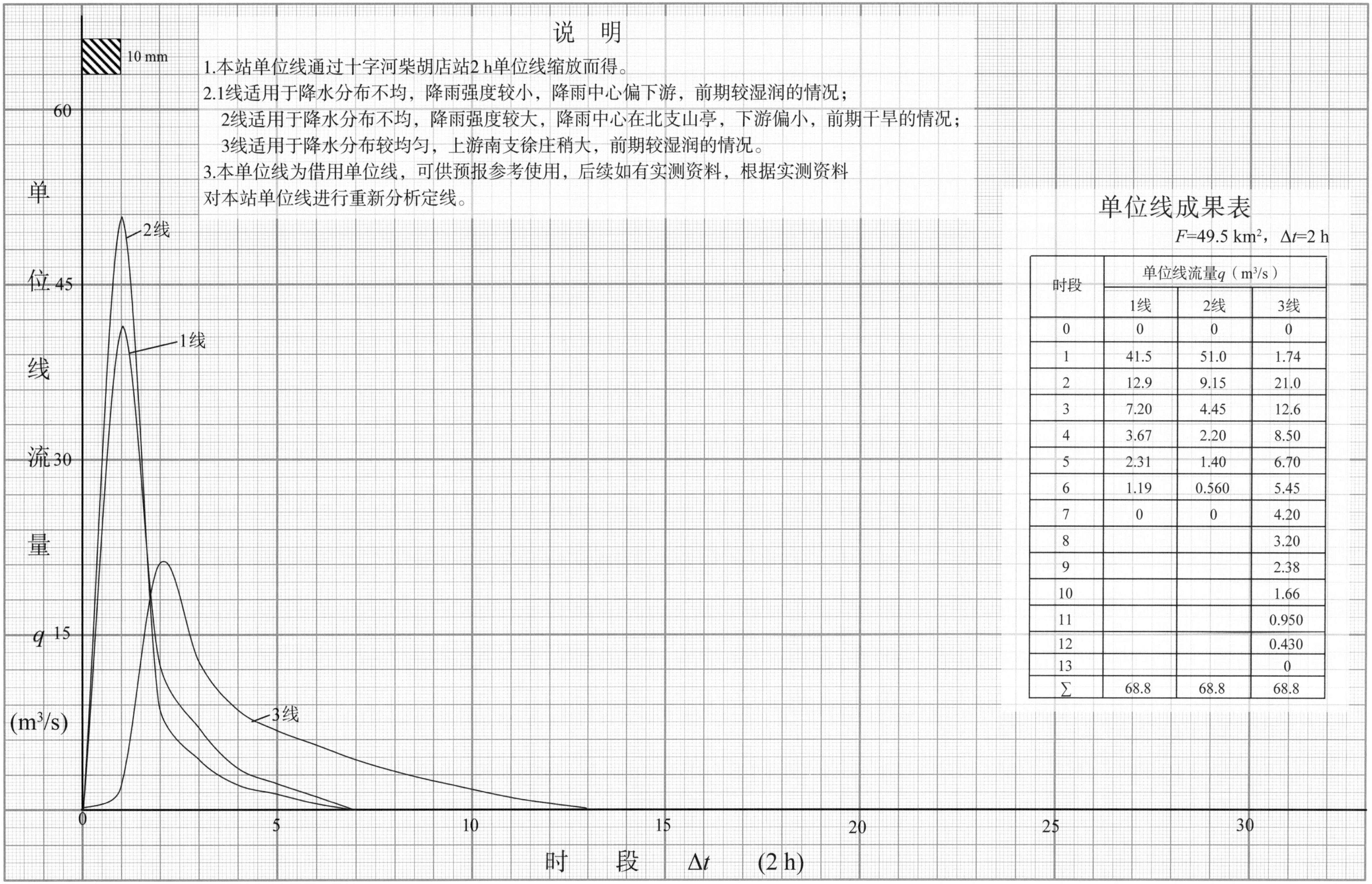

说 明

1.本站单位线通过十字河柴胡店站2 h单位线缩放而得。

2.1线适用于降水分布不均，降雨强度较小，降雨中心偏下游，前期较湿润的情况；

2线适用于降水分布不均，降雨强度较大，降雨中心在北支山亭，下游偏小，前期干旱的情况；

3线适用于降水分布较均匀，上游南支徐庄稍大，前期较湿润的情况。

3.本单位线为借用单位线，可供预报参考使用，后续如有实测资料，根据实测资料对本站单位线进行重新分析定线。

单位线成果表

F=49.5 km²，Δt=2 h

时段	单位线流量q（m³/s）		
	1线	2线	3线
0	0	0	0
1	41.5	51.0	1.74
2	12.9	9.15	21.0
3	7.20	4.45	12.6
4	3.67	2.20	8.50
5	2.31	1.40	6.70
6	1.19	0.560	5.45
7	0	0	4.20
8			3.20
9			2.38
10			1.66
11			0.950
12			0.430
13			0
∑	68.8	68.8	68.8

图 20-3 十字河石嘴子水库站单位线图

第二十一章　十字河庄里水库站水文预报方案编制说明

1　流域概况

1.1　自然地理特征

庄里水库位于十字河上游的枣庄市山亭区和滕州市境内，水库大坝坝址位于滕州市羊庄镇西江和前台村北。水库所处的十字河流域位于山东省南四湖湖东地区，流域形状为不规则阔叶形，东西方向长约 26 km，南北方向长约 22 km。整个流域在处山岳丘陵地带，植被状况良好。流域内主要河流为十字河，主河道总长 44.118 km，河道纵比降 0.42‰，流域面积 746 km^2。十字河主要有中江和西江两大支流，中江长约 31 km，西江长约 30 km。

该流域属暖温带东亚季风区大陆性气候，四季分明，春季多风干燥，夏季湿热多雨，秋季天高气爽，冬季寒冷少雨雪。流域内多年平均气温 14.8℃，多年平均相对湿度 69.8%，无霜期约 200 d 左右，多年平均水面蒸发量在 987.5 mm 左右，日平均日照时间为 6.5 h，区域最大冻土深度 30cm。

暴雨是造成本流域洪水的主要原因。暴雨多发生在盛夏初秋，具有明显的季节性。庄里水库流域为山丘地区，山高坡陡，汇流历时较短，有些大洪水往往峰高量小，洪水过程线形状比较尖瘦。

庄里水库流域图见图 21-1。

1.2　水库工程概况

庄里水库于 2019 年 8 月基本建成，为大（2）型水库。庄里水库总库容 1.33 亿 m^3，调洪库容 0.46 亿 m^3，防洪库容 0.15 亿 m^3，兴利库容 0.8 亿 m^3，死库容 1 039 万 m^3，死水位 101.32 m，正常蓄水位 114.56 m，30 年一遇防洪高水位 116.18 m，百年一遇设计洪水位 116.77 m，两千年一遇校核洪水位 118.95 m。水库主要由大坝、溢洪道、放水洞、电站厂房等部分组成。

大坝为壤土均质坝，总长 3 124 m，坝顶高程 119.90 m，坝顶宽 7.0 m，大坝坝顶设有防浪墙，防浪墙顶高程 121.00 m。

溢洪道位于大坝中间，为河床式溢洪道，泄洪方式为开敞式泄洪，设计泄量 1 932.83 m^3/s，校核泄量 2 717.53 m^3/s。溢洪闸共 3 孔，每孔净宽 13.0 m，为弧形钢闸门，高度 7 m。采用 WES 实用堰，堰顶高程 108.30 m。消能方式采用挑流，挑流后设置消能塘。

水库建有南、北两个放水洞。北放水洞位于主坝桩号 1+538.5 处，由进水口、竖井段、坝后钢管段、供水管段组成；南放水洞位于桩号 1+461.5 处，由进口段、竖井段、坝后钢管段、弧形工作闸门和消能段组成。

电站型式为坝后式，位于北侧土石坝段下游。选用贯流式发电机组 4 台，总装机容量 510 kW。电站主厂房顺水流方向净宽 10.5 m，垂直水流方向净宽 19.5 m，主厂房两侧设楼梯，分别连接安装间与主厂房、副厂房与主厂房。

1.3　上游水利工程概况

庄里水库流域内已建的中小型水库共有 17 座，其中中型水库 1 座（石嘴子水库），小（1）型水库有 5 座，小（2）型水库有 11 座。石嘴子水库控制流域面积 49.5 km^2，总库容 2 617 万 m^3，兴利库容 1 604 万 m^3；小型水库总集水面积 43.0 km^2，总库容 1 053 万 m^3，总兴利库容 577.7 万 m^3。

1.4　测站概况

庄里水库水文站位于滕州市羊庄镇庄里村，测站编码为 51208850，设立于 2020 年 6 月，属国家基本水文站，是南四湖一级支流十字河中游的重要控制站，站址以上控制流域面积 320 km^2。该站水位采用 1985 年国家高程基准。

该站测验项目有水位（坝上）、流量（水库溢洪闸测流断面、水库南放水洞测流断面）、水准测量、冰情目测、降水量、蒸发量、水温、水质、水文调查等，承担向国家防汛抗旱总指挥部、山东省防汛抗旱指挥部、山东省水文中心、枣庄市水文中心、庄里水库管理所、枣庄市山亭区防汛指挥部等单位雨水情报汛的任务，监测出入库各项水文要素，向测站覆盖范围内提供水文情报服务。

2　预报方案编制

2.1　资料情况

庄里水库水文站为新建站，无实测年鉴水文摘录资料。

2.2　参证站选择

庄里水库水文站和柴胡店水文站均位于十字河上，柴胡店水文站在庄里水库水文站下游，其所控制的流域面积包含庄里水库水文站控制流域面积，二者地形地貌和下垫面基本特征相似，故以柴胡店水文站作为庄里水库水文站的参证站。参证柴胡店水文站以上流域面积 $F_{参}=681\ km^2$；设计站庄里水库水文站以上流域面积 $F_{设}=270.5\ km^2$（不包含流域内石嘴子水库控制流域面积 49.5 km^2）。

2.3　产流方案

利用柴胡店水文站的产流方案推求庄里水库水文站的产流过程，庄里水库水文站降雨径流相关图（$P+P_a-R$）见图 21-2。

2.3.1 流域平均雨量 P 的计算

根据庄里水库、崔虎峪、徐庄、山亭 4 个站雨量的加权平均值计算流域平均雨量。各站控制权重见表 21-1。

表 21-1 十字河庄里水库站以上各站控制权重表

站名	庄里水库	崔虎峪	徐庄	山亭
权重	0.250	0.250	0.250	0.250

2.3.2 流域平均前期影响雨量 P_a 的计算

采用下式计算 P_a 值：

$$P_{a,\ t+1} = K(P_{a,\ t} + P_t)$$

式中：$P_{a,t+1}$ 为第 t+1 日的前期影响雨量（mm）；$P_{a,t}$ 为第 t 日的前期影响雨量（mm）；P_t 为第 t 日的流域平均雨量（mm）；K 为前期影响雨量递减系数，$K=1-E_m/I_m$，采用柴胡店水文站的参数，6 月份 K 值取 0.88，7 月份取 0.90，8 月份取 0.91，9 月份取 0.92；E_m 为最大蒸发能力（借用岩马水库历年平均各月最大日蒸发量）；I_m 为最大损失量，取 80 mm，并作为 P_a 值的上限控制数。

2.4 汇流方案

采用参证站柴胡店水文站单位线进行缩放。将柴胡店水文站单位线（Δt=2 h）进行缩放后作为庄里水库水文站单位线，详见图 21-3。

单位线的缩放按下列公式计算：

$$\alpha = (F_{设}/F_{参})^{0.5}$$

$$T_{设i} = \alpha T_{参i}$$

$$q_{设i} = \alpha q_{参i}$$

式中：α 为单位线缩放系数；$F_{参}$、$F_{设}$ 分别为参证站、设计站以上控制流域面积；$T_{参i}$ 为参证站单位线逐时段，$T_{参i}$=1，2，…，N；$T_{设i}$ 为设计站单位线逐时段，通常为小数，为满足实际要求，需进一步对缩放结果进行插值，从而得到整时段单位线结果；$q_{参i}$ 为参证站单位线逐时段流量；$q_{设i}$ 为设计站单位线逐时段流量。

图 21-1 十字河庄里水库流域图

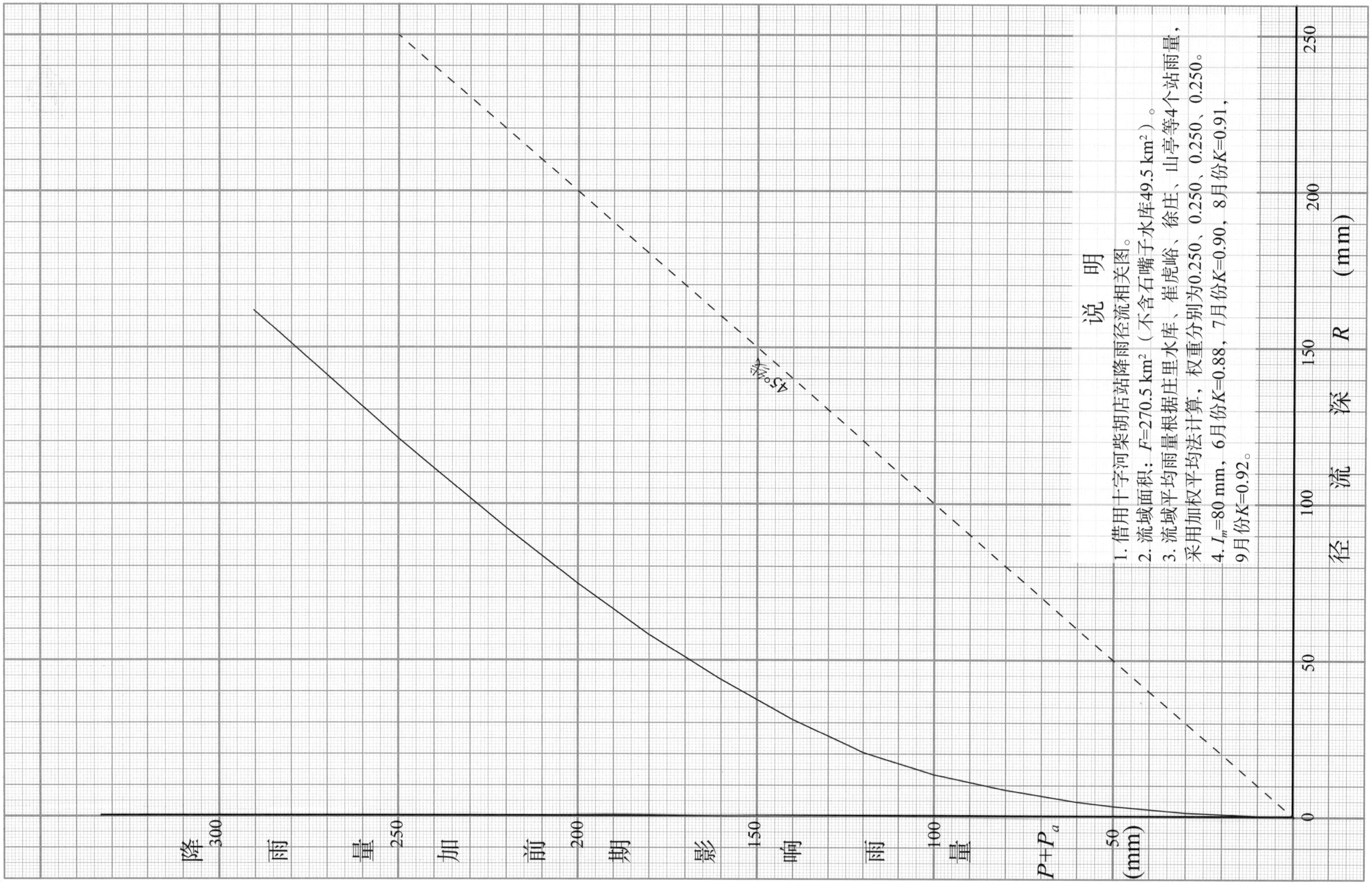

图 21-2　十字河庄里水库站降雨径流相关图（$P+P_a$-R）

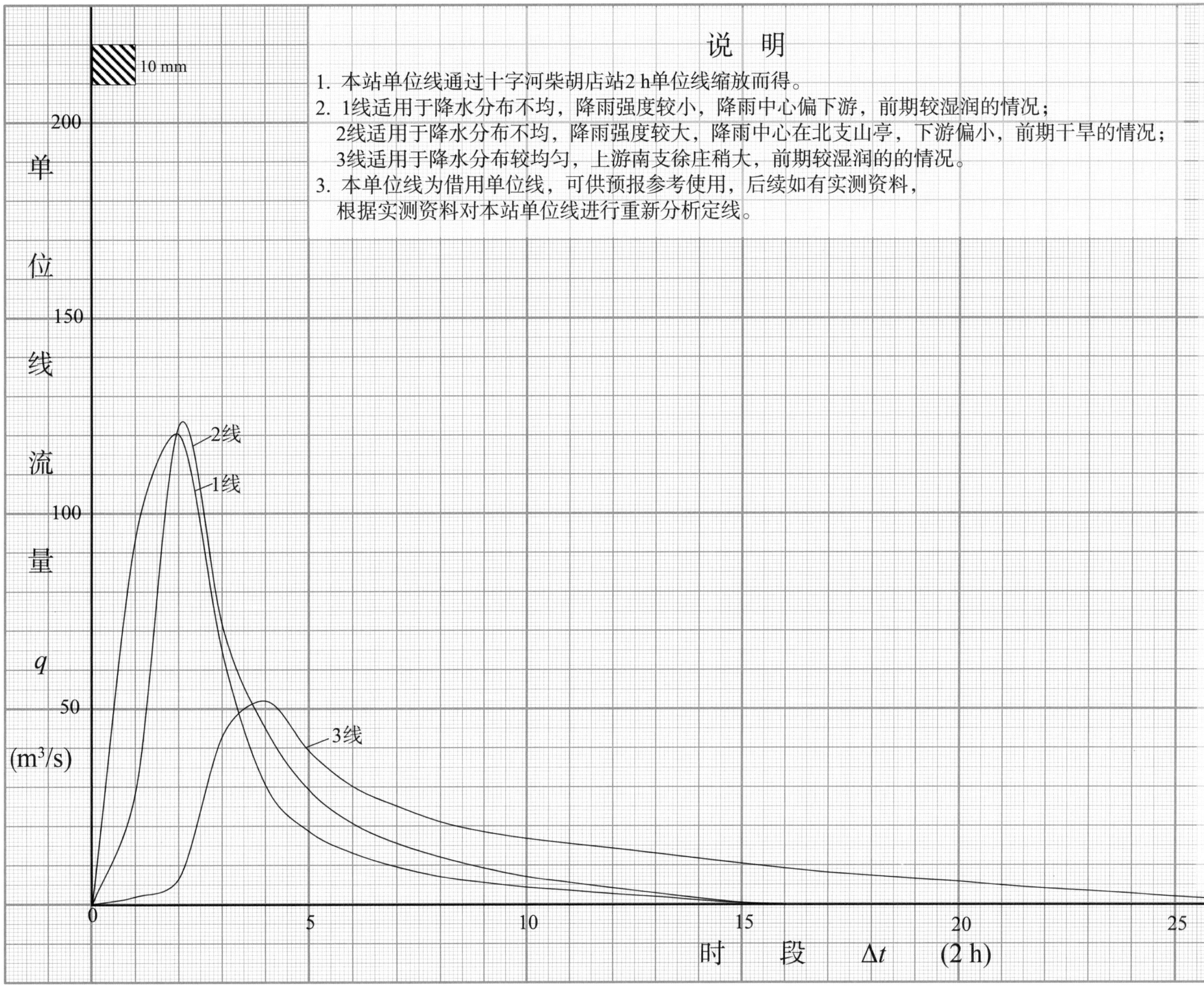

说 明

1. 本站单位线通过十字河柴胡店站2 h单位线缩放而得。
2. 1线适用于降水分布不均，降雨强度较小，降雨中心偏下游，前期较湿润的情况；
   2线适用于降水分布不均，降雨强度较大，降雨中心在北支山亭，下游偏小，前期干旱的情况；
   3线适用于降水分布较均匀，上游南支徐庄稍大，前期较湿润的的情况。
3. 本单位线为借用单位线，可供预报参考使用，后续如有实测资料，
   根据实测资料对本站单位线进行重新分析定线。

单位线成果表

F=270.5 km^2，Δt=2 h

时段	单位线流量q(m^3/s)		
	1线	2线	3线
0	0.0	0.0	0.0
1	30.0	95.0	2.00
2	123	120	7.00
3	70.5	63.6	43.5
4	44.5	30.0	52.0
5	29.0	18.5	39.0
6	20.5	13.0	30.0
7	15.5	9.50	25.0
8	12.0	7.00	21.0
9	9.20	5.50	18.5
10	7.00	4.30	16.8
11	5.50	3.50	15.5
12	4.10	2.60	14.3
13	2.80	1.90	13.0
14	1.50	1.00	11.7
15	0.400	0.300	10.4
16	0.0	0.0	9.20
17			8.10
18			7.30
19			6.50
20			5.80
21			4.80
22			4.00
23			3.40
24			2.70
25			1.90
26			1.30
27			0.800
28			0.300
29			0.0
Σ	376	376	376

图 21-3　十字河庄里水库站单位线图

第二十二章 西洳河周村水库站水文预报方案编制说明

1 流域概况

1.1 自然地理特征

周村水库位于淮河流域运河水系西泇河上游。水库坝址坐落于枣庄市区东北 20 km 处、市中区孟庄镇境内，控制流域面积 121 km^2，坝址以上干流长度 11.2 km，干流平均比降 7.16‰，流域平均宽度 10.7 km。水库流域内均为浅山，山顶部分多系裸露石灰岩，山脚及山谷有部分风化页岩。山的中上部基本无土壤，山脚及谷底土层厚度一般在 0.5~1.0 m。流域呈扇形，西北东三面有黄山涧、半湖、北庄、徐洼、十里河五条支流，控制流域面积 105.6 km^2，占集雨面积的 87.3%。其中北庄支流最大，控制流域面积 55.5 km^2，流域内最远流程分水岭高程 450.00 m。水库坝前河底高程 104.00 m，流域内制高点抱犊崮高程 579.90 m。流域内总水土流失面积 84 km^2，已控制 73.8 km^2。

周村水库流域属暖温带大陆性季风气候，雨热同期。水库流域多年平均降水量 825.0 mm，年内分布不均，降水主要集中在汛期（6—9 月份）且又集中于 7、8 月或几场暴雨，6—9 月降雨量占全年的 71.5%，易形成春旱、夏涝，秋后又旱的局面。周村水库的径流主要由大气降水补给，径流在时间上的变化特点与降水相似，但年际、年内变化更大。库区多年平均最大风速 16 m/s，风向多为东北风和西北风。地势北高南低，周村水库地处暴雨中心，洪水特征是源短流急，峰高量大，汇流快。

库区地层岩性组合简单，主要为震旦系灰岩、页岩及寒武系页岩、石灰岩，坝基松散层为第四系全新统冲积物。震旦系灰岩、页岩主要分布于主河槽左岸，上部为震旦系土黄色页岩，局部夹薄层灰岩，层状构造，强风化，局部全风化，裂隙发育，岩石破碎，并存在岩溶发育。下部为灰岩，呈灰白色，微风化，一般溶蚀不太发育，溶蚀现象顺节理方向显著。岩层产状为 5°∠3°。寒武系紫色页岩夹有薄层状石灰岩，层状构造，强风化，页岩风化后成为碎块，其间夹的灰岩，溶蚀显著，多沿节理、层理发育，溶槽深 0.5 m 左右，被风化的页岩及黏土填充，为弱透水层，产状为 6°∠4°。第四系全新统冲积物主要为黏土，褐色，可塑，夹砂粒及少量风化岩碎屑。砾砂，呈淡黄色，含较多黏土，呈透镜体。

周村水库流域图见图 22-1。

1.2 水库工程概况

周村水库于 1959 年 10 月开工，1960 年 6 月建成蓄水运行。水库控制流域面积 121 km^2，属淮河流域运河水系，是一座以防洪为主，兼顾农业灌溉、城市供水等综合利用的国家防洪重点中型水库。工程等别为Ⅲ等，主要建筑物为 3 级，次要建筑物为 4 级。水库总库容 8 290 万 m^3，兴利库容 4 382 万 m^3，枢纽工程由大坝、溢洪道（闸）、放水洞等主要部分组成。

水库大坝为均质土坝，长 1 070 m，最大坝高 29 m，坝顶宽 6.5 m，坝顶高程 134.38 m；放水洞为坝下埋设 C25 钢筋混凝土有压箱涵，长 119.1 m，设计流量 14.1 m^3/s，进口底高程 116.08 m；溢洪道分三孔溢洪闸，底高程 122.88 m，每孔净宽 10 m，为 10 m×6 m 的平板钢闸门，最大泄量 1 465 m^3/s。

1.3 上游水利工程概况

周村水库流域内 1958—1974 年先后建成 1 座小（1）型水库、6 座小（2）型水库，总控制流域面积 14.91 km^2，总兴利库容 214.4 万 m^3，详见表 22-1。

表 22-1 周村水库上游小型水库工程情况统计表

序号	河名	水库名称	类型	地址	集水面积（km^2）	库容（万 m^3）		建成年月	灌溉面积（亩）
						总	兴利		
1	西泇河	东杨泉	小（1）	枣庄市山亭区北庄镇	2.80	162	132	1974 年 1 月	500
2	西泇河	谷峪	小（2）		2.25	50.5	35.3	1964 年 5 月	1 100
3	西泇河	十道峪	小（2）		1.65	15.8	10.7	1958 年 11 月	600
4	西泇河	三道峪	小（2）		0.65	11.1	9.4	1968 年 3 月	300
5	西泇河	米宅	小（2）		0.88	15.2	11.3	1959 年 6 月	300
6	西泇河	杨栏	小（2）		4.07	13.8	3.6	1967 年 1 月	200
7	西泇河	洪庄	小（2）		2.61	14.2	12.1	1966 年 12 月	300
合计					14.91	282.6	214.4		3 300

1.4 测站概况

周村水库于 1960 年 6 月设立水文站，观测项目有水位、流量、降水量、冰情、水温、水质和水文调查等，后于 1986 年撤销，改为水文辅助站，继续观测降水量，对水库出水量进行调查。为更好地为水库防汛、水资源调度和工程管理服务，于 2006 年 3 月恢复了水文站，但由于缺乏建设资金，现仍使用以前遗留的观测设施，很难满足使用要求。周村水库共设水文站 1 处，上游设有雨量站 4 处，分别是周村、北庄、半湖、双山涧雨量站，雨量站无长系列监测资料。

2 预报方案编制

2.1 资料情况

周村水库站无实测年鉴水文摘录资料。

2.2 参证站选择

周村水库地形地貌和下垫面基本特征与马河水库相似，故以马河水库站作为周村水库站的参证站。参证马河水库站以上流域面积 $F_{参}=242\ \text{km}^2$；设计站周村水库站以上流域面积 $F_{设}=121\ \text{km}^2$。

2.3 产流方案

利用马河水库站的产流方案推求周村水库站的产流过程，周村水库站降雨径流相关图（$P+P_a-R$）见图22-2。

2.3.1 流域平均雨量 P 的计算

周村水库站无实测资料，上游雨量站无长系列监测资料，参照周村水库上游雨量站进行面积加权计算，雨量站权重详见表22-2。

表22-2 周村水库站以上雨量站控制权重表

时期	周村	北庄	半湖	双山洞
1960年至今	0.084	0.530	0.203	0.183

2.3.2 流域平均前期影响雨量 P_a 的计算

采用下式计算 P_a 值：

$$P_{a,\ t+1}=K(P_{a,\ t}+P_t)$$

式中：$P_{a,t+1}$ 为第 $t+1$ 日的前期影响雨量（mm）；$P_{a,t}$ 为第 t 日的前期影响雨量（mm）；P_t 为第 t 日的流域平均雨量（mm）；K 为前期影响雨量递减系数。

K 值计算公式如下：

$$K=1-E_m/I_m$$

式中：E_m 为最大蒸发能力（借用岩马水库历年平均各月最大日蒸发量）；I_m 为最大损失量，采用80 mm，并作为 P_a 值的上限控制数。各月 K 值见表22-3。

表22-3 周村水库站各月 K 值表

月份	6	7	8	9
K 值	0.88	0.90	0.91	0.92

2.4 汇流方案

采用参证站马河水库站单位线进行缩放。分析新建了4条综合单位线，将4次不同降雨特点的一段降雨造成的有代表性洪水，缩放转换为经验单位线，时段为2 h，1线适用于降雨中心在下游、降雨强度较大、前期较湿润的情况；2线适用于降雨中心在上游、降雨强度较大、降雨历时短、前期较干旱的情况；3线适用于降雨中心在下游、降雨强度一般、前期较湿润的情况；4线适用于降雨中心在下游、降雨强度小、降雨历时长、前期湿润的情况。将马河水库站单位线（$\Delta t=2$ h）进行缩放后作为周村水库站单位线，详见图22-3。

单位线的缩放按下列公式计算：

$$\alpha=(F_{设}/F_{参})^{0.5}$$

$$T_{设i}=\alpha T_{参i}$$

$$q_{设i}=\alpha q_{参i}$$

式中：α 为单位线缩放系数；$F_{参}$、$F_{设}$ 分别为参证站、设计站以上控制流域面积；$T_{参i}$ 为参证站单位线逐时段，$T_{参i}=1,\ 2,\ \cdots,\ N$；$T_{设i}$ 为设计站单位线逐时段，通常为小数，为满足实际要求，需进一步对缩放结果进行插值，从而得到整时段单位线结果；$q_{参i}$ 为参证站单位线逐时段流量；$q_{设i}$ 为设计站单位线逐时段流量。

图 22-1　西洳河周村水库流域图

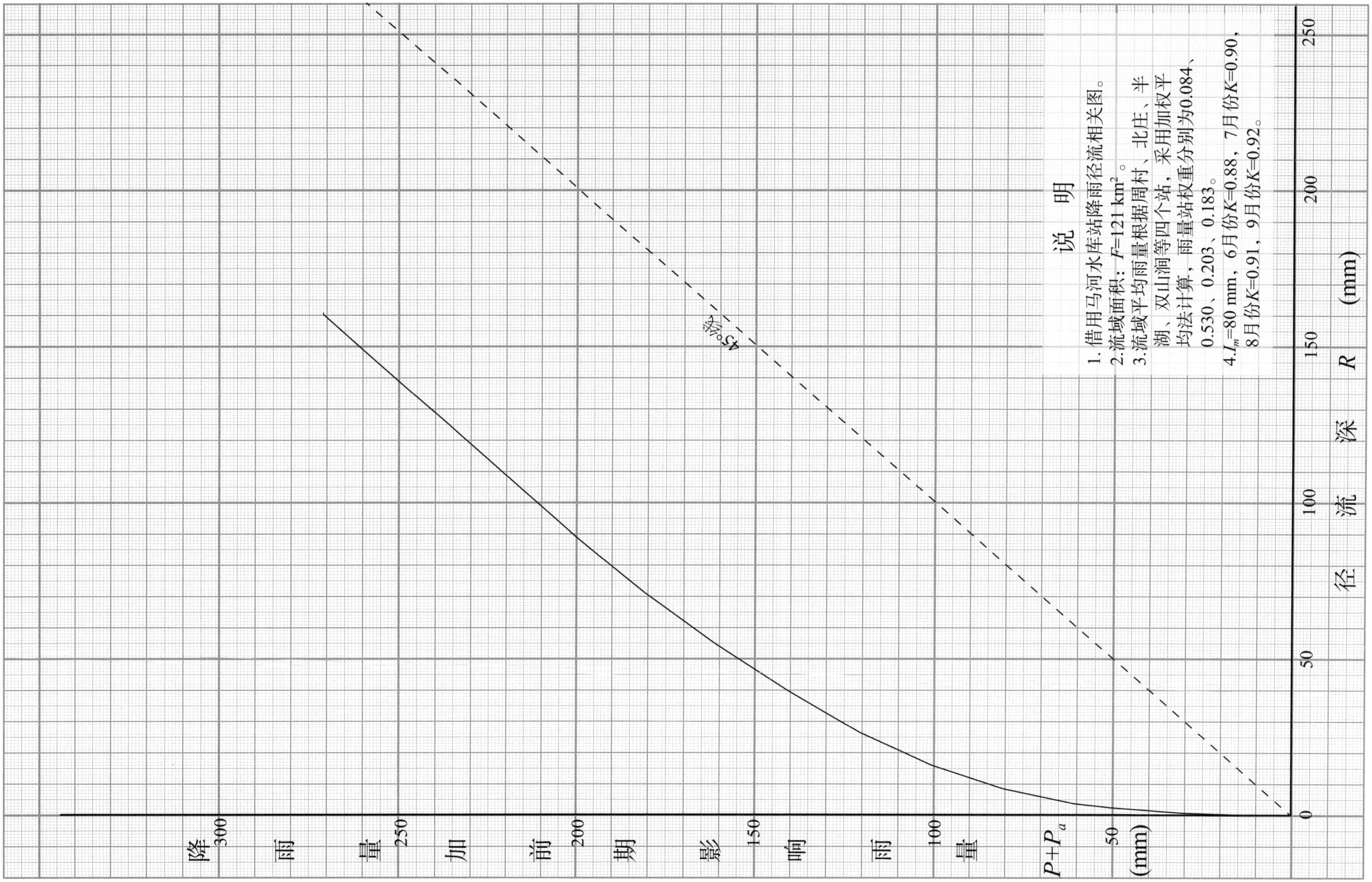

图 22-2 西洳河周村水库站降雨径流相关图（$P+P_a$-R）

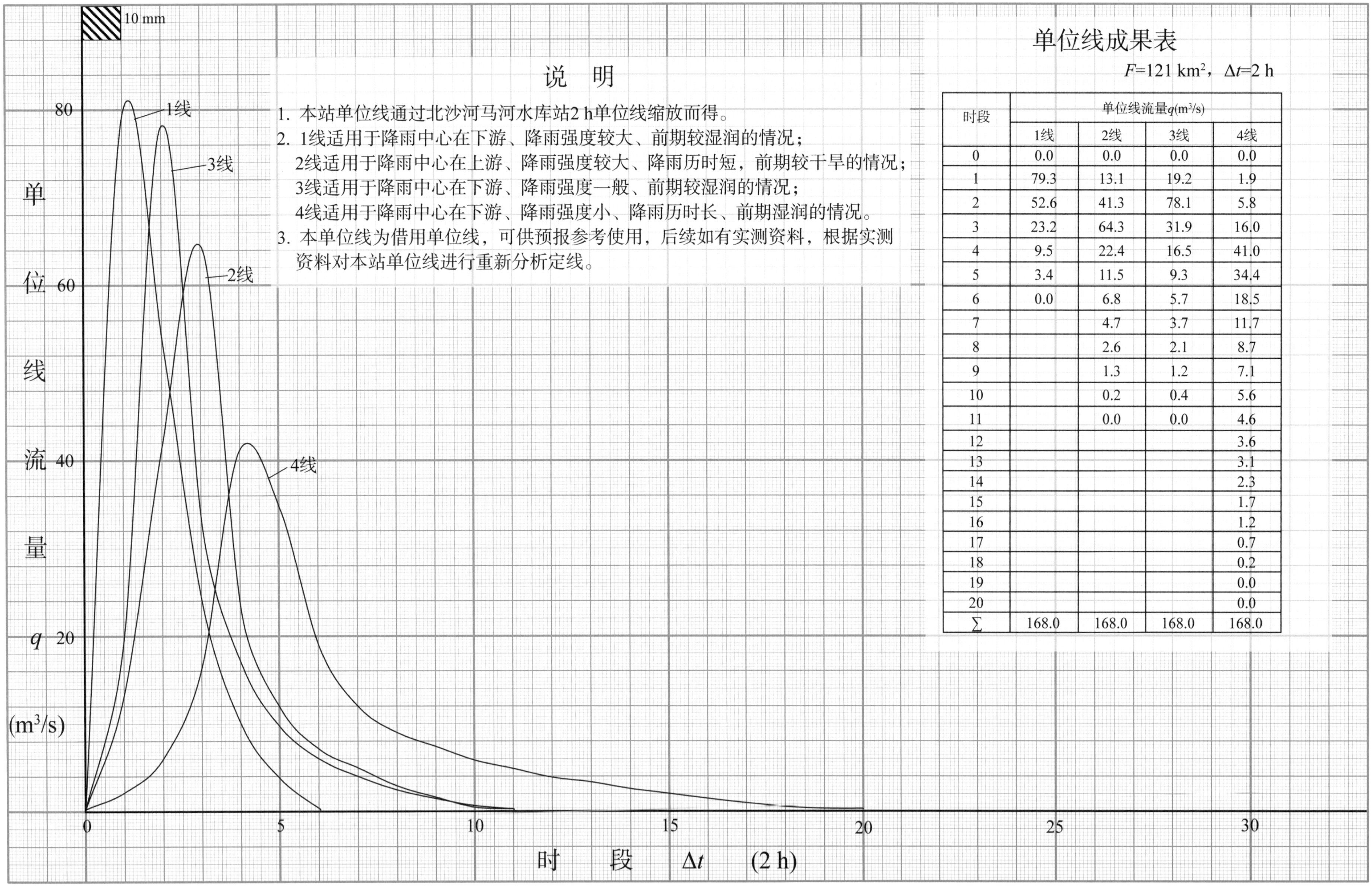

说 明

1. 本站单位线通过北沙河马河水库站2 h单位线缩放而得。
2. 1线适用于降雨中心在下游、降雨强度较大、前期较湿润的情况；
   2线适用于降雨中心在上游、降雨强度较大、降雨历时短，前期较干旱的情况；
   3线适用于降雨中心在下游、降雨强度一般、前期较湿润的情况；
   4线适用于降雨中心在下游、降雨强度小、降雨历时长、前期湿润的情况。
3. 本单位线为借用单位线，可供预报参考使用，后续如有实测资料，根据实测资料对本站单位线进行重新分析定线。

单位线成果表

F=121 km^2，Δt=2 h

时段	单位线流量q(m^3/s)			
	1线	2线	3线	4线
0	0.0	0.0	0.0	0.0
1	79.3	13.1	19.2	1.9
2	52.6	41.3	78.1	5.8
3	23.2	64.3	31.9	16.0
4	9.5	22.4	16.5	41.0
5	3.4	11.5	9.3	34.4
6	0.0	6.8	5.7	18.5
7		4.7	3.7	11.7
8		2.6	2.1	8.7
9		1.3	1.2	7.1
10		0.2	0.4	5.6
11		0.0	0.0	4.6
12				3.6
13				3.1
14				2.3
15				1.7
16				1.2
17				0.7
18				0.2
19				0.0
20				0.0
Σ	168.0	168.0	168.0	168.0

图 22-3 西加河周村水库站单位线图

第二十三章　下村河双河水库站水文预报方案编制说明

1　流域概况

1.1　流域自然地理特征

双河水库位于淮河流域沂沭泗水系西泇河上游支流下村河，坝址坐落在兰陵县城西北部下村乡双河村村西，水库控制流域面积 42.6 km^2，流域平均宽度 3.8 km，流域呈叶形，干流平均坡降 8.15‰。库区地处鲁中南山地东南部，属尼山单斜断块低山丘陵区，地形总体上呈东北高西南低之势。库区地貌形态主要受地质构造控制，以低山丘陵地貌与河谷地貌两种类型为主。双河水库站以上流域图见图 23-1。

该流域属暖温带季风性气候区，具有四季分明、干湿季节变化显著的特点。多年平均气温 13℃，极端最高气温 39.4℃，极端最低气温-22℃，多年最大平均风速 14.3 m/s。流域多年平均降水量 850 mm，最大年降水量 1 431.1 mm，最小年降水量 465 mm；多年平均最大 24 h 降雨量 120 mm。降水量年际变化较大，年内分配也不均匀。降水主要集中在 6—9 月，暴雨则多发生在 7—8 月。

该流域内多为 200~300 m 高的山丘，地形起伏多变，极有利于水汽的抬升辐合，当流域内遇到东南风或西南风时，经常发生大暴雨。暴雨的主要天气系统有锋面雨、地形雨、台风、倒槽等。受地理位置以及地形条件的影响，流域内暴雨历时较短，笼罩面积较小，降雨强度较大。

1.2　水利工程情况

双河水库主要建筑物设计洪水标准为 100 年一遇，校核洪水标准为 1 000 年一遇。溢洪道消能防冲设计标准为 30 年一遇。水库总库容 1 001 万 m^3，兴利库容 367 万 m^3，调洪库容 583 万 m^3，死库容 51 万 m^3，相应校核水位 110.98 m，设计水位 109.91 m，兴利水位 106.36 m，死水位 99.80 m，汛中限制水位 106.36 m，汛末蓄水位 106.36 m，允许最高水位 110.98 m。水库枢纽工程由大坝、溢洪道、放水洞等部分组成。

大坝为心墙坝，全长 590 m，最大坝高 18.84 m，坝顶宽 6 m，坝顶高程 111.50 m，防浪墙顶高程 112.50 m。溢洪道位于主坝左端，溢洪道主要由进水渠、控制段、泄槽、消能设施及出水渠组成，闸门型式为露顶式平面定轮钢闸门，建有 5 孔溢洪闸，每孔净宽 6 m，闸底高程 105.00 m，装有 3.5 m×6 m 平面钢闸门，最大泄量 698 m^3/s。放水洞洞身采用 1.5 m×1.2 m 钢筋混凝土方涵。

双河水库上游有杨宅、云峪、外米坑 3 座小（2）型水库，控制流域总面积 2.8 km^2，总库容为 38.9 万 m^3。

1.3　水库历次重大改建、扩建、加固等基本情况

双河水库于 1959 年 11 月动工兴建，1960 年 5 月基本竣工。1961 年 3—4 月，将溢洪道底降低为 107.00 m，底宽 70 m，并翻修护坡，对溢洪道采取安全防冲措施；加强大坝裹头，加长导流堤。1968 年在大坝 0+320—0+420 段高程 96.00 m 以下建贴坡式排水体，1990 年 7—9 月又设坝脚排水沟。

1991 年 11—12 月，实施黏土心墙接高工程，心墙顶高程达 111.50 m，底宽 3.0 m，顶宽 1.8~2.2 m。

1994 年 6 月 20 日对放水洞廊道漏水部位勾缝、廊道压力灌浆、出口右侧挡土墙底部设导水孔等加固措施，至 8 月 6 日完成。1995 年 6 月 30 日开始加固，7 月 30 日完成，主要采取了廊道底部塑料管堵漏及混凝土浇筑填平、挡土墙上游截渗、排水暗沟修建、挡土墙两端修建棱体排水等加固措施。1996 年维修放水洞闸门，更换钢丝绳。1997 年 7—8 月，主要对渗漏水较重的 0+180—0+220 段做坝脚排水沟，对集中渗漏点做沙沟导流。

2009 年 9 月—2010 年 6 月，对水库上、下游坝坡进行加固，新筑堆石压重平台，对坝脚排水体拆除改建，修建坝身混凝土截渗墙、坝基帷幕灌浆、坝顶防浪墙、路面及照明设施；重建溢洪闸；拆除重建放水洞；修建防汛路，完善观测设施和必要的管理设施。

1.4　测站概况

1960 年建设双河水库水文站，主要观测雨量、水位等水文信息。双河水库站历史最高水位为 109.24 m，发生在 1960 年 7 月 27 日。

该站采用废黄河零点高程。

2　预报方案编制

2.1　预报区间的确定

双河水库站上游无大中型水库入流，区间面积等于水库控制流域面积 42.6 km^2。

2.2　资料情况

双河水库站自 1960 年建站开始观测降水量、水位，有设站以来长系列雨量、水位资料。

2.3　产流方案

综合分析双河水库流域自然地理、下垫面条件、水文特征等情况，直接采用相似流域会宝岭水库站产流方案作为双河水库站产流方案。

会宝岭水库位于中运河支流西泇河上，坐落在兰陵县西部尚岩镇，控制流域面积 418 km^2，河道干流坡度 2.5‰。会宝岭水库站产流方案合格率为 79.4%，属乙级方案。

2.3.1 产流分析

双河水库站采用降雨径流经验相关的方法，降雨径流相关图见图 23-2。

2.3.2 流域平均雨量 P 的计算

流域平均雨量采用算术平均法计算。

2.3.3 流域平均前期影响雨量 P_a 的计算

每年自汛初开始连续计算，先计算流域平均雨量，然后计算前期影响雨量 P_a，其计算公式如下：

$$P_{a,\ t} = K(P_{a,\ t-1} + P_{t-1})$$

式中：$P_{a,t}$ 为当日的流域平均前期影响雨量（mm）；$P_{a,t-1}$ 为前一日的流域平均前期影响雨量（mm）；P_{t-1} 为前一日流域平均雨量（mm）；K 为前期影响雨量递减系数，$K=1-\frac{E_m}{I_m}$，采用 0.85，E_m 为流域蒸发能力；I_m 为 流域最大损失量，采用 60 mm。

2.4 汇流方案

汇流方案主要采用经验单位线、综合瞬时单位线等方法。

2.4.1 经验单位线

参考 200722 场次洪水资料，降水量为 187.5 mm，前期影响雨量为 24.0 mm，径流深为 83.7 mm，有效降雨历时为 12 h，净峰流量为 312 m^3/s。根据流域暴雨洪水特性及下垫面变化情况，确定出本站 1 h 单位线 1 条。双河水库站单位线图见图 23-3。

2.4.2 综合瞬时单位线法

采用地区综合单位线方程：

$$M_1 = CF^{0.33}J^{-0.27}R^{-0.2}T_c^{0.17}$$
$$M_2 = 0.34M_1^{-0.12}$$

式中：F 为集水面积（km^2），$F=42.6\ km^2$；J 为河道干流坡度，本站为 8.15‰；M_1 为瞬时单位线参数，$M_1=nk$；M_2 为瞬时单位线参数，$M_2=1/n$；n 为瞬时单位线反映流域汇流调节次数的参数；k 为瞬时单位线反映流域汇流时间的参数；C 为经验系数，一般山丘区 C 为 0.196，其他地区见表 23-1。

表 23-1 其他地区瞬时单位线经验系数 C 值表

一般山丘平原混合区平原面积占全面积比例（%）	≤70	60	50	40	30	20
C	0.27	0.258	0.246	0.233	0.221	0.208

求得 M_1、M_2 后，进而计算 n、k 值，代入 t/k 的 n 阶非完全伽马函数式，计算瞬时单位线的 $S(t)$ 曲线。

2.4.3 峰现时间预报

根据双河水库站单位线推求其洪峰出现时间。

2.5 水库调洪演算

采用蓄率中线法和高切林简化调洪法对双河水库进行调洪演算。

2.5.1 蓄率中线法

$$\bar{I} + (V_1/\Delta t - Q_1/2) = (V_2/\Delta t + Q_2/2)$$

根据上式可绘制 $V/\Delta t-Q/2=f(Z)$ 和 $V/\Delta t+Q/2=f(Z)$ 关系曲线，演算时，由开始水位 Z_1 查 $V/\Delta t-Q/2=f(Z)$ 关系曲线，求得 $(V_1/\Delta t - Q_1/2)$，得到一点 a，然后截取 ab 之长等于时段平均入流量 $\bar{I}$，其和即等于 $(V_2/\Delta t + Q_2/2)$；以此值再查 $V/\Delta t+Q/2=f(Z)$ 关系曲线，即得时段末水位 Z_2，再以 Z_2 作为开始水位，重复以上步骤，便可预报出库水位过程。详见表 23-2。

表 23-2 双河水库蓄率中线法调洪表 $\Delta t=1$ h

水位 Z（m）	库容 V（万 m^3）	泄量 Q（m^3/s）	$V/\Delta t+Q/2$（m^3/s）	$V/\Delta t-Q/2$（m^3/s）
105.00	298	0	828	828
106.00	380	44	1 078	1 034
106.36	417.8	75	1 198	1 123
106.50	432.5	88	1 245	1 157
107.00	485	136	1 415	1 279
107.50	537.5	190	1 588	1 398
108.00	590	249	1 763	1 514
108.50	654	313	1 973	1 660
109.00	718	382	2 185	1 803
109.50	784	455	2 405	1 950
110.00	850	532	2 627	2 095
110.05	857	540	2 651	2 111
110.60	940	631	2 927	2 296
111.16	1 024	728	3 208	2 480
112.00	1 172	882	3 697	2 815
113.00	1 342.4	1 079	4 268	3 189

续表

水位 Z（m）	库容 V（万 m^3）	泄量 Q（m^3/s）	$V/\Delta t+Q/2$（m^3/s）	$V/\Delta t-Q/2$（m^3/s）
114.00	1 536.1	1 288	4 911	3 623
115.00	1 747.8	1 508	5 609	4 101
116.00	1 980.2	1 738	6 370	4 632
117.00	2 233.1	1 976	7 191	5 215

2.5.2 高切林简化调洪法

该法的基本假定为：入库洪水过程为三角形；洪水入库时库水位平溢洪道底，洪水开始入库即开始溢洪，在出现最大溢洪流量之前溢洪过程为直线。

起调水位取溢洪道堰顶高程。调洪步骤（见图 23-4）如下：

（1）根据双河水库的水位泄量关系曲线和水位库容关系曲线绘制溢洪道堰顶以上调洪库容 $V_{调洪}$与下泄流量 q 的关系曲线。

（2）在横坐标轴（$V_{调洪}$）上取一点 A，使 OA 等于洪水总量 $W_{洪}$。

（3）在纵坐标轴（溢洪流量 q）上取一点 B，使 OB 等于洪峰流量 Q_m。

（4）连接 AB，与 $V_{调洪}-q$ 关系曲线交于 D 点，过 D 点作水平线交纵轴于 C 点，则 OC 表示最大下泄流量 q_m；过 D 点作垂直线交横轴于 E 点，则 OE 表示最大调洪库容 $V_{m调洪}$。有了最大调洪库容，即可求出最高库水位。

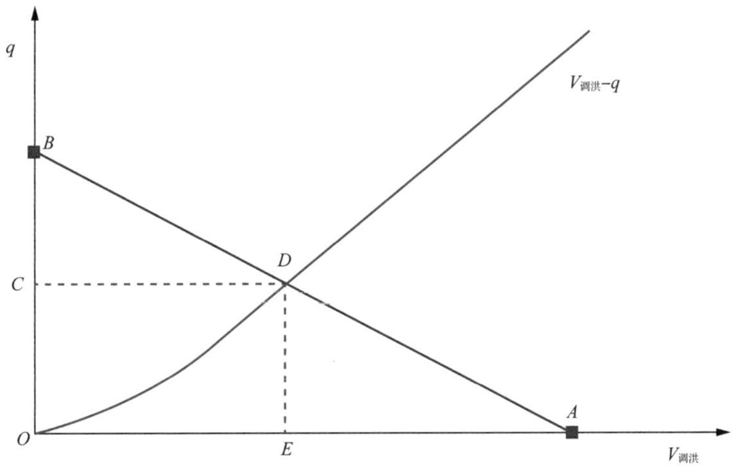

图 23-4 高切林简化调洪法示意图

2.6 水位库容关系曲线

采用双河水库 1978 年测量成果绘制水位库容关系曲线，详见图 23-5。

2.7 水库泄流曲线

2.7.1 闸门全开时

按堰流公式计算：

$$Q=\sigma m\varepsilon nb\sqrt{2g}H_0^{3/2}$$

$$\varepsilon=1-0.2[\zeta_K+(n-1)\zeta_0]\frac{H_0}{nb}$$

式中：Q 为下泄流量（m^3/s）；n 为闸门孔数；b 为每孔净宽（m）；H_0 为计入行近流速水头的闸前总水头（m），$H_0=H+\frac{v^2}{2g}$（因上游为库区，近似取行近流速 $v=0$）；H 为闸前水头（m），$H=Z-Z_0$；Z 为库水位（m）；g 为重力加速度，$g=9.81\ m/s^2$；Z_0 为闸底（或堰顶）高程（m）；m 为流量系数，取 0.34（宽顶堰）；ε 为水流侧向收缩系数；ζ_K 为边墩形状系数，取 0.40（流线型）；ζ_0 为中墩形状系数，取 0.45（半圆形）；σ 为淹没系数，取 1.0（自由堰流）。

2.7.2 闸门控泄时

按孔流公式计算：

$$Q=\sigma\mu enb\sqrt{2g(H_0-\varepsilon e)}$$

式中：σ 为淹没系数，取 1.0（自由孔流）；μ 为流量系数，$\mu=\varepsilon\varphi$；φ 为流速系数，取 0.95；ε 为垂直收缩系数；e 为闸门开启高度（m）；其他符号意义同上。

双河水库溢洪闸泄流曲线见图 23-6。

3 方案使用说明

3.1 注意事项

（1）P_a 值太小时，即久旱大雨造成降雨入渗较大，可能使实际 R 值比计算值小，预报时可适当考虑。

（2）注意方案适应范围，对特大暴雨洪水要慎重。

（3）单位线预报的洪峰流量为净峰流量，须加上基流量方为该站所预报的洪峰流量。

由于影响因素太多，本方案不能完全反映客观情况，所以不能照搬，要根据实际情况，参考确定预报值。

3.2 方案适应能力

本方案产流关系曲线借用会宝岭水库站产流方案，汇流方案采用实测资料分析时段单位线，虽然流域情况大致相似，但在实际洪水作业预报时仍要全面分析，尽量使预报值符合实际情况。

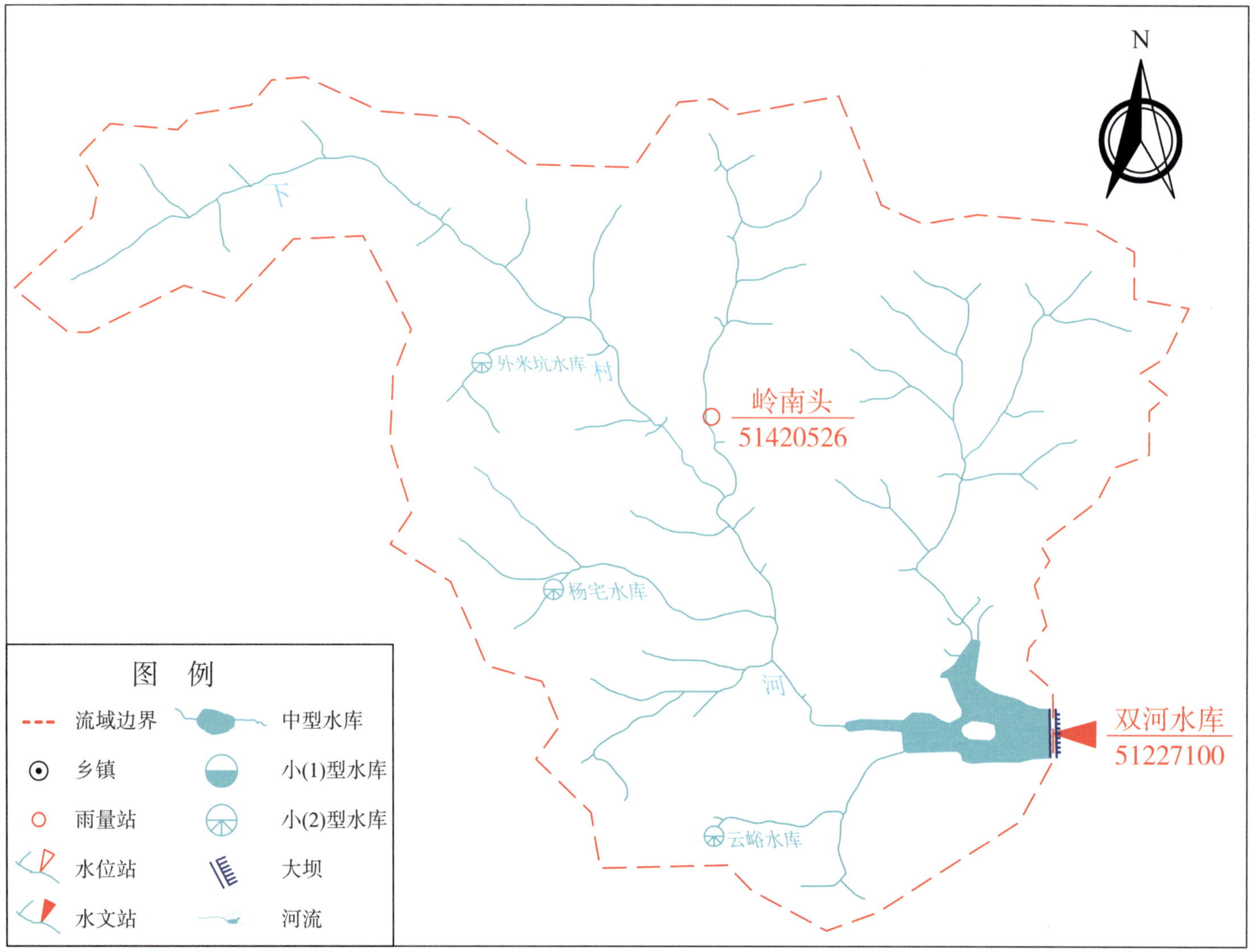

图 23-1　下村河双河水库站以上流域图

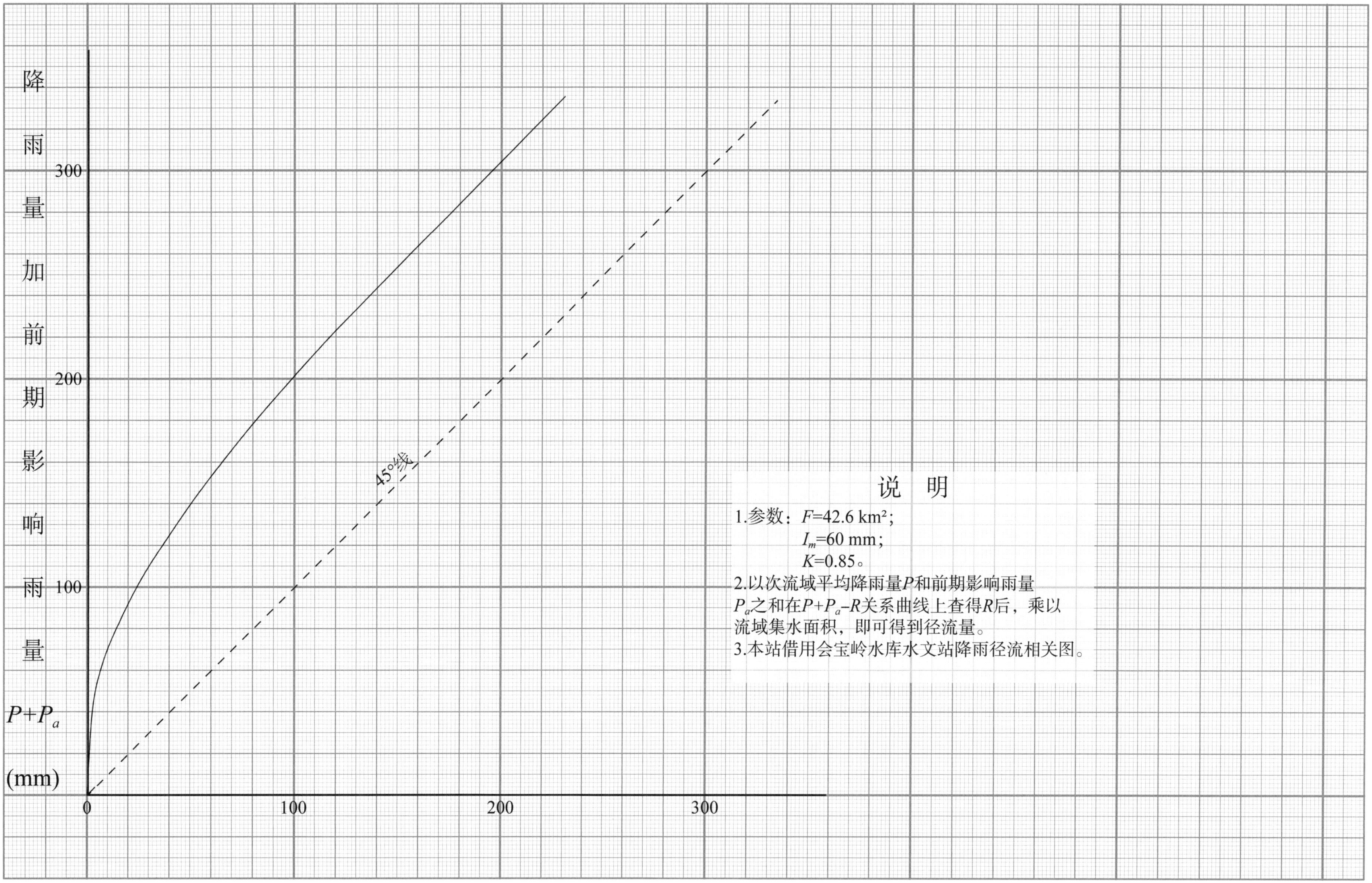

图 23–2　下村河双河水库站降雨径流相关图（$P+P_a$–R）

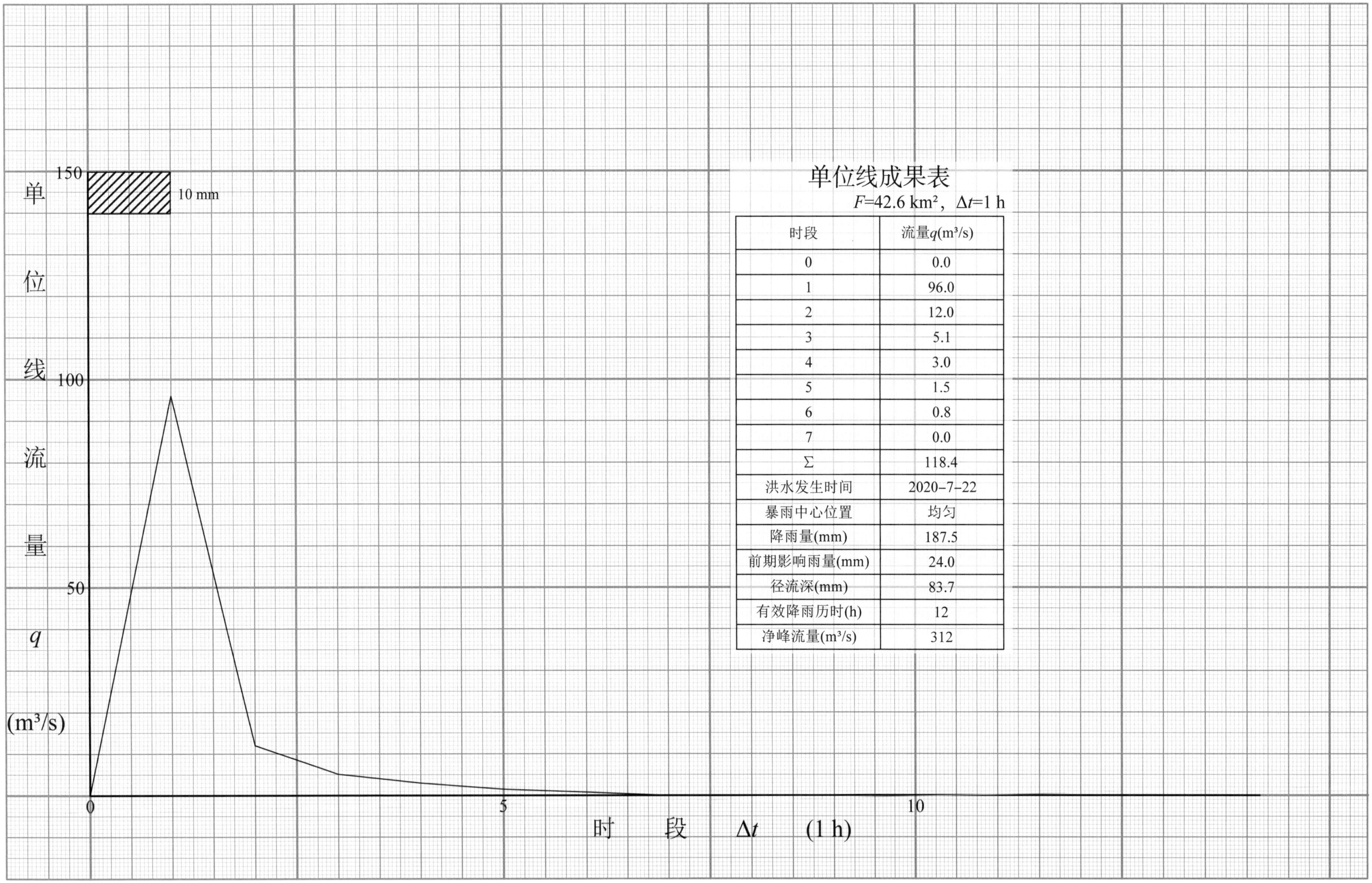

单位线成果表

F=42.6 km²，Δt=1 h

时段	流量q(m³/s)
0	0.0
1	96.0
2	12.0
3	5.1
4	3.0
5	1.5
6	0.8
7	0.0
Σ	118.4
洪水发生时间	2020-7-22
暴雨中心位置	均匀
降雨量(mm)	187.5
前期影响雨量(mm)	24.0
径流深(mm)	83.7
有效降雨历时(h)	12
净峰流量(m³/s)	312

图 23-3　下村河双河水库站单位线图

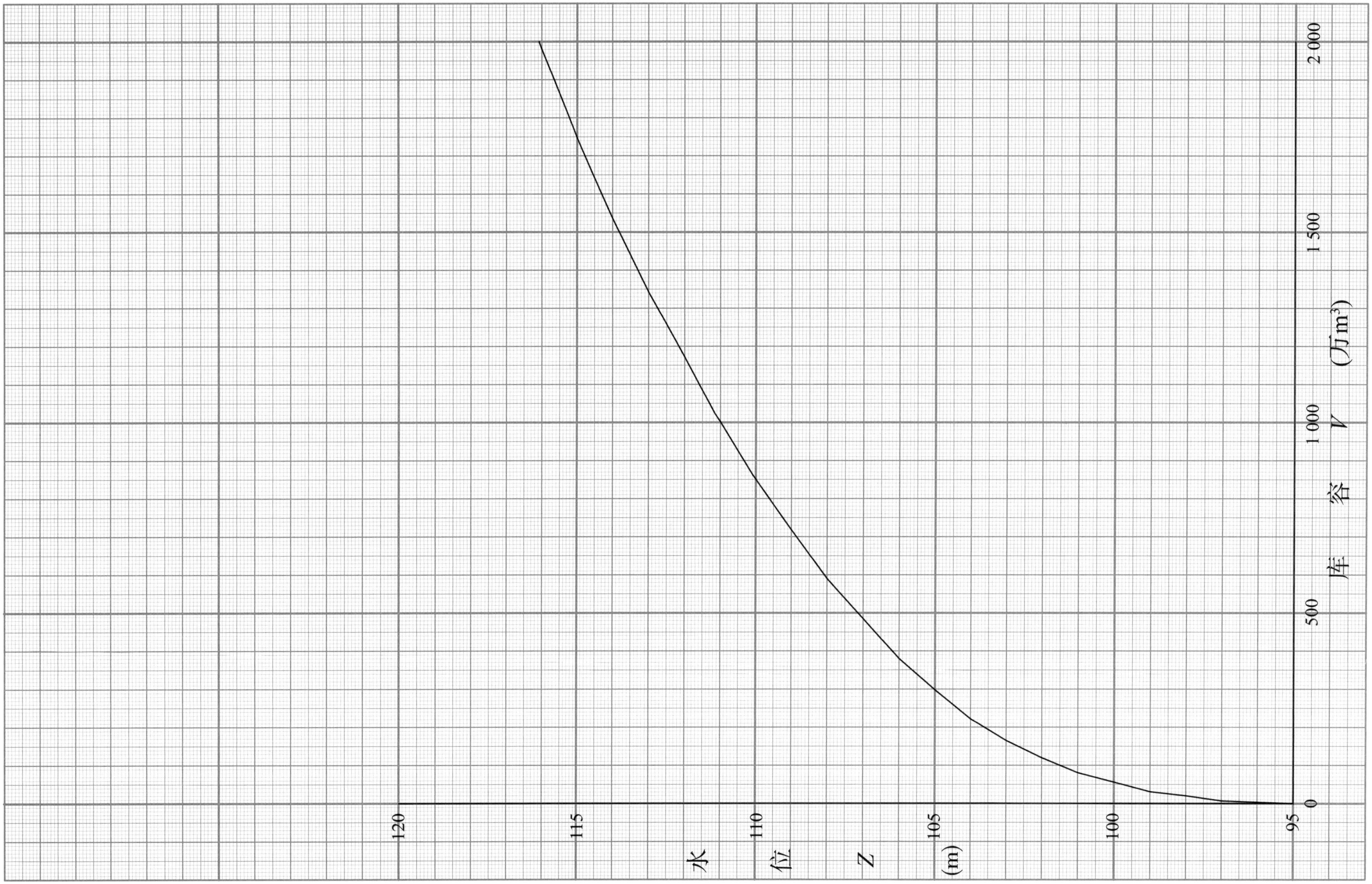

图 23-5　下村河双河水库水位库容关系曲线图

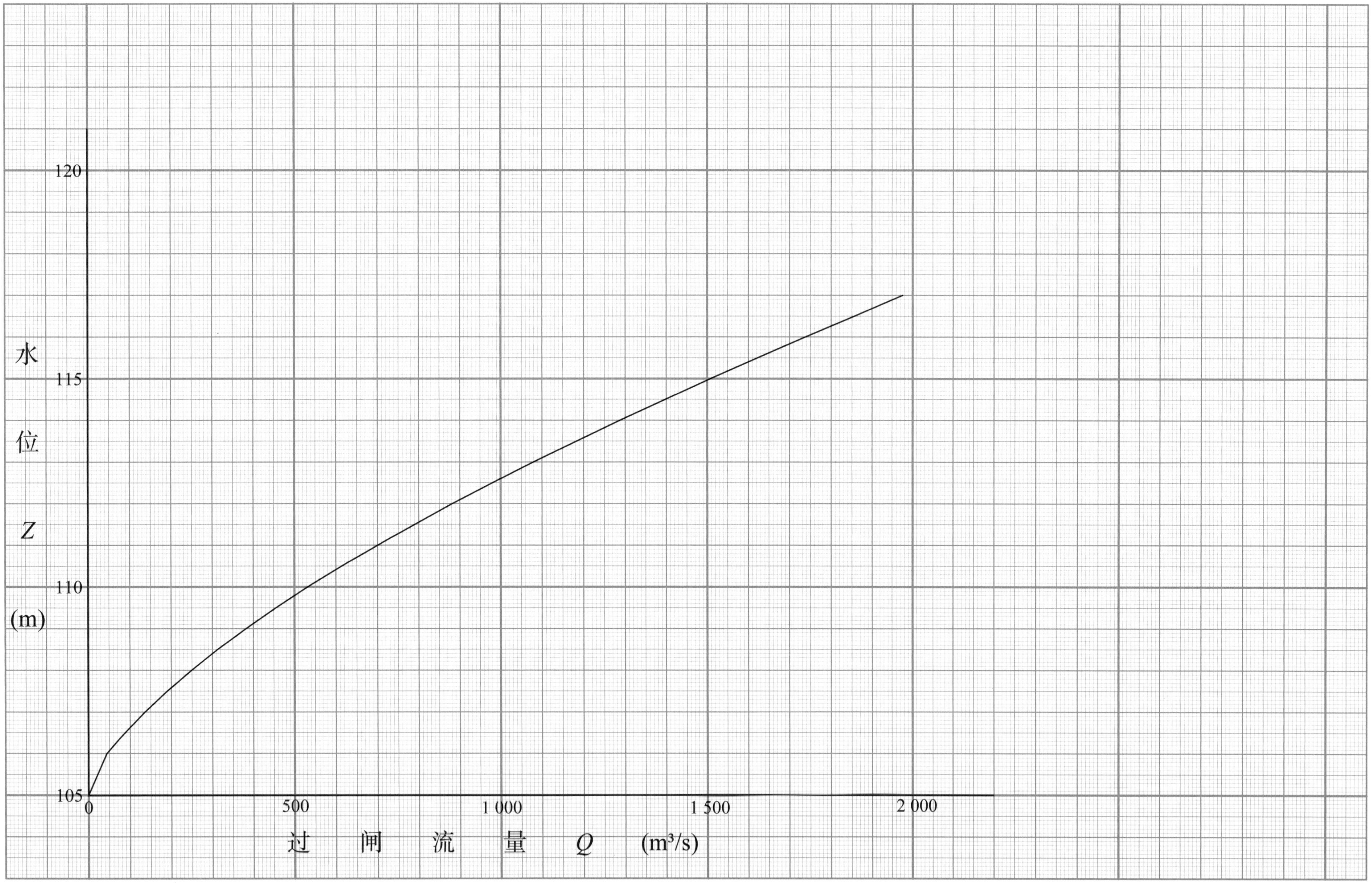

图 23-6　下村河双河水库溢洪闸泄流曲线图

第二十四章　阳明河考村水库站水文预报方案编制说明

1　流域概况

1.1　流域自然地理特征

考村水库位于兰陵县车辋镇考村东，系淮河流域中运河水系西泇河的支流阳明河上的一座中型水库，水库控制流域面积 16 km^2，河道干流平均坡度 12.1‰。库区地处鲁中南山地东南部，属尼山单斜断块低山丘陵区，地形总体上呈东北高、西南低之势。库区地貌形态主要受地质构造控制，以低山丘陵地貌与河谷地貌两种类型为主。考村水库站以上流域图见图 24-1。

考村水库地处沂蒙山区南部，属暖温带东南亚季风区半干旱大陆性气候，四季分明。春季干燥少雨，夏季炎热多雨，秋季天高气爽，冬季寒冷干燥。阳明河为山溪性雨源型河流，河道流量与降水量变化规律一致。流域多年平均降水量 882 mm，多年平均最大 24 h 降雨量 117.9 mm，实测最大 24 h 降雨量 282.2 mm（1993 年），多年平均水面蒸发量 1 400 mm，多年平均陆面蒸发量 530 mm。降水量年际变化较大，年内分配也不均匀，降水主要集中在 6—9 月，暴雨则多发生在 7—8 月。

考村水库流域内枯季流量较小，经常出现断流，洪水主要集中在汛期。由于流域干流坡度较大，洪水陡涨陡落，次洪水过程持续时间较短，较大洪水历时一般在 24 h 左右。造成本流域暴雨的主要天气系统有气旋、冷锋、台风、倒槽等。

1.2　水利工程情况

考村水库除险加固后设计洪水标准为 100 年一遇，校核洪水标准为 1 000 年一遇，总库容 1 002 万 m^3，兴利库容 684 万 m^3，调洪库容 292 万 m^3，死库容 26 万 m^3，相应校核水位 115.95 m，设计水位 115.18 m，兴利水位 114.00 m，死水位 103.40 m，汛中限制水位 113.00 m，汛末蓄水位 114.00 m，允许最高水位 115.95 m。水库枢纽工程由大坝、溢洪道、放水洞三部分组成。

大坝坝型为黏土心墙砂壳坝，全长 835 m，最大坝高 18.3 m，坝顶高程 116.80 m，坝顶宽 6.0 m，防浪墙顶高程 117.80 m。溢洪道位于大坝西端，共有 2 孔 5 m×4.5 m（宽×高），闸室总宽 11.2 m，闸室长 13.95 m，闸底高程 110.00 m。放水洞为灌溉输水用钢筋混凝土压力涵洞，内径 1.2 m×1.5 m，长 68 m，进口底高程 102.40 m。

考村水库流域内有一座小（2）型水库（马桃峪水库），控制流域面积 1.1 km^2，总库容 16.88 万 m^3，兴利库容 6.32 万 m^3。

1.3　水库历次重大改建、扩建、加固等基本情况

考村水库始建于 1959 年 10 月，1960 年 5 月竣工。此时，坝长 974 m，坝顶高程 116.08~117.41 m，最大坝高 18.5 m，坝顶宽 3~5 m，坝型为黏土心墙砂壳坝。

1961 年溢洪道由 20 m 加宽到 34 m，进口底高程由 111.70 m 挖至 109.50 m，补平大坝水冲沟及局部沉陷处。

1971—1972 年溢洪闸改建，分 6 孔，断面尺寸 2.5 m×4 m，配钢筋混凝土平板闸门，6 台 10 t 启闭机。

1974 年大坝加高 1.7 m，坝顶高程加至 116.40 m，心墙顶高程达到 115.70 m，坝长由 600 m 接到 800 m，坝顶宽 5.0 m，新建排水体，放水洞接长 14 m。

1977 年新建上游块石护坡 650 m，高程 114.30~116.40 m，大坝加高、加长、复土，按坝顶 116.70 m 修平，坝顶宽 5.0 m，新建防浪墙 650 m 长，改建放水洞启闭机房。

1978 年大坝复土，坝顶高程达到 117.00 m，坝顶宽 5.0 m，心墙顶高程达到 116.50 m。

1986—1990 年对放水洞出口块石护坡、闸门进行整修，更新通信线路。

1993—1997 年对放水洞闸门进口进行维修，更换钢丝绳，对廊道进行灌浆。

1999—2002 年，维修备用机组，更新通信设备，维修放水洞闸门。

2009 年 9 月 12 日—2010 年 11 月 6 日，完成考村水库除险加固工程。

2014 年 2—4 月，对考村水库工程进行维修养护。

2016 年 4—6 月，对考村水库工程进行维修养护。

2018 年 1—4 月，对考村水库工程进行维修养护。

2018 年 10—11 月，对考村水库工程进行维修养护。

2019 年 10—11 月，在考村水库大坝安装测压管自动监测系统。

1.4　测站概况

考村水库水文站于 1960 年设站，主要观测雨量、水位等水文信息。自建库以来，考村水库历史最高库水位为 113.58 m，出现在 2017 年 7 月 7 日。

考村水库站采用 1956 年黄海基面。

2　预报方案编制

2.1　预报区间的确定

考村水库站上游无大中型水库入流，区间面积等于水库控制流域面积 16 km^2。

2.2　资料情况

考村水库站自 1960 年建站开始观测降水量、水位等，有设站以来长系列雨量、水位资料。

2.3 产流方案

综合分析考村水库流域自然地理、下垫面条件、水文特征等情况，直接采用相似流域会宝岭水库站产流方案作为考村水库站产流方案。

会宝岭水库坐落在兰陵县西部尚岩镇，分南北两库，控制流域面积 418 km^2，其中北库控制流域面积 175 km^2，南库控制流域面积 243 km^2，河道干流坡度为 2.5‰。会宝岭水库站产流方案合格率为 79.4%，属乙级方案。

2.3.1 产流分析

考村水库站采用降雨径流经验相关的方法，降雨径流相关图见图 24-2。

2.3.2 流域平均降水量 *P* 的计算

流域平均降水量采用算术平均法计算。

2.3.3 流域平均前期影响雨量 P_a 的计算

每年自汛初开始连续计算，先计算流域平均雨量，然后计算前期影响雨量 P_a，其计算公式如下：

$$P_{a,t} = K(P_{a,t-1} + P_{t-1})$$

式中：$P_{a,t}$ 为当日的流域平均前期影响雨量（mm）；$P_{a,t-1}$ 为前一日的流域平均前期影响雨量（mm）；P_{t-1} 为前一日流域平均雨量（mm）；K 为前期影响雨量递减系数，$K=1-\frac{E_m}{I_m}$，采用 0.85；E_m 为流域蒸发能力；I_m 为流域最大损失量，采用 60 mm。

2.4 汇流方案

汇流方案主要采用经验单位线、综合瞬时单位线等方法。

2.4.1 经验单位线

参考 200722 场次实测洪水资料，降水量为 154.5 mm，前期影响雨量为 24.7 mm，实测径流深为 92.0 mm，有效降雨历时为 12 h，净峰流量为 135 m^3/s。根据流域暴雨洪水特性及下垫面变化情况，确定出本站 1 h 单位线 1 条，考村水库站单位线图见图 24-3。

2.4.2 综合瞬时单位线法

采用地区综合单位线方程：

$$M_1 = CF^{0.33}J^{-0.27}R^{-0.2}T_c^{0.17}$$
$$M_2 = 0.34M_1^{-0.12}$$

式中：F 为集水面积（km^2），$F=16$ km^2；J 为河道干流坡度，本站为 12.1‰；M_1 为瞬时单位线参数，$M_1=nk$；M_2 为瞬时单位线参数，$M_2=1/n$；n 为瞬时单位线反映流域汇流调节次数的参数；k 为瞬时单位线反映流域汇流时间的参数；C 为经验系数，一般山丘区 $C=0.196$，其他地区见表 24-1。

表 24-1　其他地区瞬时单位线经验系数 *C* 值表

一般山丘平原混合区平原面积占全面积比例（%）	≤70	60	50	40	30	20
C	0.27	0.258	0.246	0.233	0.221	0.208

求得 M_1、M_2 后，进而计算 n、k 值，代入 t/k 的 n 阶非完全伽马函数式，计算瞬时单位线的 $S(t)$ 曲线。

2.4.3 峰现时间预报

根据考村水库站单位线推求其洪峰出现时间。

2.5 水库调洪演算

采用蓄率中线法和高切林简化调洪法对考村水库进行调洪演算。

2.5.1 蓄率中线法

$$\bar{I} + (V_1/\Delta t - Q_1/2) = (V_2/\Delta t + Q_2/2)$$

根据上式可绘制 $V/\Delta t-Q/2=f(Z)$ 和 $V/\Delta t+Q/2=f(Z)$ 关系曲线，演算时，由开始水位 Z_1 查 $V/\Delta t-Q/2=f(Z)$ 关系曲线，求得（$V_1/\Delta t-Q_1/2$），得到一点 a，然后截取 ab 之长等于时段平均入流量 $\bar{I}$，其和即等于（$V_2/\Delta t+Q_2/2$）；以此值再查 $V/\Delta t+Q/2=f(Z)$ 关系曲线，即得时段末水位 Z_2，再以 Z_2 作为开始水位，重复以上步骤，便可预报出库水位过程。详见表 24-2。

表 24-2　考村水库蓄率中线法调洪表　　$\Delta t=1$ h

水位 *Z*（m）	库容 *V*（万 m^3）	泄量 *Q*（m^3/s）	$V/\Delta t+Q/2$（m^3/s）	$V/\Delta t-Q/2$（m^3/s）
110.00	282	0	783	783
111.00	366	14.00	1 024	1 010
112.00	469	40.00	1 323	1 283
113.00	584	73.8	1 659	1 585
114.00	710	113.3	2 029	1 916
114.35	760	128.7	2 175	2 047
114.65	803	142.7	2 302	2 159
114.95	845	156.7	2 426	2 269
115.00	853	158.7	2 449	2 290
116.00	1 010	208.7	2 910	2 701

2.5.2 高切林简化调洪法

该法的基本假定为：入库洪水过程为三角形；洪水入库时库水位平溢洪道底，洪水开始入库即开始溢洪，在出现最大溢洪流量之前溢洪过程为直线。

起调水位取溢洪道堰顶高程。调洪步骤（见图 24-4）如下：

（1）根据考村水库的水位泄量关系曲线和水位库容关系曲线绘制溢洪道堰顶以上调洪库容 $V_{调洪}$ 与下泄流量 q 的关系曲线。

（2）在横坐标轴（$V_{调洪}$）上取一点 A，使 OA 等于洪水总量 $W_{洪}$。

（3）在纵坐标轴（溢洪流量 q）上取一点 B，使 OB 等于洪峰流量 Q_m。

（4）连接 AB，与 $V_{调洪}-q$ 关系曲线交于 D 点，过 D 点作水平线交纵轴于 C 点，则 OC 表示最大下泄流量 q_m；过 D 点作垂直线交横轴于 E 点，则 OE 表示最大调洪库容 $V_{m调洪}$。有了最大调洪库容，即可求出最高库水位。

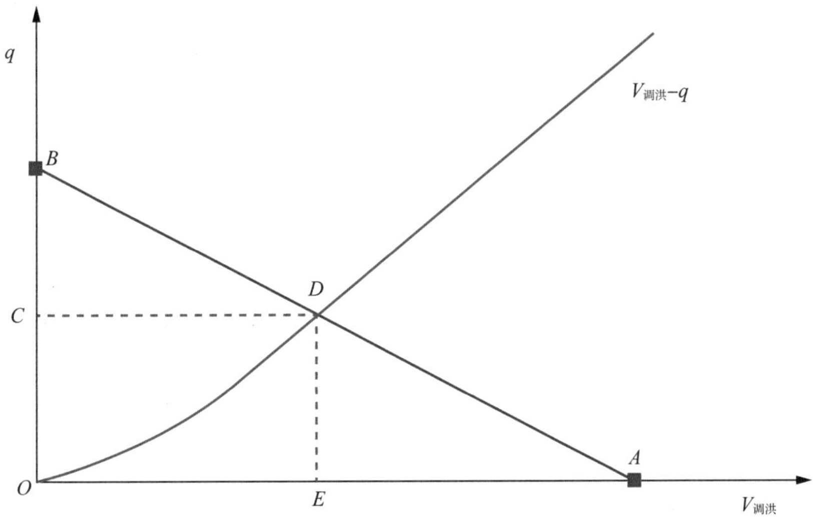

图 24-4 高切林简化调洪法示意图

2.6 水位库容关系曲线

采用考村水库 1978 年测量成果绘制水位库容关系曲线，详见图 24-5。

2.7 水库泄流曲线

2.7.1 闸门全开时

按堰流公式计算：

$$Q = \sigma m \varepsilon n b \sqrt{2g} H_0^{3/2}$$

$$\varepsilon = 1 - 0.2[\zeta_K + (n-1)\zeta_0]\frac{H_0}{nb}$$

式中：Q 为下泄流量（m^3/s）；n 为闸门孔数；b 为每孔净宽（m），本库取为 5 m；H_0 为计入行近流速水头的闸前总水头（m），$H_0=H+\frac{v^2}{2g}$（因上游为库区，近似取行近流速 $v=0$）；H 为闸前水头（m），$H=Z-Z_0$；Z 为库水位（m）；g 为重力加速度，$g=9.81\ m/s^2$；Z_0 为闸底（或堰顶）高程（m）；m 为流量系数，取 0.34（宽顶堰）；ε 为水流侧向收缩系数；ζ_K 为边墩形状系数，取 0.70（圆弧形）；ζ_0 为中墩形状系数，取 0.45（半圆形）；σ 为淹没系数，取 1.0（自由堰流）。

2.7.2 闸门控泄时

按孔流公式计算：

$$Q = \sigma \mu e n b \sqrt{2g(H_0 - \varepsilon e)}$$

式中：σ 为淹没系数，取 1.0（自由孔流）；μ 为流量系数，$\mu=\varepsilon\varphi$；φ 为流速系数，取 0.95；ε 为垂直收缩系数；e 为闸门开启高度（m）；其他符号意义同上。

考村水库溢洪闸泄流曲线见图 24-6。

3 方案使用说明

3.1 注意事项

（1）P_a 值太小时，即久旱大雨造成降雨入渗较大，可能使实际 R 值比计算值小，预报时可适当考虑。

（2）注意方案适应范围，对特大暴雨洪水要慎重。

（3）单位线预报的洪峰流量为净峰流量，须加上基流量方为该站所预报的洪峰流量。

由于影响因素太多，本方案不能完全反映客观情况，所以不能照搬，要根据实际情况，参考确定预报值。

3.2 方案适应能力

本方案产流关系曲线借用会宝岭水库站产流方案，汇流方案采用实测资料分析时段单位线，虽然流域情况大致相似，但在实际洪水作业预报时仍要全面分析，尽量使预报值符合实际情况。

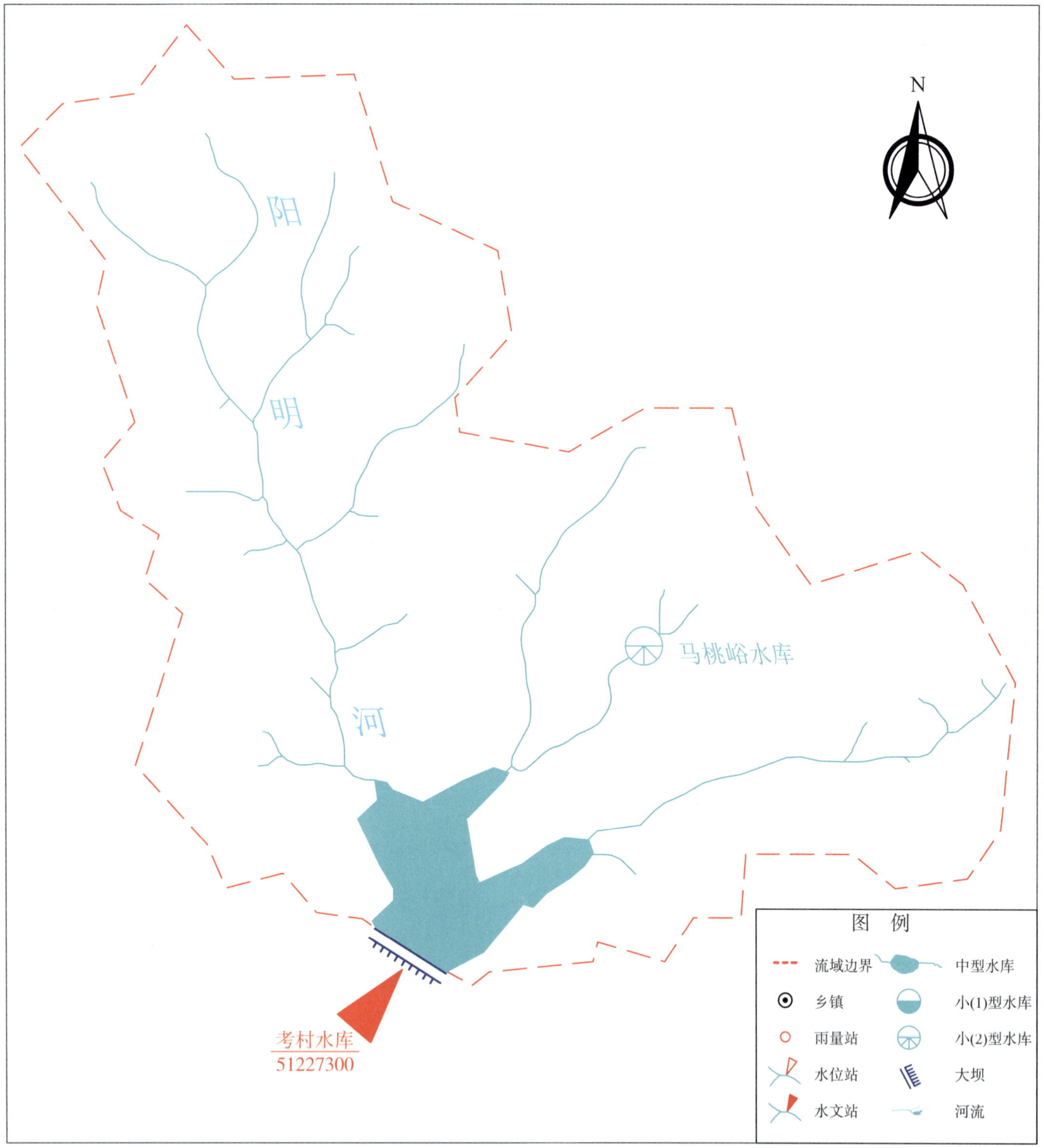

图 24-1　阳明河考村水库站以上流域图

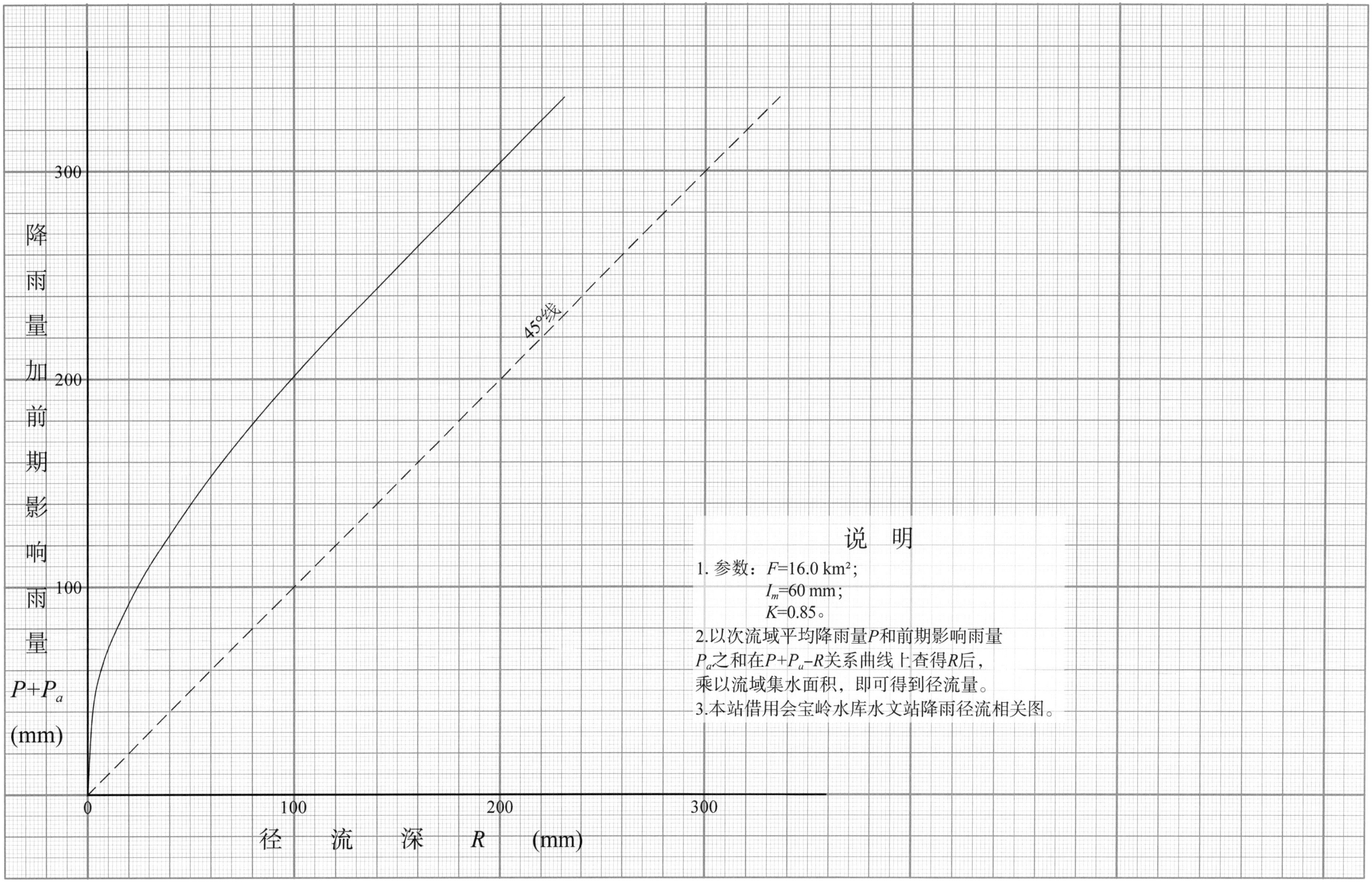

图 24-2　阳明河考村水库站降雨径流相关图（$P+P_a-R$）

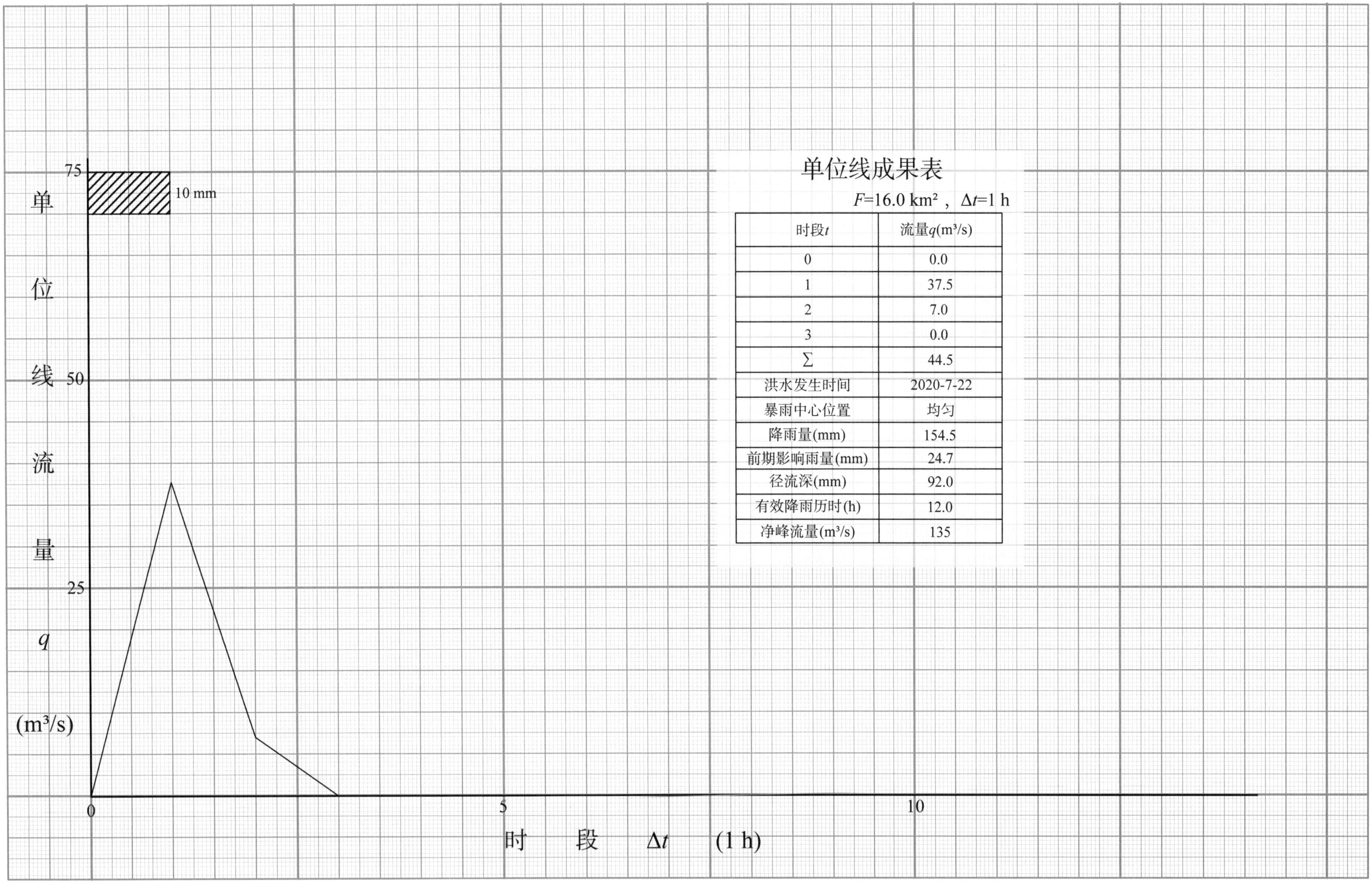

单位线成果表

F=16.0 km²，Δt=1 h

时段t	流量q(m³/s)
0	0.0
1	37.5
2	7.0
3	0.0
$\sum$	44.5
洪水发生时间	2020-7-22
暴雨中心位置	均匀
降雨量(mm)	154.5
前期影响雨量(mm)	24.7
径流深(mm)	92.0
有效降雨历时(h)	12.0
净峰流量(m³/s)	135

图 24-3　阳明河考村水库站单位线图

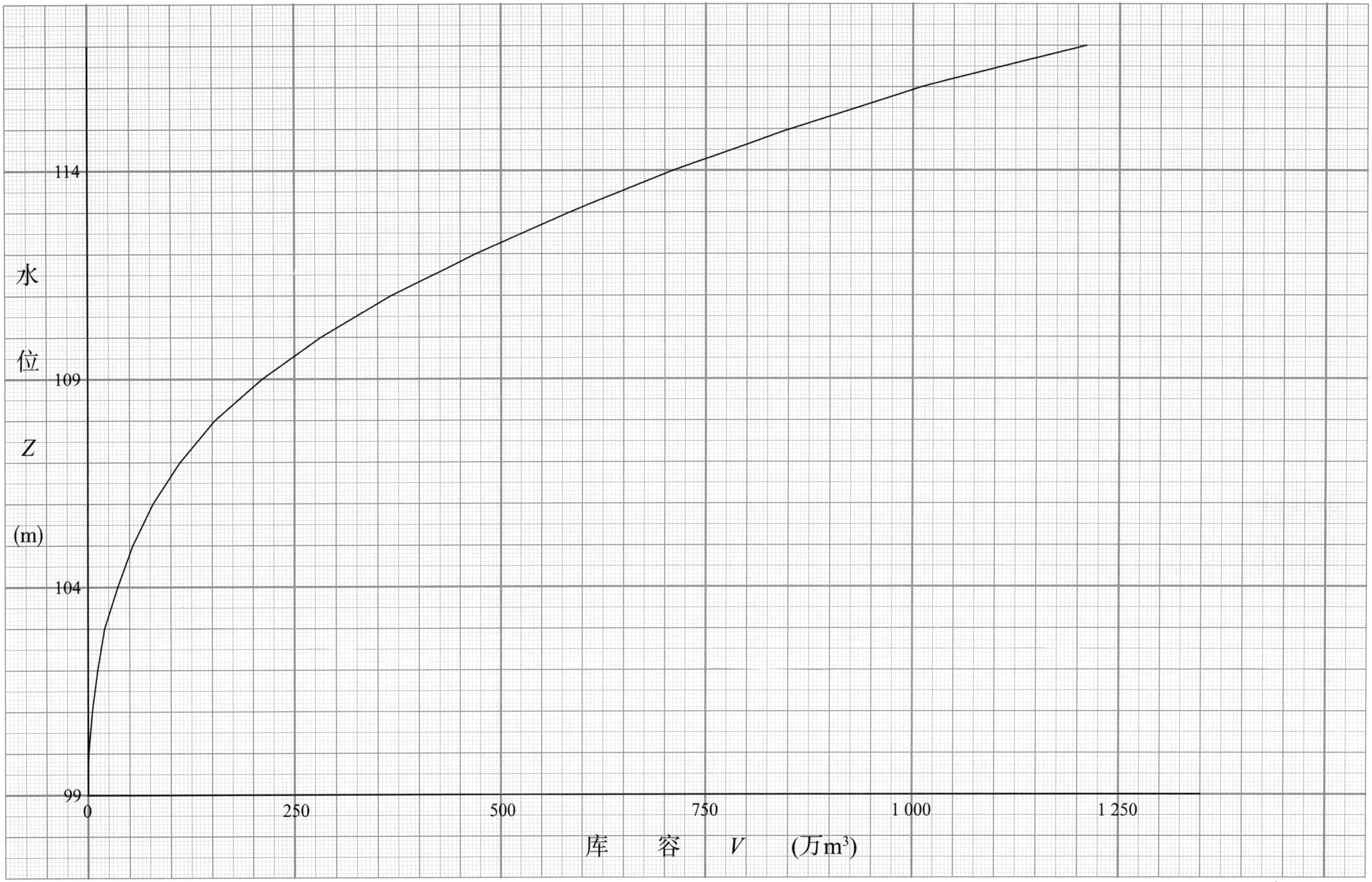

图 24-5 阳明河考村水库水位库容关系曲线图

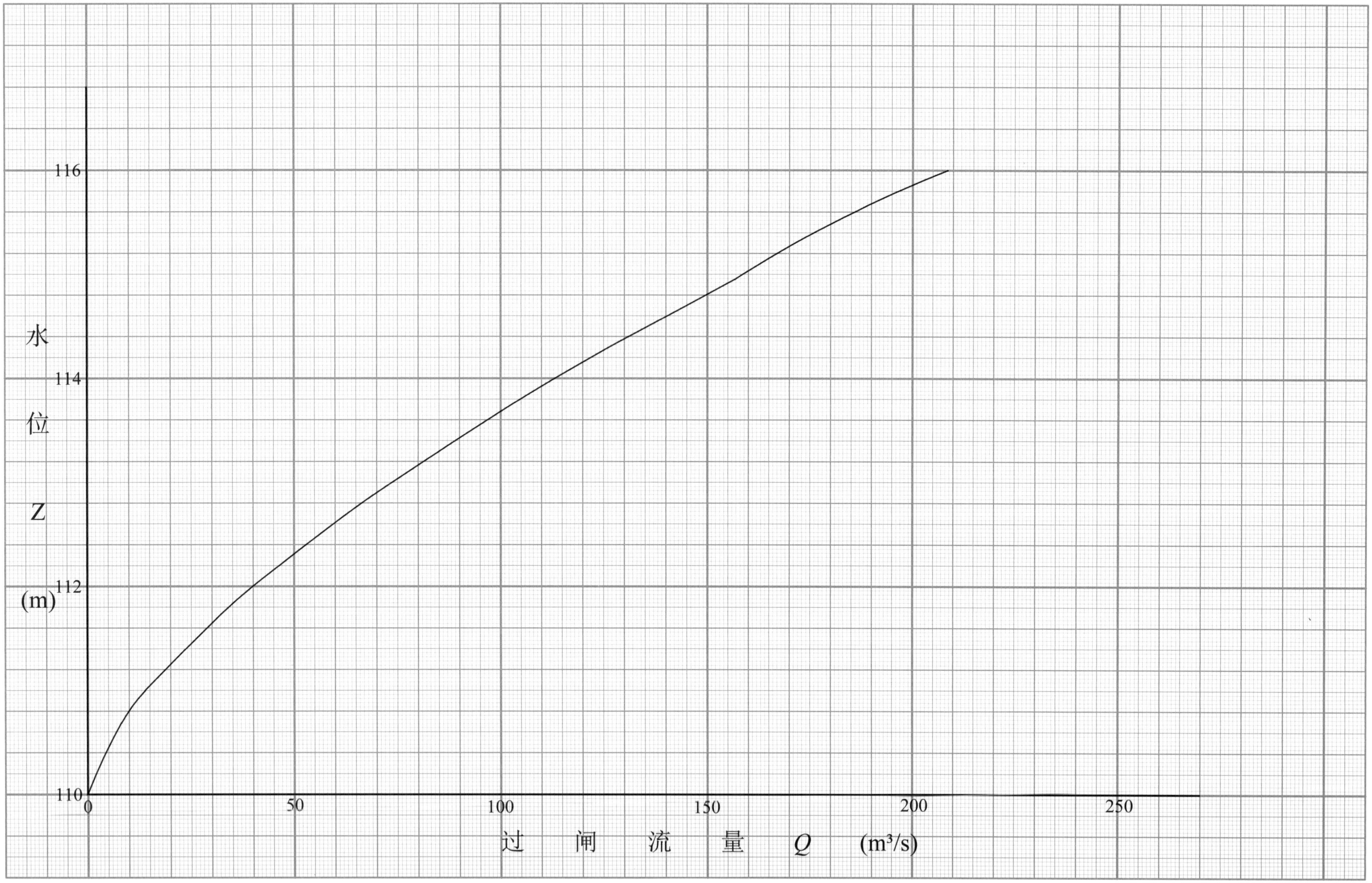

图 24-6 阳明河考村水库溢洪闸泄流曲线图

第二十五章　吴坦河小马庄水库站水文预报方案编制说明

1　流域概况

1.1　流域自然地理特征

小马庄水库位于兰陵县西北 30 km 处的矿坑镇前马庄村西、淮河流域中运河水系吴坦河上游支流上，干流平均坡降 3.1‰，坝址以上总流域面积 90 km^2，流域呈阔叶形，流域平均宽度 8.3 km，该流域下游为临郯苍平原的一部分，海拔为 35~65 m。流域地势西北高、东南低，由低山和丘陵组成，山区面积占 60%，丘陵面积占 40%。小马庄水库站以上流域图见图 25-1。

该流域地处北暖温带半湿润季风气候区，四季分明，春季干燥，少雨多风；夏季高温多雨，易形成暴雨洪水，造成洪水灾害；秋季温和凉爽；冬季寒冷干燥，雨雪稀少。受大陆和海洋性季风气候的交替影响，降水比较丰沛，虽多年平均降水量为 870 mm，但降水年际变化幅度大，时空分布不均匀。年内降雨多集中在 6—9 月，约占年降水量的 70%。流域多年平均最大 24 h 降雨量为 120.6 mm，1993 年实测最大 24 h 降雨量 282.2 mm，为实测最大值；1959 年实测最大 24 h 降雨量 46.1 mm，为实测最小值。

吴坦河为山溪性雨源型河流，径流量与降水量变化规律一致。枯季流量较小，经常出现断流，洪水主要集中在汛期。由于流域干流坡度较大，洪水陡涨陡落，一次洪水过程持续时间较短，较大流量历时一般在 24 h 左右。造成本流域暴雨的主要天气系统有气旋、冷锋、台风、倒槽等。

1.2　水利工程情况

小马庄水库主要建筑物的设计洪水标准为 100 年一遇，校核洪水标准为 1 000 年一遇；溢洪道消能防冲设计标准为 30 年一遇。水库总库容 4 589 万 m^3，兴利库容 2 592 万 m^3，调洪库容 1 881 万 m^3，死库容 116 万 m^3，相应校核水位 109.31 m，设计水位 108.40 m，兴利水位 106.00 m，死水位 93.00 m，汛中限制水位 105.00 m，汛末蓄水位 106.00 m，允许最高水位 109.31 m。水库枢纽工程由大坝、溢洪道、放水洞、水电站组成。

大坝为均质坝，坝轴线大致呈东西走向，坝长 873 m，最大坝高 23 m，坝顶宽 6 m，坝顶高程 110.00 m，防浪墙顶高程 111.10 m。溢洪道型式为控制式溢洪闸，溢洪道主要由进水段、控制段、泄槽、出水渠四部分组成，控制段共 3 孔，每孔净宽 6 m，总净宽 18 m，采用 6 m×4.5 m 的平面直升钢闸门，闸底板顶高程 102.00 m。放水洞进口闸门型式为潜水平面钢闸门（1.2 m×1.2 m）。

小马庄水库上游有上流井、东柳、上河、杨家庄 4 座小（2）型水库，控制流域面积 5.83 km^2。

1.3　水库历次重大改建、扩建、加固等基本情况

1959 年 11 月小马庄水库开工建设，1960 年 5 月建成。1961 年大坝背坡补土，加高 0.82 m，高程达 100.52 m，加固大坝裹头。1964 年大坝复土，坝顶加高 2.48 m。1965—1966 年，大坝右端延长，将溢洪道移至左端，大坝加高 4.5 m，新建西放水洞。1967 年大坝补土、加高，坝顶高程达到 110.00 m，建 3 处副坝。1970 年大坝 0+400—0+750 段加土，建防浪墙；坝顶高程 99.00 m 以上、0+000—0+400 段块石护坡翻修。1973—1976 年，西放水洞下游建水电站，装 3 台机组，总容量 350 kW。1976 年溢洪道中间宽 35 m，加深 1.0 m。1986 年黏土心墙加高。1988—1989 年改建防浪墙。1996 年维修放水洞廊道。1999 年维修坝脚排水体。2005 年 4 月 27 日至 2010 年 11 月水库除险加固工程完工。

1.4　测站概况

小马庄水库水文站设立于 1960 年，主要观测雨量、水位等水文信息。自建库以来，历史最高水位 107.35 m，发生在 2012 年 7 月 11 日。

小马庄水库站采用 1956 年黄海基面。

2　预报方案编制

2.1　预报区间的确定

小马庄水库站上游无大中型水库入流，区间面积等于水库控制流域面积 90 km^2。

2.2　资料情况

小马庄水库站自 1960 年建站开始观测降水量、水位等，有设站以来长系列雨量、水位资料。

2.3　产流方案

综合分析小马庄水库流域自然地理、下垫面条件、水文特征等情况，直接采用相似流域会宝岭水库站产流方案作为小马庄水库站产流方案。

会宝岭水库坐落在兰陵县西部尚岩镇，分南北两库，控制流域面积 418 km^2，其中北库控制流域面积 175 km^2，南库控制流域面积 243 km^2，河道干流坡度为 2.5‰。会宝岭水库站产流方案合格率为 79.4%，属乙级方案。

2.3.1　产流分析

小马庄水库站采用降雨径流经验相关的方法，降雨径流相关图见图 25-2。

2.3.2　流域平均降水量 *P* 的计算

流域平均降水量采用算术平均法计算。

2.3.3 流域平均前期影响雨量 P_a 的计算

每年自汛初开始连续计算，先计算流域平均雨量，然后计算前期影响雨量 P_a，其计算公式如下：

$$P_{a,t} = K(P_{a,t-1} + P_{t-1})$$

式中：$P_{a,t}$ 为当日的流域平均前期影响雨量（mm）；$P_{a,t-1}$ 为前一日的流域平均前期影响雨量（mm）；P_{t-1} 为前一日流域平均雨量（mm）；K 为前期影响雨量递减系数，$K=1-\frac{E_m}{I_m}$，采用 0.85；E_m 为流域蒸发能力；I_m 为流域最大损失量，采用 60 mm。

2.4 汇流方案

汇流方案主要采用经验单位线、综合瞬时单位线等方法。

2.4.1 经验单位线

小马庄水库站单位线直接采用双河水库站单位线，并根据流域面积进行适当缩放，详见图 25-3。

2.4.2 综合瞬时单位线法

采用地区综合单位线方程：

$$M_1 = CF^{0.33}J^{-0.27}R^{-0.2}T_c^{0.17}$$
$$M_2 = 0.34M_1^{-0.12}$$

式中：F 为集水面积（km^2），$F=90\ km^2$；J 为河道干流坡度，本站为 3.1‰；M_1 为时单位线参数，$M_1=nk$；M_2 为瞬时单位线参数，$M_2=1/n$；n 为瞬时单位线反映流域汇流调节次数的参数；k 为瞬时单位线反映流域汇流时间的参数；C 为经验系数，一般山丘区 $C=0.196$，其他地区见表 25-1。

表 25-1　其他地区瞬时单位线经验系数 C 表

一般山丘平原混合区平原面积占全面积比例（%）	≤70	60	50	40	30	20
C	0.27	0.258	0.246	0.233	0.221	0.208

求得 M_1、M_2 后，进而计算 n、k 值，代入 t/k 的 n 阶非完全伽马函数式，计算瞬时单位线的 $S(t)$ 曲线。

2.4.3 峰现时间预报

根据小马庄水库站单位线推求其洪峰出现时间。

2.5 水库调洪演算

采用蓄率中线法和高切林简化调洪法对小马庄水库进行调洪演算。

2.5.1 蓄率中线法

$$\bar{I} + (V_1/\Delta t - Q_1/2) = (V_2/\Delta t + Q_2/2)$$

根据上式可绘制 $V/\Delta t-Q/2 = f(Z)$ 和 $V/\Delta t + Q/2 = f(Z)$ 关系曲线，演算时，由开始水位 Z_1 查 $V/\Delta t-Q/2 = f(Z)$ 关系曲线，求得（$V_1/\Delta t - Q_1/2$），得到一点 a，然后截取 ab 之长等于时段平均入流量 $\bar{I}$，其和即等于（$V_2/\Delta t + Q_2/2$）；以此值再查 $V/\Delta t + Q/2 = f(Z)$ 关系曲线，即得时段末水位 Z_2，再以 Z_2 作为开始水位，重复以上步骤，便可预报出库水位过程。详见表 25-2。

表 25-2　小马庄水库蓄率中线法调洪表　　$\Delta t=1$ h

水位 Z（m）	库容 V（万 m^3）	泄量 Q（m^3/s）	$V/\Delta t+Q/2$（m^3/s）	$V/\Delta t-Q/2$（m^3/s）
102.00	1 289	0	3 581	3 581
103.00	1 580	27.9	4 403	4 375
104.00	1 909	78.9	5 342	5 263
105.00	2 290	145	6 434	6 289
106.00	2 708	223.2	7 634	7 411
107.00	3 193	311.9	9 025	8 713
108.00	3 668	410	10 394	9 984
109.00	4 318	516.7	12 253	11 736
110.00	5 045	631.3	14 330	13 698
111.00	5 860	1 455	17 005	15 550

2.5.2 高切林简化调洪法

该法的基本假定为：入库洪水过程为三角形；洪水入库时库水位平溢洪道底，洪水开始入库即开始溢洪，在出现最大溢洪流量之前溢洪过程为直线。

起调水位取溢洪道堰顶高程。调洪步骤（见图 25-4）如下：

（1）根据小马庄水库的水位泄量关系曲线和水位库容关系曲线绘制溢洪道堰顶以上调洪库容 $V_{调洪}$与下泄流量 q 的关系曲线。

（2）在横坐标轴（$V_{调洪}$）上取一点 A，使 OA 等于洪水总量 $W_{洪}$。

（3）在纵坐标轴（溢洪流量 q）上取一点 B，使 OB 等于洪峰流量 Q_m。

（4）连接 AB，与 $V_{调洪}-q$ 关系曲线交于 D 点，过 D 点作水平线交纵轴于 C 点，则 OC 表示最大下泄流量 q_m；过 D 点作垂直线交横轴于 E 点，则 OE 表示最大调洪库容 $V_{m调洪}$。有了最大调洪库容，即可求出最高库水位。

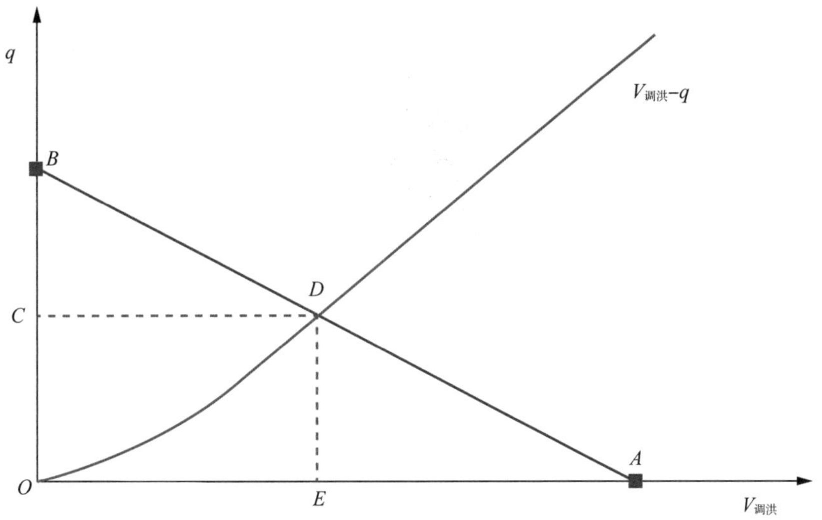

图 25-4　高切林简化调洪示意图

2.6　水位-库容关系曲线

采用小马庄水库 1983 年测量成果绘制水位-库容关系曲线，详见图 25-5。

2.7　水库泄流曲线

2.7.1　闸门全开时

按堰流公式计算：

$$Q = \sigma m \varepsilon nb\sqrt{2g}H_0^{3/2}$$

$$\varepsilon = 1 - 0.2[\zeta_K + (n-1)\zeta_0]\frac{H_0}{nb}$$

式中：Q 为下泄流量（m^3/s）；n 为闸门孔数；b 为每孔净宽（m），本库取 6 m；H_0 为计入行近流速水头的闸前总水头（m），$H_0=H+\frac{v^2}{2g}$（因上游为库区，近似取行近流速 $v=0$）；H 为闸前水头（m），$H=Z-Z_0$；Z 为库水位（m）；g 为重力加速度，$g=9.81\ m/s^2$；Z_0 为闸底（或堰顶）高程（m）；m 为流量系数，取 0.34（宽顶堰）；ε 为水流侧向收缩系数；ζ_K 为边墩形状系数，取 0.70（折线形）；ζ_0 为中墩形状系数，取 0.45（半圆形）；σ 为淹没系数，取 1.0（自由堰流）。

2.7.2　闸门控泄时

按孔流公式计算：

$$Q = \sigma\mu enb\sqrt{2g(H_0 - \varepsilon e)}$$

式中：σ 为淹没系数，取 1.0（自由孔流）；μ 为流量系数，$\mu=\varepsilon\varphi$；φ 为流速系数，取 0.95；ε 为垂直收缩系数；e 为闸门开启高度（m）；其他符号意义同上。

小马庄水库溢洪闸泄流曲线见图 25-6。

3　方案使用说明

3.1　注意事项

（1）P_a 值太小时，即久旱大雨造成降雨入渗较大，可能使实际 R 值比计算值小，预报时可适当考虑。

（2）注意方案适应范围，对特大暴雨洪水要慎重。

（3）单位线预报的洪峰流量为净峰流量，须加上基流量方为该站所预报的洪峰流量。

由于影响因素太多，本方案不能完全反映客观情况，所以不能照搬，要根据实际情况，参考确定预报值。

3.2　方案适应能力

本方案产流关系曲线借用会宝岭水库站产流方案，汇流方案采用双河水库站单位线进行缩放，虽然流域情况大致相似，但在实际洪水作业预报时仍要全面分析，尽量使预报值符合实际情况。

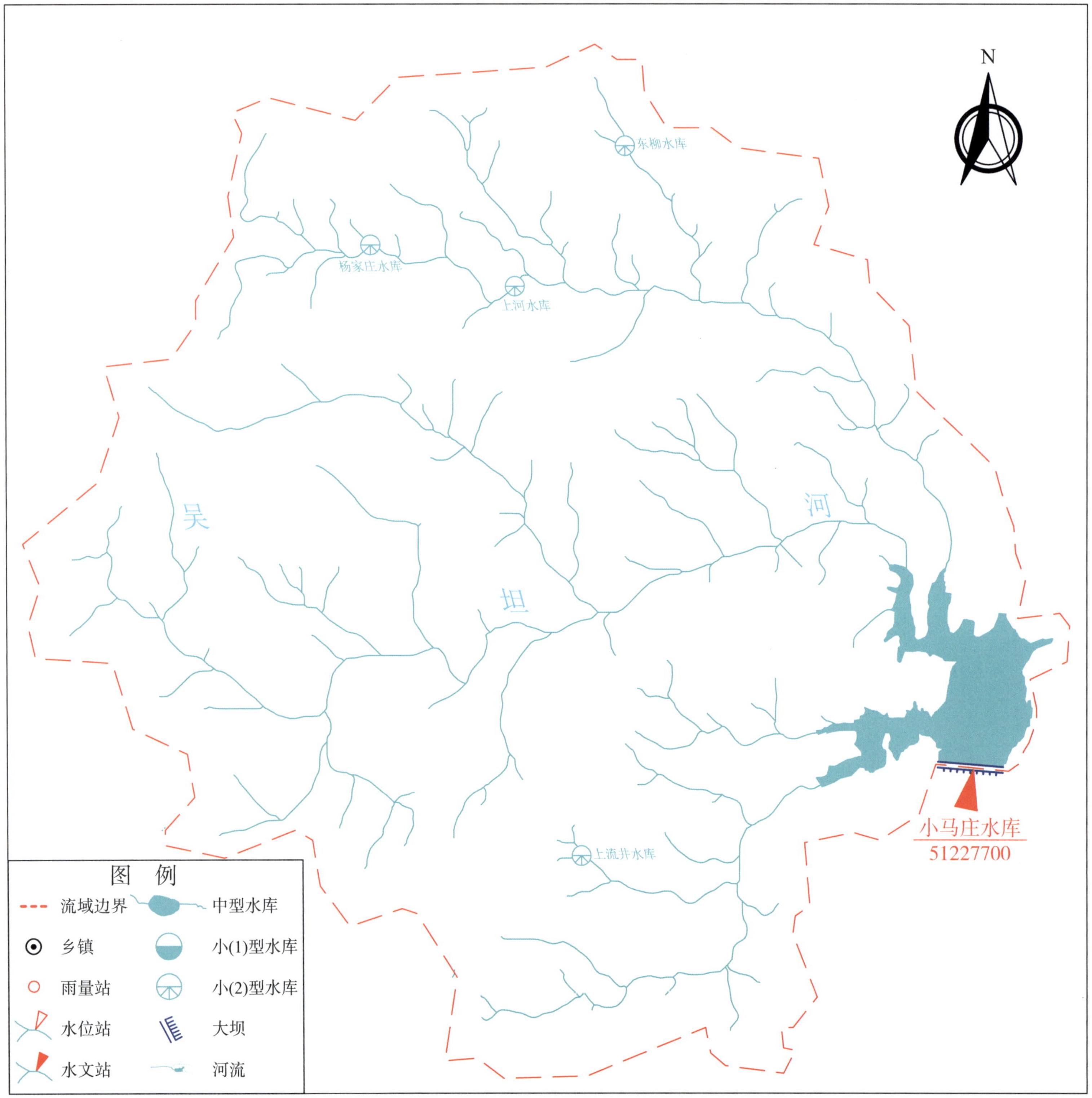

图 25-1　吴坦河小马庄水库站以上流域图

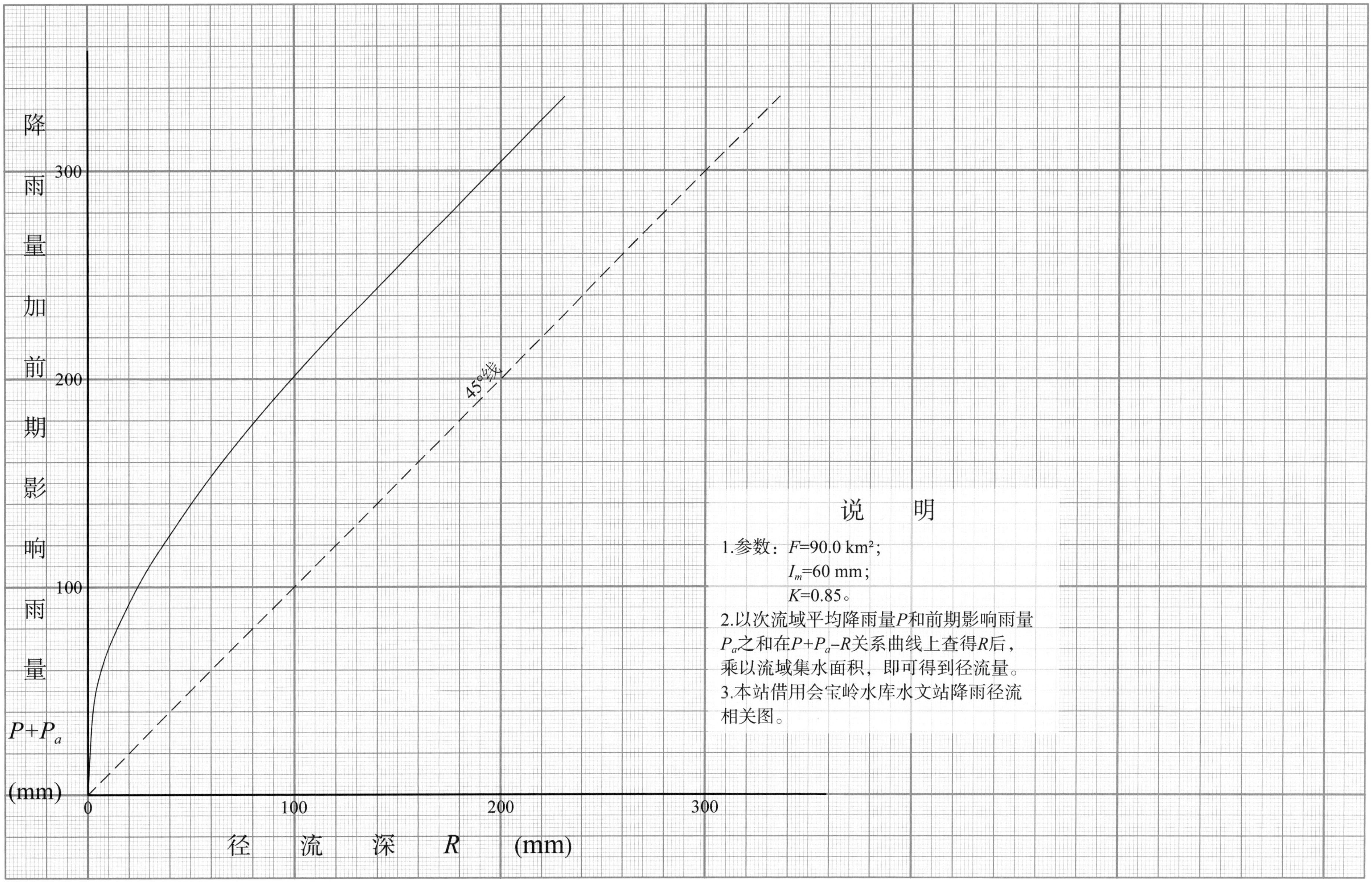

图 25-2　吴坦河小马庄水库站降雨径流相关图（$P+P_a$-R）

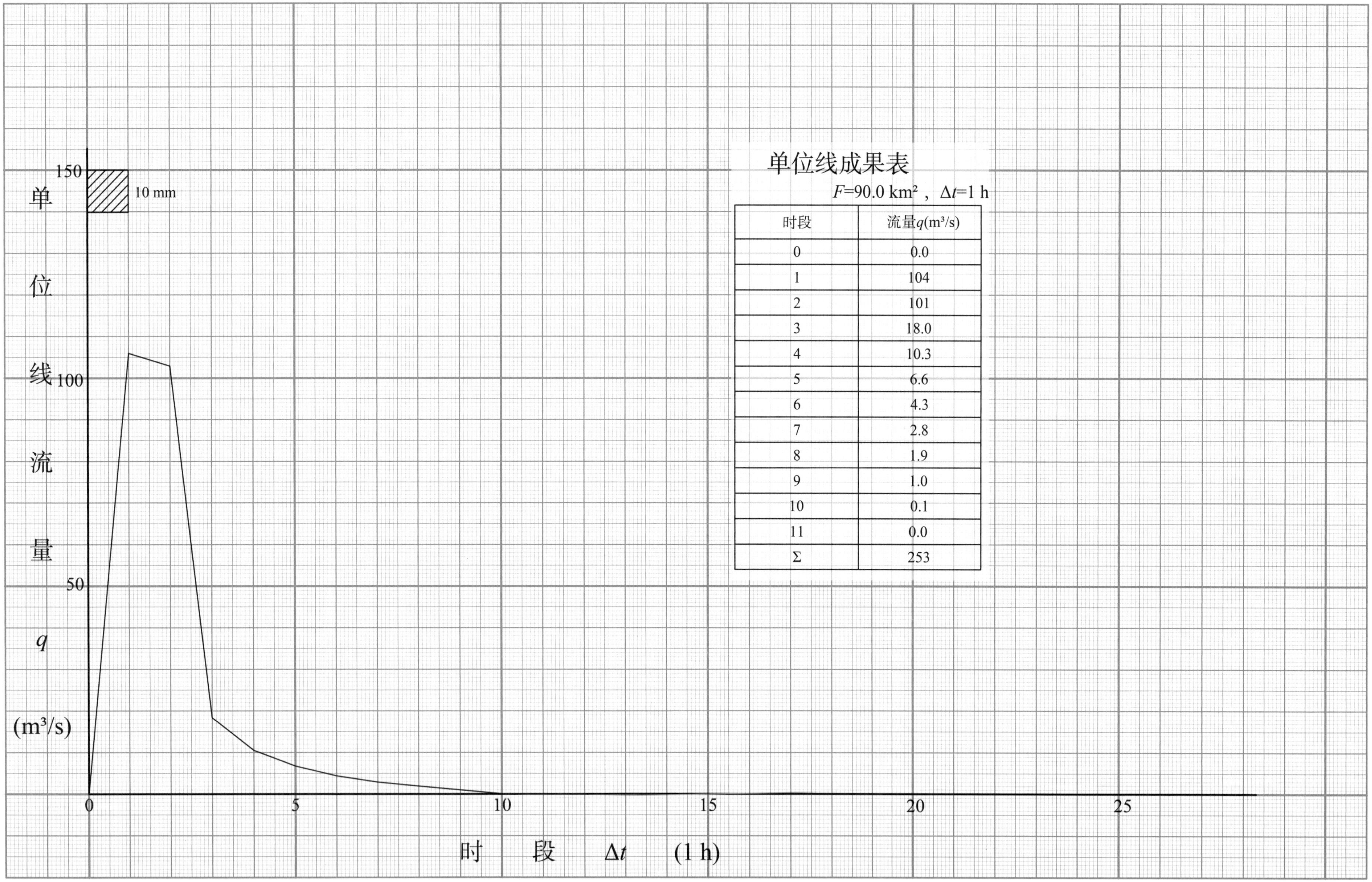

单位线成果表

F=90.0 km²，Δt=1 h

时段	流量q(m³/s)
0	0.0
1	104
2	101
3	18.0
4	10.3
5	6.6
6	4.3
7	2.8
8	1.9
9	1.0
10	0.1
11	0.0
Σ	253

图 25-3　吴坦河小马庄水库站单位线图

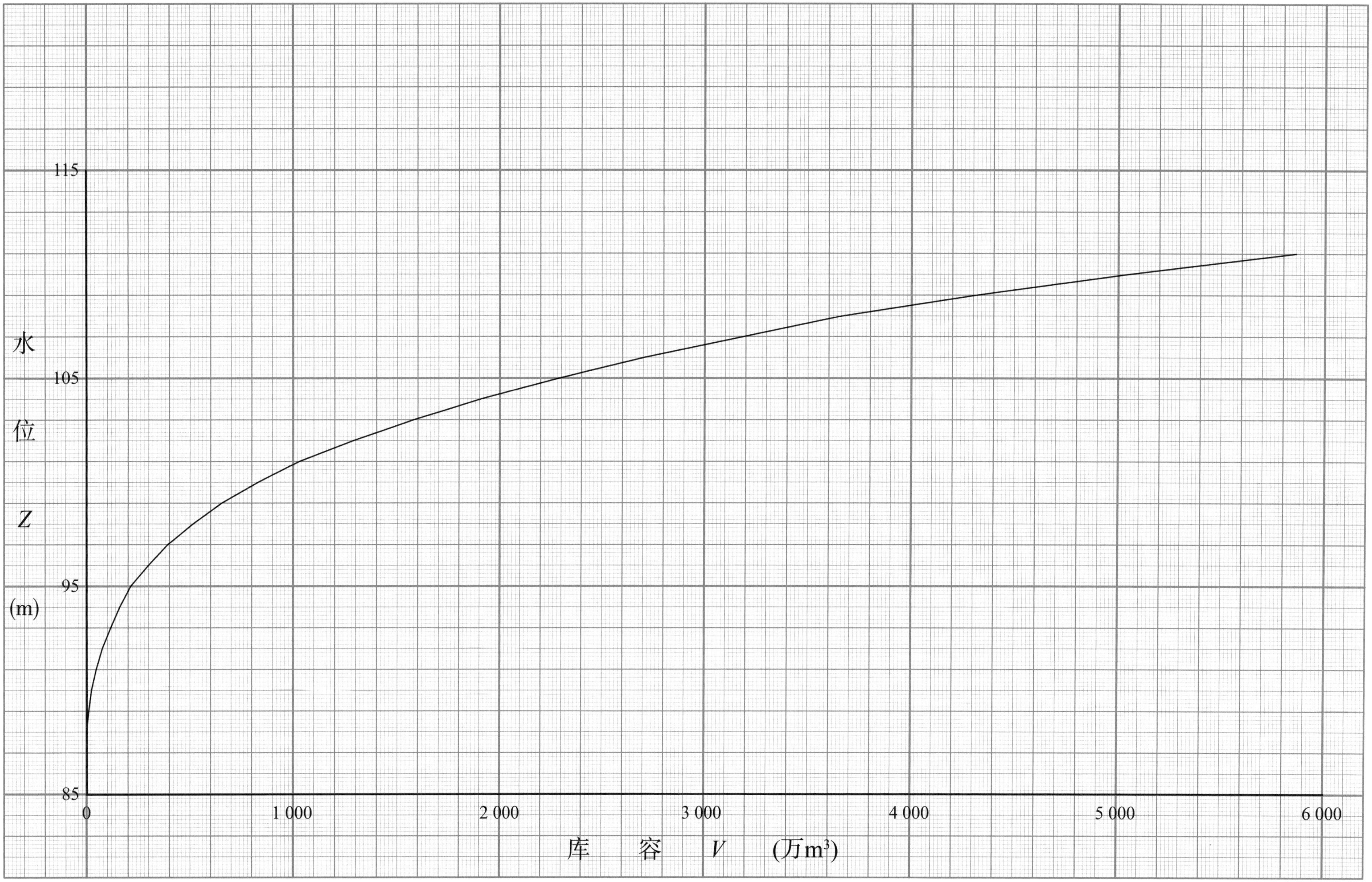

图 25-5　吴坦河小马庄水库水位库容关系曲线图

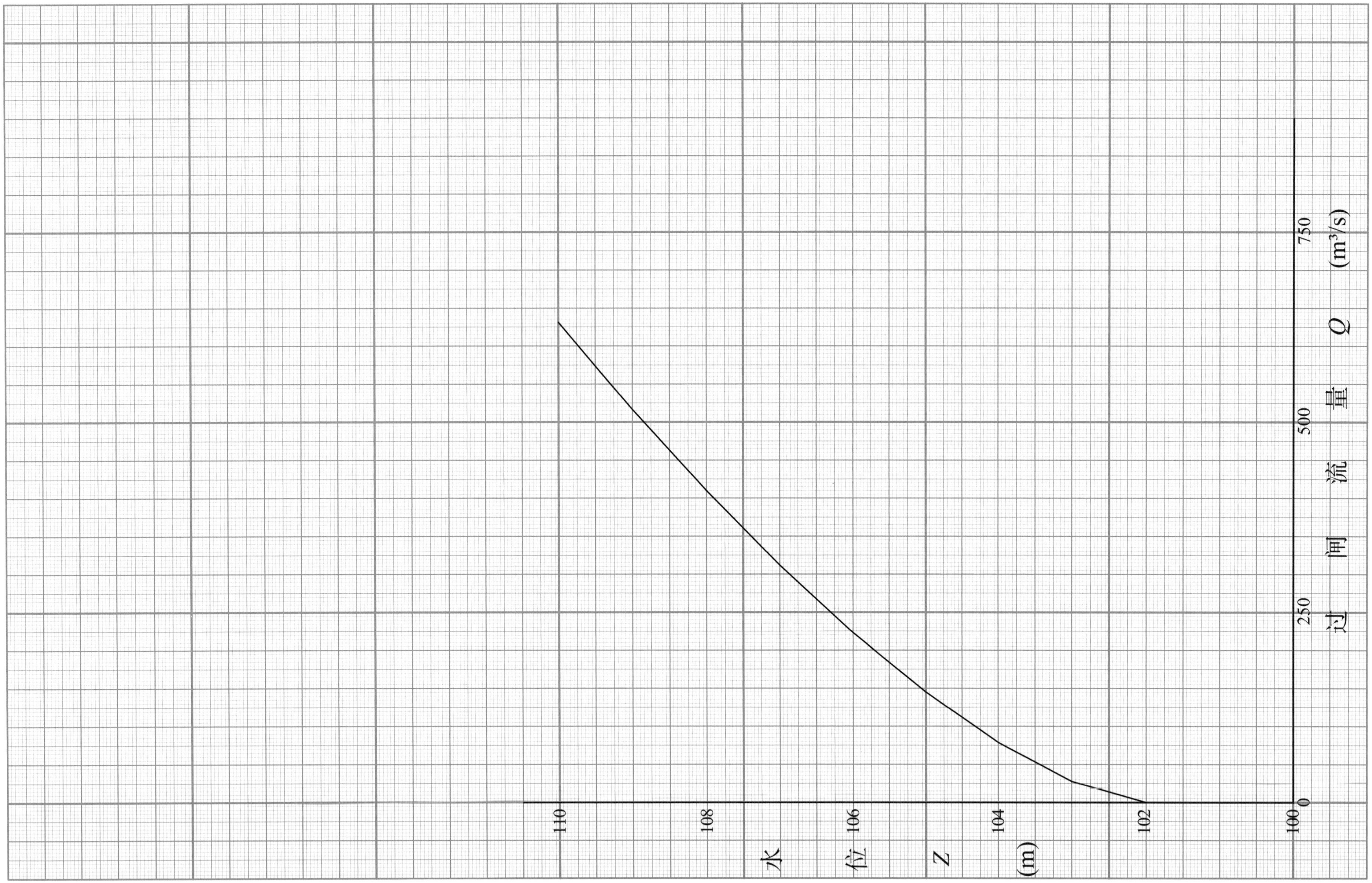

图 25-6　吴坦河小马庄水库溢洪闸泄流曲线图

第二十六章　长新桥沟长新桥水库站水文预报方案编制说明

1　流域概况

1.1　流域自然地理特征

长新桥水库位于山东省临沂市兰陵县苍山街道，是中运河水系吴坦河支流长新桥沟上的一座中型水库。长新桥沟干流发源于大仲村镇前后姚庄村，自北向南流入水库，干流平均坡降 3.95‰。水库坝址位于长新桥村西，控制流域面积 36 km^2，流域形状为扇形，平均宽度 3.5 km。流域地势西高东低，由山区和丘陵组成。长新桥水库站以上流域图见图 26-1。

该流域属暖温带半湿润大陆性季风气候区，夏季湿热，冬季干冷，气温、降水和蒸发等气象要素年际、年内变化显著。年平均风速 3 m/s，多年平均气温 13.3℃，月平均气温最高 30.9℃（7 月份），最低-5.8℃（1 月份）。多年平均降水量 857.1 mm，月平均降水量 6—9 月最大，为 617.0 mm，占全年降水量的 72.0%；12 月份最小，仅为 11.8 mm，占全年降水量的 1.4%。

1.2　水利工程情况

长新桥水库主要建筑物设计洪水标准为 50 年一遇，校核洪水标准为 1 000 年一遇；溢洪道消能防冲设计标准为 30 年一遇。水库总库容 2 452 万 m^3，兴利库容 1 350 万 m^3，调洪库容 1 052 万 m^3，死库容 50 万 m^3，相应校核水位 88.80 m，设计水位 87.79 m，兴利水位 85.65 m，死水位 75.85 m，汛中限制水位 85.65 m，汛末蓄水位 85.65 m，允许最高水位 88.80 m。水库枢纽工程由大坝、溢洪道、放水洞、水电站组成。

大坝坝长 690 m，其中 0+430—0+540 段为黏土宽心墙砂壳坝，其余坝段为均质坝。坝顶宽 6 m，坝顶高程 90.10 m，心墙顶高程 90.10 m。溢洪道位于大坝南端，为开敞式溢洪道。进水渠轴线与大坝轴线正交，左岸顺岸坡 20 m 长为浆砌石护坡，以扭曲面与控制段连接；右岸 30 m 长为浆砌石护坡，以扭曲面与控制段连接，控制段长 20 m。溢洪道底高程为 85.65 m。放水洞进口采用喇叭形，进口前设有引水渠，进口底高程 75.80 m，壁厚 0.5 m。

长新桥水库流域内现有陈林、柳河、宝山窝 3 座小（2）型水库，控制流域面积 4.92 km^2，总库容 33.24 m^3，兴利库容 12.35 万 m^3。

1.3　水库历次重大改建、扩建、加固等基本情况

长新桥水库大坝于 1959 年 10 月动工兴建，1960 年 5 月竣工。1960 年大坝竣工时，大坝沉陷，出现裂缝，坝顶有平行裂缝，此后进行了开挖回填处理。

1963 年 7 月，水库放空后进行检查，发现大坝内坡出现严重的沉陷、滑坡和水沟浪窝，采取了坝坡补土和护坡翻修的方法进行处理。

1995 年 3 月，对放水洞廊道渗漏水进行处理、廊道进行堵塞灌浆，险情得到初步控制。

1998 年春，因旱情严重，库水位急剧下降，当蓄水量降至 300 万 m^3 以下时，坝前迎水坡就出现 40 多处陷坑，块石护坡存在严重沉陷、隆起现象，对出现的塌坑采取覆土压实、局部干砌石护砌的方法进行处理。

2006 年 3 月至 2010 年 7 月，对水库进行除险加固，完成了坝段基岩帷幕灌浆、上游坝脚抛石压重、上游砂壳翻压、全坝段护坡拆除重建、坝顶加宽、下游坝坡补坡、植草皮、改建坡面排水系统、改建下游排水体、续建防浪墙、新建坝顶沥青混凝土路面、坝顶照明设施、增加坝体观测设施、放水洞进口改建、新建启闭机房和工作桥、对廊道外坝体进行充填灌浆处理及原混凝土管内加衬钢管等工程。

1.4　测站概况

长新桥水库水文站于 1960 年设立，主要观测雨量、水位等水文信息。长新桥水库历史最高水位为 87.31 m，发生在 1991 年 7 月 25 日；历史最大出库流量为 102 m^3/s，发生在 1991 年 7 月 25 日。

长新桥水库站采用废黄河口零点高程。

2　预报方案编制

2.1　预报区间的确定

长新桥水库站上游无大中型水库入流，区间面积等于水库控制流域面积 36 km^2。

2.2　资料情况

长新桥水库站自 1960 年建站开始观测降水量、水位等，有设站以来长系列雨量、水位资料。

2.3　产流方案

综合分析长新桥水库流域自然地理、下垫面条件、水文特征等情况，直接采用相似流域会宝岭水库站产流方案作为长新桥水库站产流方案。

会宝岭水库坐落在兰陵县西部尚岩镇，位于中运河的支流西泇河上，分南北两库，控制流域面积 418 km^2，其中北库控制流域面积 175 km^2，南库控制流域面积 243 km^2，河道干流坡度 2.5‰。会宝岭水库站产流方案合格率为 79.4%，属乙级方案。

2.3.1　产流分析

长新桥水库站采用降雨径流经验相关的方法，降雨径流相关图见图 26-2。

2.3.2 流域平均雨量 P 的计算

流域平均降水量采用算术平均法计算。

2.3.3 流域平均前期影响雨量 P_a 的计算

每年自汛初开始连续计算，先计算流域平均雨量，然后计算前期影响雨量 P_a，其计算公式如下：

$$P_{a,t} = K(P_{a,t-1} + P_{t-1})$$

式中：$P_{a,t}$ 为当日的流域平均前期影响雨量（mm）；$P_{a,t-1}$ 为前一日的流域平均前期影响雨量（mm）；P_{t-1} 为前一日流域平均雨量（mm）；K 为前期影响雨量递减系数，$K=1-\frac{E_m}{I_m}$，采用 0.85；E_m 为流域蒸发能力；I_m 为流域最大损失量，采用 60 mm。

2.4 汇流方案

汇流方案主要采用经验单位线、综合瞬时单位线等方法。

2.4.1 经验单位线

长新桥水库站单位线直接采用会宝岭水库站 1 号单位线，并根据流域面积进行适当缩放，详见图 26-3。

会宝岭水库站以上区间流域面积为 255.4 km²，1 号单位线采用 000718 场次洪水分析确定，暴雨中心位于双河，降水量为 124.0 mm，前期影响雨量为 43.4 mm，径流深为 60.7 mm，有效降雨历时为 5 h，净峰流量为 919 m³/s。

2.4.2 综合瞬时单位线法

采用地区综合单位线方程：

$$M_1 = CF^{0.33}J^{-0.27}R^{-0.2}T_c^{0.17}$$
$$M_2 = 0.34M_1^{-0.12}$$

式中：F 为集水面积（km²），$F=36$ km²；J 为河道干流坡度，本站为 3.95‰；M_1 为瞬时单位线参数，$M_1=nk$；M_2 为瞬时单位线参数，$M_2=1/n$；n 为瞬时单位线反映流域汇流调节次数的参数；k 为瞬时单位线反映流域汇流时间的参数；C 为经验系数，一般山丘区 $C=0.196$，其他地区见表 26-1。

表 26-1 其他地区瞬时单位线经验系数 C 值表

一般山丘平原混合区 平原占全面积（%）	≤70	60	50	40	30	20
C	0.27	0.258	0.246	0.233	0.221	0.208

2.4.3 峰现时间预报

根据长新桥水库站单位线推求其洪峰出现时间。

2.5 水库调洪演算

采用蓄率中线法和高切林简化调洪法对长新桥水库进行调洪演算。

2.5.1 蓄率中线法

$$\bar{I} + (V_1/\Delta t - Q_1/2) = (V_2/\Delta t + Q_2/2)$$

根据上式可绘制 $V/\Delta t - Q/2 = f(Z)$ 和 $V/\Delta t + Q/2 = f(Z)$ 关系曲线，演算时，由开始水位 Z_1 查 $V/\Delta t - Q/2 = f(Z)$ 关系曲线，求得（$V_1/\Delta t - Q_1/2$），得到一点 a，然后截取 ab 之长等于时段平均入流量 $\bar{I}$，其和即等于（$V_2/\Delta t + Q_2/2$）；以此值再查 $V/\Delta t + Q/2 = f(Z)$ 关系曲线，即得时段末水位 Z_2，再以 Z_2 作为开始水位，重复以上步骤，便可预报出库水位过程。详见表 26-2。

表 26-2 长新桥水库蓄率中线法调洪表 $\Delta t=1$ h

水位 Z（m）	库容 V（万 m³）	泄量 Q（m³/s）	$V/\Delta t+Q/2$（m³/s）	$V/\Delta t-Q/2$（m³/s）
85.65	1 403	0	3 897	3 897
86.00	1 500	9	4 171	4 162
86.50	1 656	36	4 618	4 582
87.00	1 812	71	5 069	4 998
87.50	1 976	114	5 546	5 432
88.00	2 140	164	6 026	5 862
88.57	2 373	222	6 703	6 481
89.00	2 520	279	7 140	6 861
89.06	2 548	382	7 269	6 887
90.00	2 920	412	8 317	7 905

2.5.2 高切林简化调洪法

该法的基本假定为：入库洪水过程为三角形；洪水入库时库水位平溢洪道底，洪水开始入库即开始溢洪，在出现最大溢洪流量之前溢洪过程为直线。

起调水位取溢洪道堰顶高程。调洪步骤（见图 26-4）如下：

（1）根据长新桥水库的水位泄量关系曲线和水位库容关系曲线绘制溢洪道堰顶以上调洪库容 $V_{调洪}$ 与下泄流量 q 的关系曲线。

（2）在横坐标轴（$V_{调洪}$）上取一点 A，使 OA 等于洪水总量 $W_{洪}$。

（3）在纵坐标轴（溢洪流量 q）上取一点 B，使 OB 等于洪峰流量 Q_m。

（4）连接 AB，与 $V_{调洪}-q$ 关系曲线交于 D 点，过 D 点作水平线交纵轴于 C 点，则 OC 表示最大下泄流量 q_m；过 D 点作垂直线交横轴于 E 点，则 OE 表示最大调洪库容 $V_{m调洪}$。有了最大调洪库容，即可求出最高库水位。

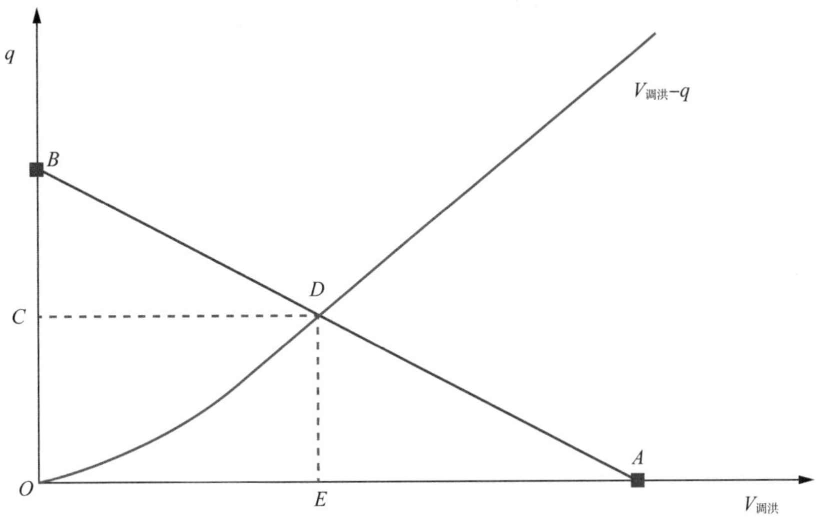

图 26-4　高切林简化调洪法示意图

2.6　水位-库容关系曲线

采用长新桥水库 1978 年测量成果绘制水位-库容关系曲线，见图 26-5。

2.7　水库泄流曲线

按堰流公式计算：

$$Q = \sigma m \varepsilon nb\sqrt{2g}H_0^{3/2}$$

$$\varepsilon = 1 - 0.2[\zeta_K + (n-1)\zeta_0]\frac{H_0}{nb}$$

式中：Q 为下泄流量（m^3/s）；n 为闸门孔数；b 为每孔净宽（m）；H_0 为计入行近流速水头的闸前总水头（m），$H_0=H+\frac{v^2}{2g}$（因上游为库区，近似取行近流速 $v=0$）；H 为闸前水头（m），$H=Z-Z_0$；Z 为库水位（m）；g 为重力加速度，$g=9.81\ m/s^2$；Z_0 为闸底（或堰顶）高程（m）；m 为流量系数，取 0.34（宽顶堰）；ε 为水流侧向收缩系数；ζ_K 为边墩形状系数，取 1.00（直角形）；ζ_0 为中墩形状系数，取 0.45（半圆形）；σ 为淹没系数，取 1.0（自由堰流）。

长新桥水库溢洪道泄流曲线见图 26-6。

3　方案使用说明

3.1　注意事项

（1）P_a 值太小时，即久旱大雨造成降雨入渗较大，可能使实际 R 值比计算值小，预报时可适当考虑。

（2）注意方案适应范围，对特大暴雨洪水要慎重。

（3）单位线预报的洪峰流量为净峰流量，须加上基流量方为该站所预报的洪峰流量。

由于影响因素太多，本方案不能完全反映客观情况，所以不能照搬，要根据实际情况，参考确定预报值。

3.2　方案适应能力

本方案产流关系曲线借用会宝岭水库站产流方案，汇流方案采用会宝岭水库站 1 号单位线进行缩放，虽然流域情况大致相似，但在实际洪水作业预报时仍要全面分析，尽量使预报值符合实际情况。

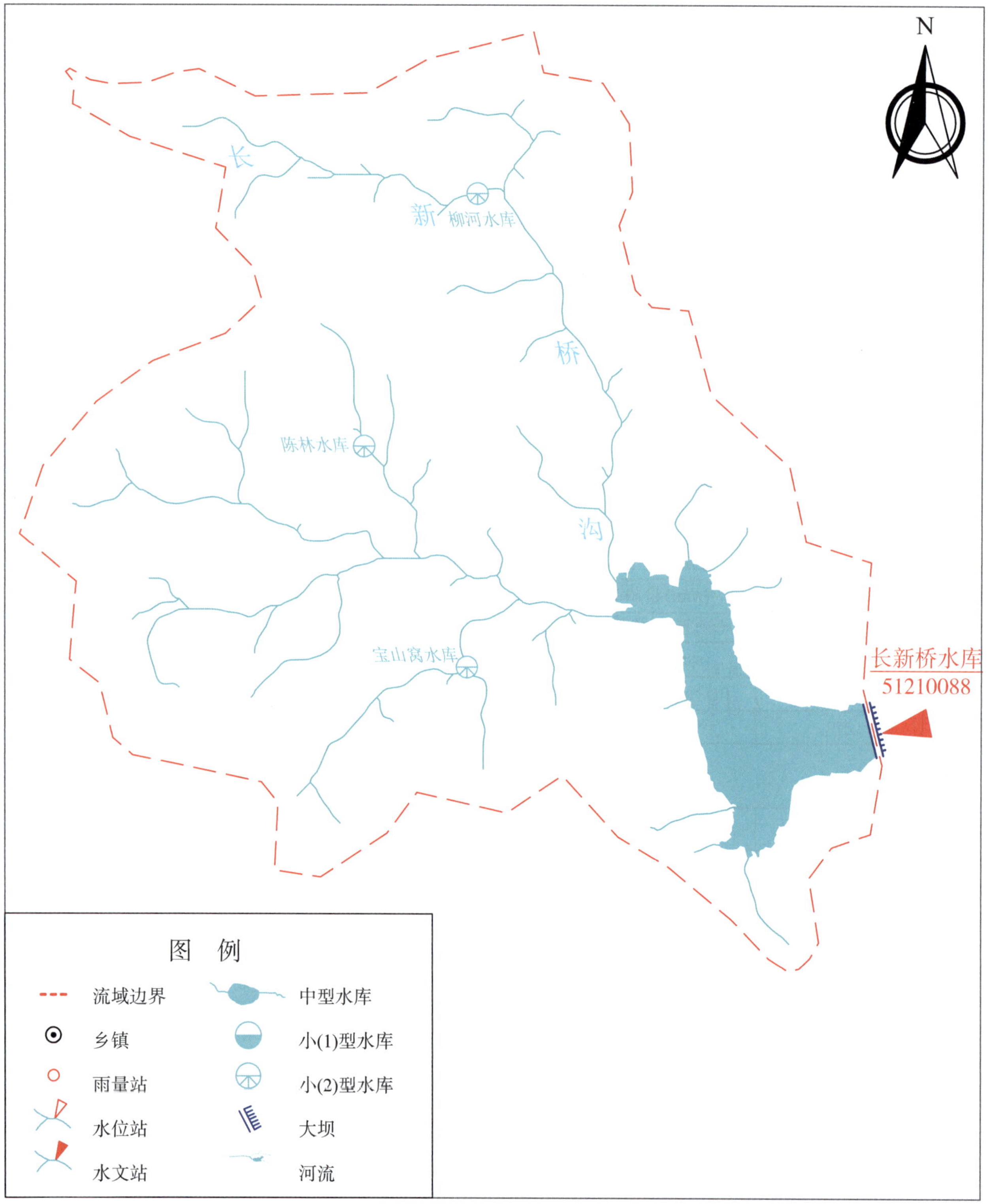

图 26-1　长新桥沟长新桥水库站以上流域图

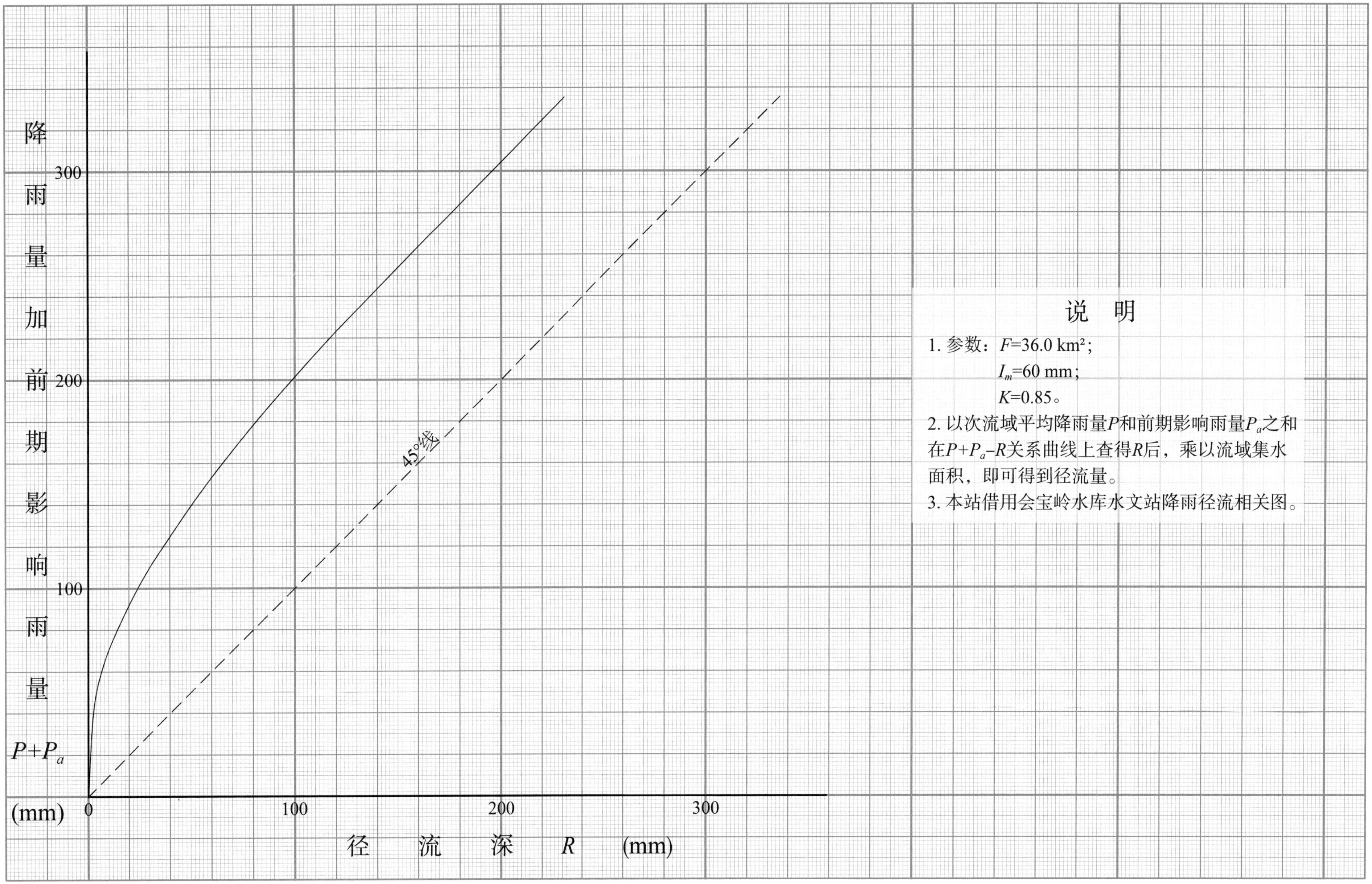

图 26–2　长新桥沟长新桥水库站降雨径流相关图（$P+P_a$–R）

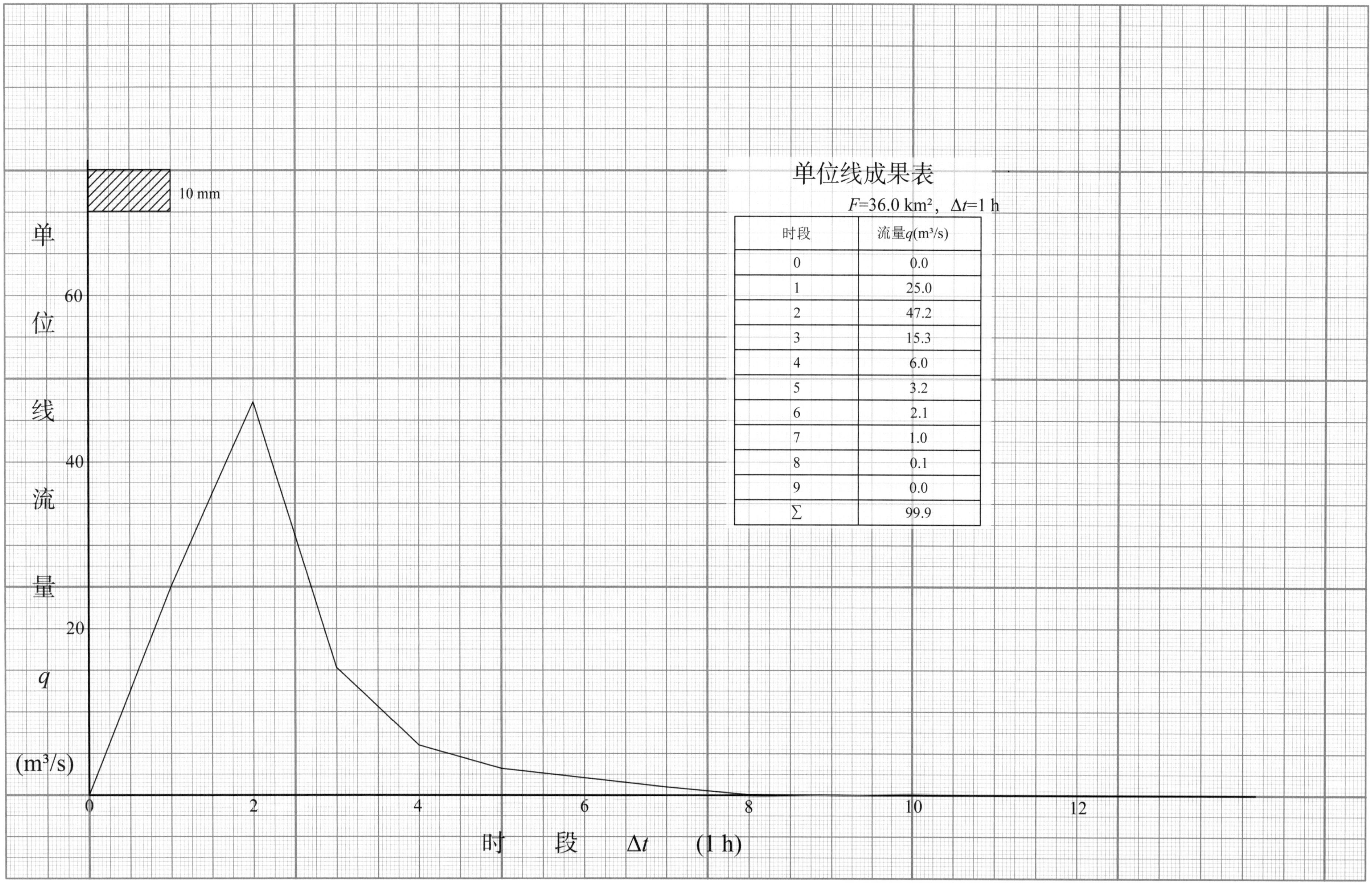

单位线成果表

F=36.0 km²，Δt=1 h

时段	流量q(m³/s)
0	0.0
1	25.0
2	47.2
3	15.3
4	6.0
5	3.2
6	2.1
7	1.0
8	0.1
9	0.0
Σ	99.9

图 26-3　长新桥沟长新桥水库站单位线图

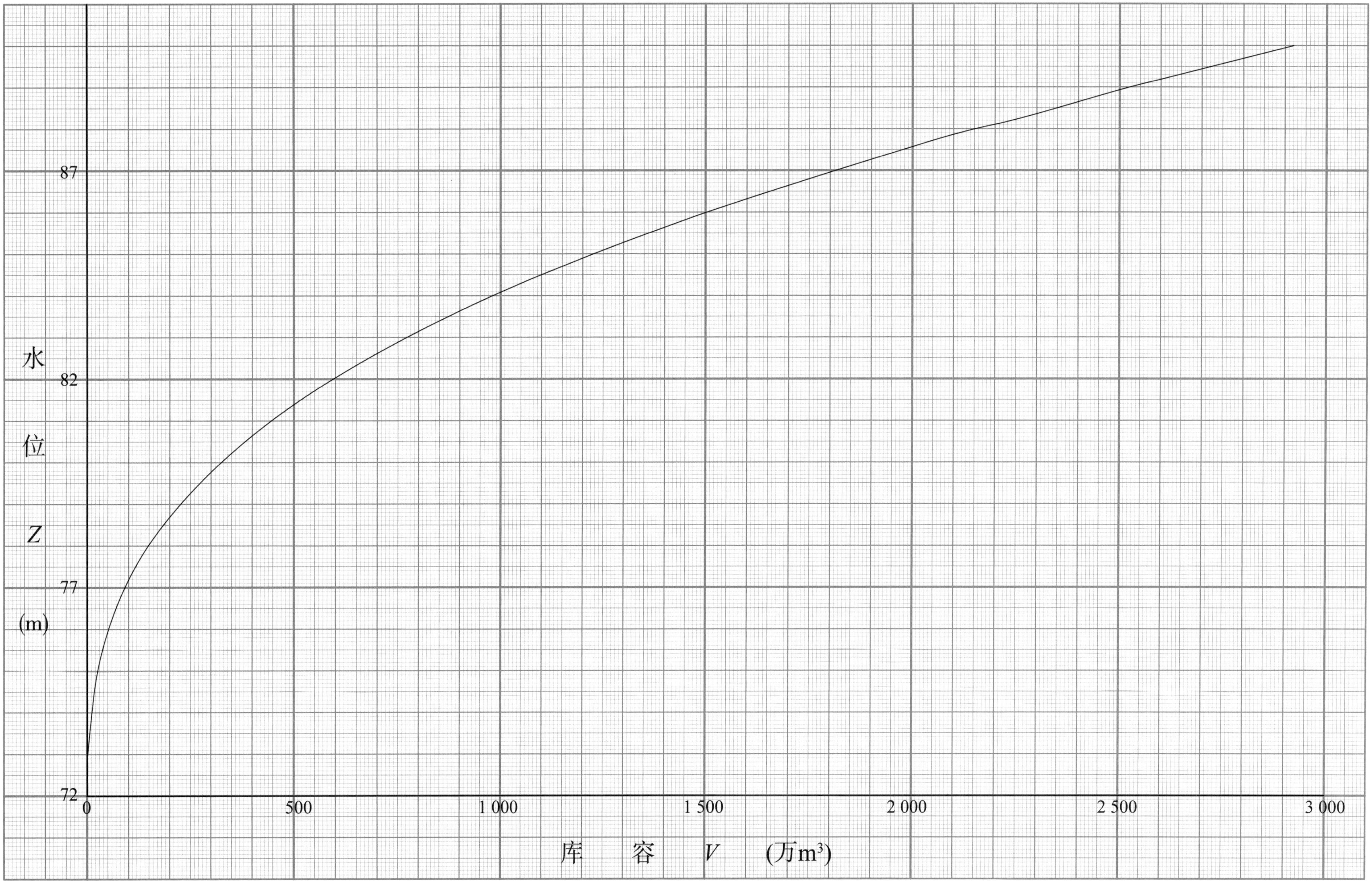

图 26-5 长新桥沟长新桥水库水位库容关系曲线图

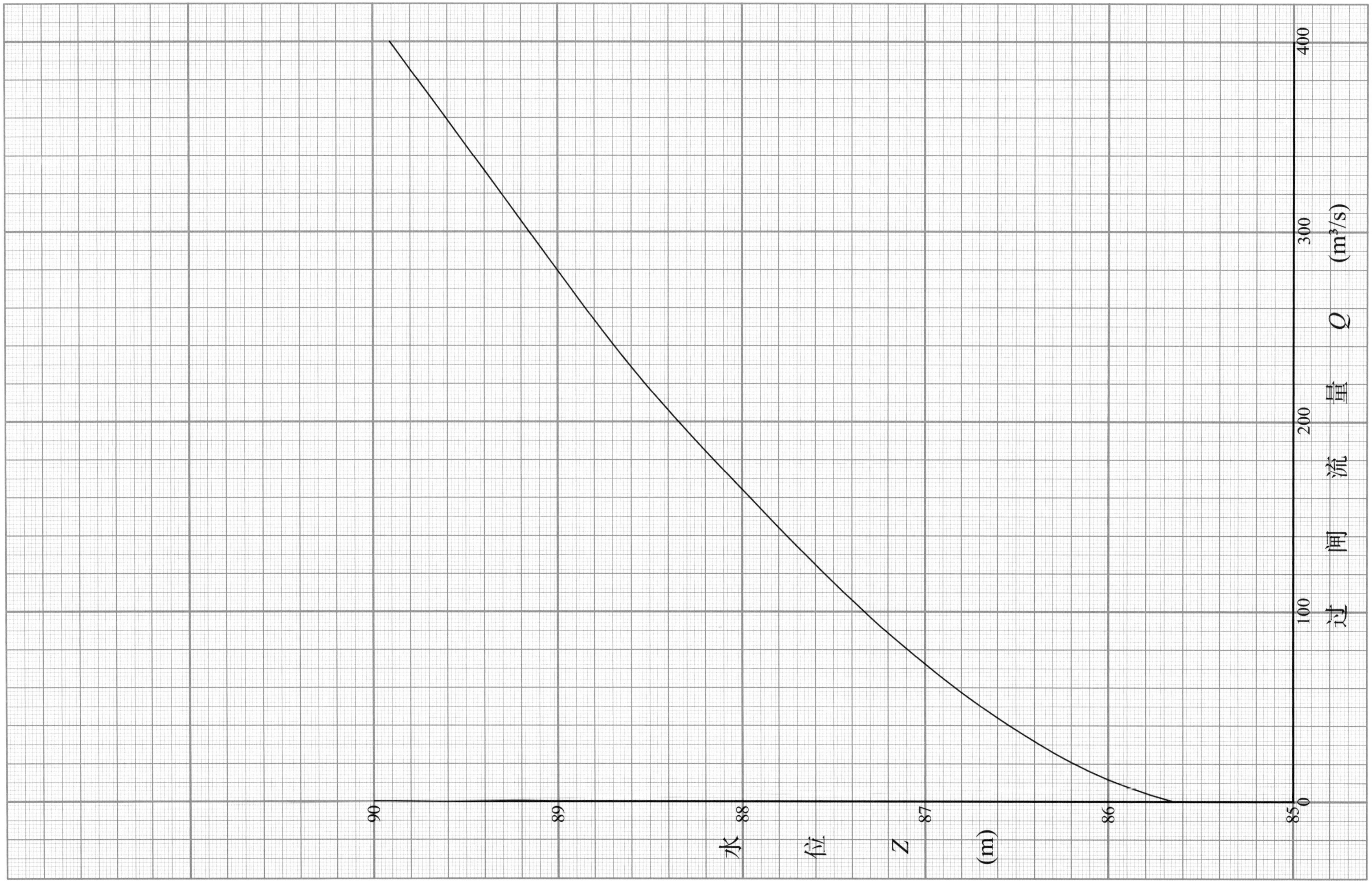

图 26-6　长新桥沟长新桥水库溢洪道泄流曲线图